Der Kathodenverstärker in der elektronischen Meßtechnik

Der Kathodenverstärker in der elektronischen Meßtechnik

Von

Kurt Müller-Lübeck
Berlin

Mit 129 Abbildungen

Springer-Verlag
Berlin / Göttingen / Heidelberg
1956

ISBN-13: 978-3-540-02072-1 e-ISBN-13: 978-3-642-92681-5
DOI: 10.1007/978-3-642-92681-5

Vorwort

Die Elektronenröhren als Mittel zur elektrostatischen Steuerung von Strömen und zur Gleichrichtung sind schon seit ihrer ersten Anwendung in der Hochfrequenztechnik ein fester Bestandteil auch der Meßtechnik geworden. Die Ausbildung geeigneter Meßschaltungen wurde hierbei in der Regel aus der Praxis der Entwicklung der Hochfrequenztechnik selbst angeregt. Andererseits wurde deren Fortschritt durch das Vorliegen dieser meßtechnischen Mittel überhaupt erst ermöglicht, so daß eine ständige gegenseitige Befruchtung beider technischen Gebiete stattgefunden hat.

In eine neue Phase trat diese Entwicklung mit dem Aufkommen der Fernsehtechnik mit elektronischen Mitteln etwa in den dreißiger Jahren. Sie brachte eine tiefergehende Auseinandersetzung mit den spezifischen Eigenschaften der verschiedenen Verstärkerschaltungen, und mit ihr wurde die Aufmerksamkeit auf eine Schaltung gelenkt, die als Kathodenverstärker, Kathodenfolgerschaltung (engl. cathode follower) oder Anodenbasisschaltung bezeichnet wird. Ihrem Verhalten nach zählt sie zur Klasse der gegengekoppelten Verstärker.

Das Interesse für ihre besonderen Eigenschaften blieb indessen nicht nur auf die Fernsehtechnik beschränkt, sondern dehnte sich sehr bald auch auf andere Gebiete, insbesondere auf die Meßtechnik aus. Hierzu nennen wir, um nur einige wichtige Eigenschaften des Verstärkers herauszugreifen, die Ermöglichung von Spannungsmessungen mit einer außerordentlich geringen Rückwirkung auf das Meßobjekt bei einem erheblichen Meßbereichumfang und mit einer großen Unempfindlichkeit gegen Änderungen der Röhrendaten. Dies führte schon frühzeitig, in erhöhtem Maße jedoch etwa in den letzten fünf Jahren, zur Entwicklung einer großen Zahl von Meßgeräten mit erstaunlichen Eigenschaften, vor allem von Vielfach- oder Mehrzweckmeßgeräten, die in erster Linie der Hochfrequenz- und Mittelfrequenztechnik dienen, darüber hinaus aber auch der Physik, Chemie und der allgemeinen Elektrotechnik neue Wege des Messens erschließen.

Der Umstand, daß der wachsenden Aufmerksamkeit für die neue Meßtechnik ein großer Mangel an zusammenfassender und systematisch gegliederter Literatur gegenübersteht, ermutigte mich dazu, das vorliegende Buch zu schreiben, worin ich mich bemüht habe, den Inhalt der sehr verstreut vorliegenden Aufsätze mit eigenen Untersuchungen einheitlich zu verarbeiten. Ich hielt mich hierzu um so mehr legitimiert, als ich nach einer langjährigen Tätigkeit in der Stromrichtertechnik auch in der Fernsehtechnik einige Zeit tätig gewesen bin, wodurch mein Interesse für die hier behandelte Meßtechnik wachgerufen worden ist.

In zwei einleitenden Abschnitten werden die Grundlagen der Theorie des Kathodenverstärkers und eine über den üblichen Rahmen erheblich hinausgehende Theorie der Spitzenwertsgleichrichtung oder C-Gleichrichtung behandelt. Nach diesen Vorbereitungen werden die eigentlichen Meßschaltungen untersucht und verschiedene Meßgeräte als Beispiele besprochen. An der Vielfältigkeit dieser Geräte, die teils als Mehrzweckgeräte den verschiedensten Zweigen der Elektrotechnik dienen, in einem Falle für die Höhenstrahlungsforschung bestimmt sind, in weiteren angeführten Fällen speziellen Meßaufgaben der Stromrichtertechnik zugeschnitten sind, möge man den Umfang ihrer Anwendungsmöglichkeit ermessen. Die Verwendung des Kathodenverstärkers in der Regeltechnik konnte innerhalb des gesteckten Rahmens dieses Buches nicht mehr behandelt werden, es ist jedoch nicht schwer, die hier vorgetragenen Gesetzmäßigkeiten sinngemäß auf dieses Gebiet anzuwenden.

Trotz der in der gegebenen Planung angeschnittenen zahlreichen Probleme gibt es zweifellos noch viele Fragen, die noch nicht genügend geklärt sind, was darin begründet liegt, daß die Entwicklung in manchen Punkten noch im Fluß ist. Aber vielleicht liefert die vorliegende Schrift, gerade durch die gelegentliche Bloßlegung von noch offenen Fragen, Anregungen zur Weiterentwicklung.

Den Firmen Deutsche Philips GmbH., Elektro-Spezial GmbH., Hamburg, Rohde und Schwarz, München, und Grundig, Fürth, danke ich für Abbildungsunterlagen von Meßgeräten. Ein Oszillogramm einer Gleichrichter-Brennspannung verdanke ich der Stromrichterfabrik der AEG-Brunnenstraße, Berlin. Für weitere oszillografische Aufnahmen im Stromrichter-Prüffeld des Siemens-Schaltwerkes, Berlin, bin ich Herrn Dr. W. Schmalenberg zu Dank verpflichtet. Einige Oszillogramme von Selengleichrichtern habe ich im Standard-Laboratorium der C. Lorenz-AG., Berlin, aufgenommen.

Bei der Korrektur unterstützten mich Herr Horst Pfeiffer und meine Frau, die mir bei allen Entwicklungsarbeiten und bei der Niederschrift dieses Buches eine wertvolle Helferin gewesen ist. Eine abschließende sachkritische Korrekturlesung verdanke ich Herrn Dipl.-Ing. W. Lacmann, der auch zahlreiche Rechnungen überprüft hat. Dem Verleger danke ich für seine Geduld, die er der Entstehung des Buches entgegenbrachte.

Berlin, im Januar 1956 **Kurt Müller-Lübeck**

Inhaltsverzeichnis

Bezeichnungen

a) Lateinische Buchstaben, kleine

f Frequenz

$f(U_{st}) = J_k$ Röhrenkennlinie

$g(J_k) = U_{st}$ inverse Röhrenkennlinie

h Tastverhältnis bei Rechteckimpulsen

i_g Gleichstrom, Augenblickswert

i_d Diodenstrom, Augenblickswert

i_c Kondensatorstrom, Augenblickswert

i_r Rückstrom, Augenblickswert

i_v Voltmeterstrom, Augenblickswert

j $\sqrt{-1}$

p Funktionalvariable (Operatorenrechnung bzw. Laplace-Transformation)

p_s Pegelwert einer Wechselspannung

t Zeit

t_i, t_a Zeitkonstante ($R_i C$, $R_a C$)

u Kommutierungsdauer (Überlappungsdauer) von Ventilströmen

$u_0(t)$ Eingangsspannung eines mehrstufigen Verstärkers

u_1, u_2 Stufenspannungen, Augenblickswert

u_a Anodenspannung, Augenblickswert

u_d Diodenspannung, Augenblickswert

u_{D_1}, u_{D_2} Diodenspannungen (Abschneidedioden der neg. Sperrspannung auch u_D, u'_D)

u_c Kondensatorspannung

u_{AK_1}, u_{AK_2} Spannungen $A_1 - K$ bzw. $A_2 - K$ der Ventilstrecken eines Gleichrichters als Meßobjekt.

u_g Gleichspannung, Augenblickswert

u_k Kathodenspannung, Augenblickswert eines Verstärkers

u_{sp} Sperrspannung, Augenblickswert

u_v Voltmeterspannung, Augenblickswert eines Meßgerätes

u_v Ventilspannung, Augenblickswert eines Gleichrichters als Meßobjekt

u_w Wechselspannung, Augenblickswert

$x = \omega t$ Zeitwinkel

b) Lateinische Buchstaben, große

A Anode

C Kapazität

C_{ga} Gitter-Anoden-Kapazität einer Röhre (auch C_a)

C_{gg2} Gitter-Schirmgitter-Kapazität (auch C_s)

C_k Kathode-Heizfaden-Kapazität

C_x Kapazität als Meßobjekt

D Anodendurchgriff einer Triode

D_1, D_2 Anodendurchgriffe zweier Röhren in Kaskade

D Diode, allgemein

G Steuergitter einer Triode

J_a Anodenstrom

J_{a0} Anodenruhestrom

$J_{a\max}$ Max. Anodenstrom (bei $U_{st} = 0$)

J_e Eingangsstrom des Verstärkers

J_e Spitzenwert des Diodenstroms bei der Meßgleichrichtung (C-Gleichrichtung).

$J_0(x)$ Besselsche Funktion nullter Ordnung

J_H Heizstrom

J_k Kathodenstrom

J_{k0} Kathodenruhestrom

$J_{k\max}$ Max. Kathodenstrom (bei $U_{st}=0$)

δJ_k Änderung von J_k bei Netzspannungsänderung

K Kathode
R_a Anodenwiderstand
R_k Kathodenwiderstand
R_e Eingangswiderstand eines Verstärkers
R_g Gitterableitwiderstand bzw. Gittervorwiderstand
R_{gk} Isolationswiderstand Gitter-Kathode
R_{ga} Isolationswiderstand Gitter-Anode
R_i Innenwiderstand einer Triode $= 1/SD$
R_1, R_2, R', R'' Widerstände
R_x Widerstand als Meßobjekt
R_M Meßwiderstand bei Strommessung mittels Spannungsmessung
R_v Voltmeterwiderstand
S Steilheit der Röhrenkennlinie $= \partial J_k/\partial U_{st} (U_a = \text{konst}) = \partial f/\partial U_{st}$
S' Steilheit der Arbeitskennlinie eines Verstärkers $= \partial J_k/\partial U_e$
$S = \partial f/\partial U_{st}$, $T = \partial^2 f/\partial U_{st}^2$, $W = \partial^3 f/\partial U_{st}^3$ Koeffizienten der Röhrenkennlinie $J_k = f(U_{st})$ als Potenzreihe
S_0, T_0, W_0 Werte derselben im Arbeitspunkt U_{st0}
S', T', W' Koeffizienten der Arbeitskennlinie $J_k = F(U_e)$
T absolute Temperatur
U_0 Gittervorspannung
U_a Anodenspannung (A—K)
U_{a0} Anodenruhespannung
U_e Eingangsspannung des Verstärkers

U_k Kathodenspannung
U_{k0} Kathodenruhespannung
U_g Gitterspannung (G—K)
U_g Mittlere Gleichspannung eines Gleichrichters
U_{g2} Schirmgitterspannung
U_h Hilfsspannung
U_D Diodenspannung (Säulenspannung eines Selengleichrichters)
U_D/Pl Spannung je Platte
U_c Kondensatorspannung
U_w Wechselspannung, Effektivwert
U Gleichspannung der Stromversorgung des Verstärkers
U_s Scheitelwert einer beliebigen Wechselspannung (bei Sinus $= \sqrt{2}\, U_w$)
U_{st} Gitter-Steuerspannung (bei Triode $= U_g + D\, U_a$)
U_v Voltmeterspannung des Meßgerätes
U_v Ventilspannung eines Gleichrichters als Meßobjekt
$U_{v\max}$ Höchstwert derselben
U_{vm} Arithmetischer Mittelwert derselben
U_{vw} Wattmetr. Mittelwert derselben
ΔU_v Meßfehler bei der Spitzenwertsgleichrichtung stationärer Wechselspannungen
ΔU, ΔU_a Max. Meßfehler bei willkürlichen Wechselspannungen (Kompressionseffekt).
V Vakuumfaktor (Ionen-/Elektronenstrom)

c) Deutsche Buchstaben

$(\mathfrak{A})$ Kettenmatrix $= \begin{pmatrix} \mathfrak{A}_{11} & \mathfrak{A}_{12} \\ \mathfrak{A}_{21} & \mathfrak{A}_{21} \end{pmatrix}$, auch $\| \mathfrak{A} \|$ geschrieben
$\mathfrak{J}_k$ komplexer Kathodenstrom
$\mathfrak{R}_k$ komplexer Kathodenwiderstand
$\mathfrak{U}_e$ komplexe Eingangsspannung
$\mathfrak{U}_k$ komplexe Kathodenspannung
$\mathfrak{U}_1, \mathfrak{U}_2$ Eingangs- bzw. Ausgangsspannung eines Vierpoles
$\mathfrak{V}$ Spannungsverstärkung

$\mathfrak{Y}$ Leitwertmatrix $= \begin{pmatrix} \mathfrak{Y}_{11} & \mathfrak{Y}_{12} \\ \mathfrak{Y}_{20} & \mathfrak{Y}_{22} \end{pmatrix}$, auch $\| \mathfrak{Y} \|$ geschrieben
$\mathfrak{Y}_e$ Eingangsleitwert
$\mathfrak{Y}_a$ Ausgangsleitwert
$\mathfrak{Y}_r$ Rückwirkungsleitwert
$\mathfrak{Y}$ Steilheitsleitwert
$\mathfrak{Z}_1$ Innenwiderstand der Eingangsstromquelle eines Vierpoles
$\mathfrak{Z}_2$ Abschlußwiderstand eines Vierpoles

d) Griechische Buchstaben

α	halbe Stromflußdauer bei der Spitzengleichrichtung
α	Zündverzögerungswinkel bei gittergesteuerten Gleichrichtern
α	S'/S
α	$1/R_g C$ } Beiwerte eines Kopplungsvierpoles
β	$-S R_v$ }
δ	Unsymmetriewinkel bei Spitzengleichrichtung
λ	ganze Stromflußdauer (bei Gasentladungsgefäßen = Brenndauer)
μ	Verstärkungsfaktor (bei Trioden $= 1/D$)
φ, ψ	Phasenwinkel
ω	Kreisfrequenz $= 2\,\pi\,f$
Φ_g	Austrittsarbeit der Elektronen aus dem Gitter
Φ_k	Austrittsarbeit der Elektronen aus der Kathode

Einleitung

Ein Kathodenverstärker ist ein Röhrenverstärker mit einer Hochvakuum-Verstärkerröhre, dessen Arbeitswiderstand in der Kathodenzuleitung dieser Röhre liegt, derart, daß die Spannung an diesem Widerstand in die Eingangsspannung des Verstärkers mit eingeht. In Abb. 1 ist dies für eine Triode oder Dreipolröhre prinzipiell dargestellt. Mit u_1 ist die Eingangsspannung, mit u_2 die Ausgangsspannung des Verstärkers bezeichnet, dabei ist offengelassen, von welchem Festpotential aus diese Spannungen gemessen sein sollen, da es in erster Linie auf die Änderung von u_2 bei Änderung von u_1 ankommt. K ist die Kathode, G das Steuergitter und A die Anode der Röhre.

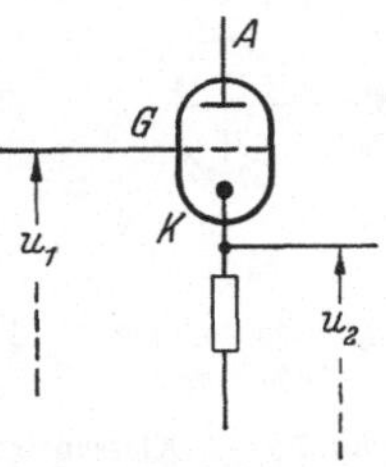

Abb. 1. Prinzipschaltung eines Kathodenverstärkers

Es wird sich später zeigen, daß die Ausgangspotentiale der Spannungen u_1 und u_2 dem Meßzweck entsprechend zugeschnitten werden, meist werden sie so gewählt, daß für $u_1 = 0$ auch $u_2 = 0$ wird. Bei der Willkürlichkeit dieser Festlegung sind wir indessen für die augenblicklich interessierende Klasseneinteilung der Verstärkerschaltungen berechtigt, diese Potentiale zusammenfallen zu lassen mit derjenigen Elektrode der Röhre, der ebenfalls ein Festpotential zugesprochen wird. Im vorliegenden Fall ist diese die Anode. Aus diesem Grunde nennt man die Schaltung des Kathodenverstärkers eine Anodenbasisschaltung.

In Abb. 2 sind die bei einer Dreipolröhre möglichen drei Schaltungsarten schematisch dargestellt.

Abb. 2a zeigt den bekannten Anodenverstärker, den Repräsentanten des Spannungsverstärkers, dessen Arbeitswiderstand in die Anodenzuleitung gelegt ist. Bei ihm ist die Kathode die gemeinsame Potentialbasis für u_1 und u_2, wobei es belanglos ist, daß zwischen K und der entnommenen Ausgangsspannung noch die Festspannung der Stromversorgung, der Anodenspannungsquelle, liegt.

Abb. 2b zeigt die in der letzten Zeit in den Vordergrund getretene und vorzugsweise in der UKW-Technik angewendete Gitterbasisschaltung, bei der das Gitter der Röhre die gemeinsame Potentialbasis für u_1 und u_2 ist.

Abb. 2c zeigt als Anodenbasisschaltung den hier zur Behandlung stehenden Kathodenverstärker mit der Anode als gemeinsame Potentialbasis, wobei wiederum für dieses Einteilungsprinzip belanglos ist, daß zwischen A und der entnommenen Ausgangsspannung die Festspannung der Anodenspannungsquelle liegt. Man könnte den Kathodenverstärker einen Stromverstärker nennen, da er es ermöglicht, unter Verzicht auf eine Spannungsverstärkung eine mehr oder weniger große Strombelastung des Ausgangskreises zuzulassen, doch ist diese Benennung ungenau, da der Eingangsstrom dieses Verstärkers, sofern er überhaupt merklich ist, ein meist unerwünschter Nebeneffekt ist, der mit dem Verstärkungsvorgang selbst nichts zu tun hat. Es gibt allerdings Fälle, bei welchen die Messung kleiner Ströme tatsächlich Meßaufgabe ist und wo die Stromquelle es zuläßt, diese Ströme über einen hochohmigen Widerstand zu leiten, so daß die Strommessung auf eine Spannungsmessung an diesem Widerstand zurückgeführt ist. Führt man diese Messung, die natürlich ohne zusätzliche Stromentnahme zu erfolgen hat, mittels eines Kathodenverstärkers durch, so ist dieser in dem Falle ein Stromverstärker.

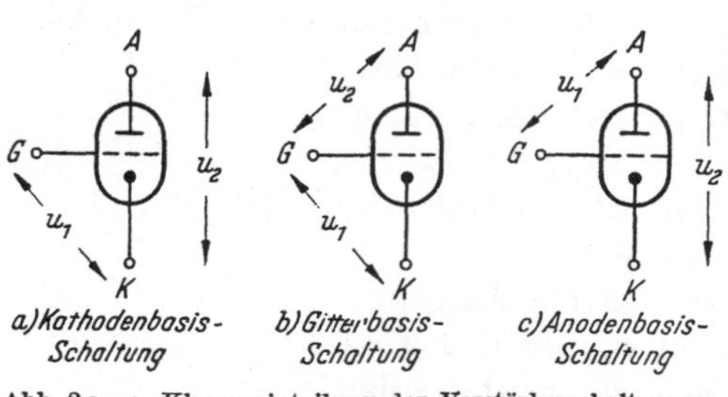

Abb. 2a—c. Klasseneinteilung der Verstärkerschaltungen

Abschließend weisen wir darauf hin, daß der Kathodenverstärker nach der üblichen Terminologie der Verstärker einen solchen mit ausgeprägter Stromgegenkopplung vorstellt.

Ziel der Verstärkerentwicklung ist die leistungslose Spannungs- oder Stromsteuerung durch die Eingangsspannung. Bei dem Kathodenverstärker bedeutet dies eine Spannungsübertragung mit einem Übersetzungsverhältnis unterhalb 1 : 1, wobei sichergestellt sein muß, daß im ganzen Meßbereich kein Gitterstromeinsatz erfolgt.

Je nach Wahl der Röhren, je nach den vorliegenden Spannungsverhältnissen und je nach der Verwendung des Verstärkers treten dabei nur sehr kleine Eingangsströme auf, die unterhalb 10^{-8} A bis unterhalb 10^{-12} A liegen. Charakteristisch ist dabei, daß der Kathodenverstärker die Unterbringung sehr großer Eingangsspannungen, unter Umständen bis zu einigen Hundert Volt, zuläßt. Dies angenommen, würde ein Kathodenverstärker mit einer Eingangsgleichspannung von 500 V bei einem hoch angenommenen Eingangsstrom von $1 \cdot 10^{-8}$ A einen Eingangswiderstand, sofern diese Ausdrucksweise berechtigt wäre, von 50000 MΩ haben.

Kathodenverstärker mit den als untere Grenze genannten Eingangsströmen von der Größenordnung 10^{-12} A werden im allgemeinen mit niedrigen Anodenspannungen betrieben und lassen dann auch nur niedrige Eingangsspannungen zu, so daß man zur Messung höherer Spannungen unter Verzicht auf das angestrebte elektrostatische Meßprinzip Spannungsteiler, wenn auch sehr hochohmige von einigen Hundert Megohm und darüber, oder besondere Kunstschaltungen anwenden muß.

Doch wäre es ohne weitere Angaben von Schaltung und Meßzweck verfrüht, eine Klasseneinteilung der Verstärker an dieser Stelle vorwegzunehmen. Es ist aber am Platze, abschließend einige Bemerkungen über die historische Entwicklung des Kathodenverstärkers folgen zu lassen.

Der Kathodenverstärker ist, worauf schon J. P. TÖNNIES[1] aufmerksam gemacht hat, im Grunde so alt wie die ersten Röhrenverstärkerschaltungen überhaupt, wenngleich seine besonderen Eigenschaften erst sehr viel später erkannt und ausgenutzt worden sind. Abb. 3 zeigt eines von zwei Schaltungsbeispielen nach einem amerikanischen Patent aus dem Jahre 1914 (Deutsches Patent 296016 von 1915), das bereits die wesentlichen Merkmale eines Kathodenverstärkers, im vorliegenden Falle angewendet zur Messung eines lichtelektrischen Stromes durch eine Spannungsabfallmessung an dem Eingangswiderstand R_e, zeigt. Hier haben wir also ein Beispiel der oben erwähnten Stromverstärkung vor uns.

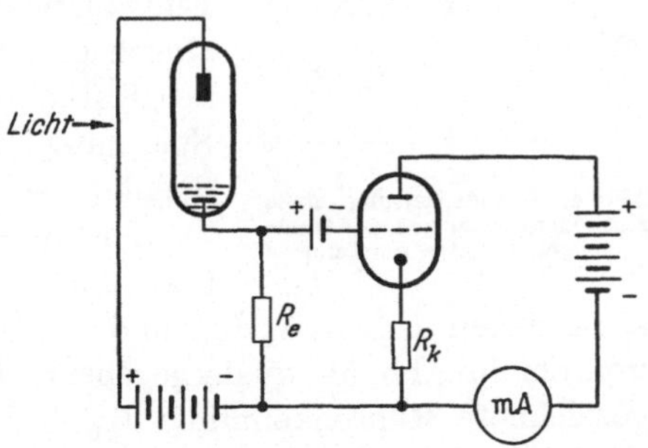

Abb. 3. Anwendung eines Kathodenverstärkers zur Verstärkung des Stromes einer lichtelektrischen Zelle (1914). Quellenangabe im Text.

Die Anwendung des Kathodenverstärkers in voller Ausschöpfung seiner charakteristischen Eigenschaften erfolgte wohl zuerst in der Fernsehtechnik in den Jahren nach 1930 als Impedanzwandler, Trennstufe und Regelstufe. Wie man einem Referat von G. KEINATH[2] entnehmen kann, sind in dieser Zeit auch bereits Spannungsmeßgeräte mit Kathodenverstärkern entwickelt worden.

Theoretische Untersuchungen über den Kathodenverstärker setzten erst verhältnismäßig spät ein, einige von diesen aus den Jahren 1940 bis 1942 von J. KÖLTER, R. WUNDERLICH und vom Verfasser[3] sind einzelne Bestandteile der nachfolgenden Untersuchungen.

---

[1] TÖNNIES, J. F.: Röhrenvoltmeter für höhere Spannungen. ETZ Bd. 63 (1942) S. 153.

[2] KEINATH, G.: Meßgeräte in der amerikanischen Rundfunk-Reparaturwerkstatt, Bild 1. ATM-Blatt V 373—2 (1940).

[3] KÖLTER, J.: Die Elektronenröhre als Impedanzwandler. Hauszeitschrift der

1*

I. Theorie des Kathodenverstärkers

1. Der Kathodenverstärker mit Ohmschem Arbeitswiderstand bei Eingangsgleichspannung. Die Grundeigenschaften. Der Ausgang der nachfolgenden Rechnung ist die in Abb. 4 wiedergegebene Grundschaltung.

Zwischen der Anode A der Röhre und dem der Kathode K abgewendeten Ende des Arbeitswiderstandes R_k liegt die feste Gleichspannung U. Zwischen demselben Ende des Widerstandes und dem Gitter G der als Triode angenommenen Röhre liegt die positive Gittervorspannung U_0 und ferner die eigentliche Eingangsspannung U_e, die zunächst eine reine Gleichspannung sein soll. Bei $U_e = 0$ soll der Kathodenstrom J_{k0} fließen, bei positiver Spannung U_e soll sich dieser Strom um J_k auf $J_{k0} + J_k$ erhöhen.

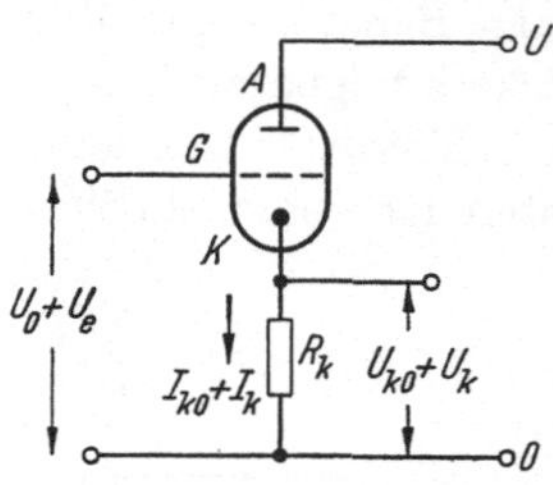

Abb. 4. Grundschaltung eines Kathodenverstärkers mit Ohmschem Arbeitswiderstand

Zur Berechnung von J_{k0} und $J_{k0} + J_k$ und der damit sich ergebenden Ausgangsspannungen $U_{k0} = R_k J_{k0}$ und $U_{k0} + U_k = R_k(J_{k0} + J_k)$ gehen wir von der in Abb. 5a wiedergegebenen Konstruktion aus. Die darin eingezeichnete Röhrenkennlinie $J_{k0} + J_k = f(U_{st})$ mit U_{st} als wirksame Gitterspannung ist vorerst als aus zwei Geradenstücken zusammen-

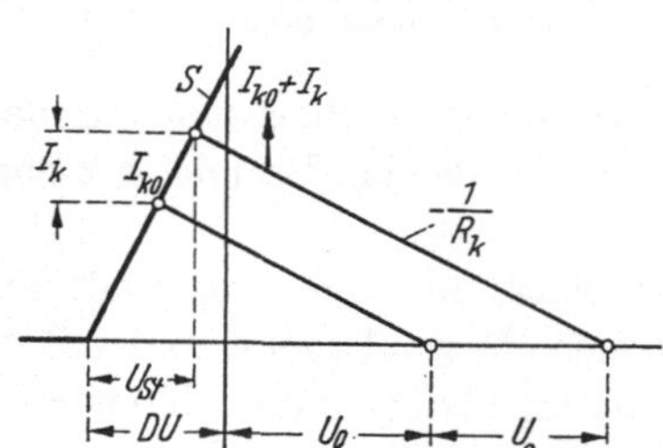

Abb. 5a. Erste Näherungsbetrachtung der Arbeitsweise des Verstärkers

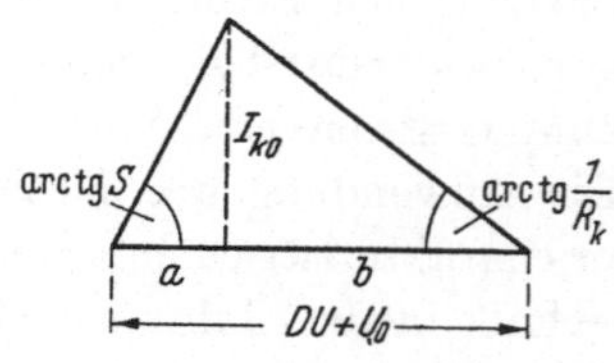

Abb. 5b. Zur Berechnung von J_{k0}

gesetzt angenommen. Das ansteigende Geradenstück verläuft nach $J_{k0} + J_k = S\,U_{st}$, worin S wie üblich die Steilheit der Röhre bedeutet. Der Anfang dieses Geradenstückes liegt auf der negativen Seite der Spannungsachse im Abstand DU von der Stromachse. Dabei ist D der Durchgriff der Anode am Steuergitter. Ferner notieren wir noch

---

Fernseh-GmbH Bd. 2 (1940) Heft 1. — R. Wunderlich: Über die Arbeitsweise des Kathodenverstärkers. Elektr. Nachr.-Techn. Bd. 19 (1942) Heft 5. — K. Müller-Lübeck: Über die Arbeitsweise eines Kathodenverstärkers. Elektr. Nachr.-Techn. Bd. 19 (1942) Heft 12.

$SDR_i = 1$, worin R_i der Innenwiderstand der Röhre ist. Der neueren Gepflogenheit entsprechend rechnen wir anstelle von D wahlweise auch mit dem „Verstärkungsfaktor“ μ, der bei einer Triode $= 1/D$ ist. Trägt man auf der Abszissenachse die positive Vorspannung U_0 ab und zieht von dem zugehörigen Endpunkt die sog. Widerstandsgerade des Kathodenwiderstandes mit dem Gefälle $- 1/R_k$, so schneidet diese die Röhrenkennlinie in dem Punkt J_{k0}. Dies ist der sog. Kathodenruhestrom. Zur weiteren Durchführung der Rechnung, die wir als erste Näherung bezeichnen, gehen wir von Abb. 5b aus. Ihr liegt neben der Idealisierung der Röhrenkennlinie die Annahme zugrunde, als Gittersteuerspannung zunächst nur die Spannung zwischen Gitter und Kathode zu nehmen, den Anodendurchgriff also nur zur Festlegung des Arbeitspunktes der Röhre zu berücksichtigen. Bei dieser vorläufigen Vernachlässigung des Anodendurchgriffes ergeben sich Verstärkereigenschaften, die später das Ziel besonderer Maßnahmen zur Unterdrückung dieses Durchgriffes sein werden.

In dem dargestellten Dreieck bildet die Strecke $DU + U_0$ die Grundlinie, die linke Seite ist ein Teil der Röhrenkennlinie, während die rechte Seite einen Abschnitt der Widerstandsgeraden von R_k bildet. Die von dem Schnittpunkt J_{k0} aus gefällte Höhe teilt die Grundlinie in die Abschn. a und b.

Für diese gilt $\quad a = J_{k0}\frac{1}{S}, \quad b = J_{k0} R_k.$

Ihre Summe ist

$$a + b = DU + U_0 = J_{k0}\left(R_k + \frac{1}{S}\right),$$

woraus sich der Kathodenruhestrom zu

$$J_{k0} = \frac{DU + U_0}{R_k + \frac{1}{S}} = \frac{U + \mu U_0}{R_i + \mu R_k} \tag{1}$$

ableitet. Die Spannung am Widerstand R_k, die als Kathodenruhespannung U_{k0} benannt werden soll, ergibt sich daraus zu

$$U_{k0} = \frac{DU + U_0}{1 + \frac{1}{SR_k}} = \frac{U + \mu U_0}{\mu + \frac{R_i}{R_k}}. \tag{2}$$

In beiden Gleichungen ist wahlweise der Durchgriff D durch den Verstärkungsfaktor $\mu = 1/D$ ausgedrückt, was auch in den weiteren Beziehungen durchgeführt ist.

Ist im Eingangskreis neben U_0 die Eingangsspannung U_e, die zunächst positiv sein soll, wirksam, so wächst der Kathodenstrom von J_{k0} auf $J_{k0} + J_k$, so daß

$$J_{k0} + J_k = \frac{DU + U_0 + U_e}{R_k + \frac{1}{S}} = \frac{U + \mu(U_0 + U_e)}{R_i + \mu R_k} \tag{3}$$

wird. Der Vergleich mit (1) ergibt unmittelbar

$$J_k = \frac{U_e}{R_k + \frac{1}{S}} = \frac{\mu U_e}{R_i + \mu R_k}. \tag{4}$$

Dementsprechend wächst die Kathodenspannung von U_{k0} auf $U_{k0} + U_k$. Für U_k ergibt sich

$$U_k = \frac{U_e}{1 + \frac{1}{S R_k}} = \frac{\mu U_e}{\mu + \frac{R_i}{R_k}}. \tag{5}$$

Aus diesen wenigen einfachen Beziehungen kann man schon einige hervorstechende Grundeigenschaften des Kathodenverstärkers erkennen.

1. Stromspannungsbeziehung. Der Kathodenstrom J_k ist direkt proportional der Eingangsspannung U_e. Bei großer Steilheit S oder bei großem Kathodenwiderstand R_k ($R_k \gg 1/S$) ist in erster Näherung $J_k = U_e/R_k$. Der Kathodenverstärker verhält sich also in erster Näherung wie ein Ohmscher Widerstand R_k, an dem die Spannung U_e liegt. Nur wird der Strom J_k nicht der Eingangsspannungsquelle selbst entnommen, sondern dem Netzteil des Verstärkers. Es findet also eine praktisch rückwirkungsfreie Stromsteuerung nach Maßgabe der Ohmschen Beziehung statt. Hieraus entspringen die ersten orientierenden Anhaltspunkte für die Bemessung des Verstärkers.

2. Spannungsübersetzung. Der Kathodenverstärker ist ein Übertrager mit dem Spannungs-Übersetzungsverhältnis $1 : 1 + 1/S R_k = \mu/(\mu + R_i/R_k)$. Ist $S R_k$ groß gegen 1 oder, was dasselbe bedeutet, μ groß gegen R_i/R_k, so ist das Übersetzungsverhältnis U_k/U_e wenig unter 1:1. Ferner ist es in nur geringem Maße von S abhängig, so daß Änderungen der Steilheit sich nicht nennenswert auswirken. Aus diesem Grunde ist die Arbeitsweise des Verstärkers hinsichtlich der Spannungsübersetzung von einem Röhrenaustausch ziemlich unabhängig.

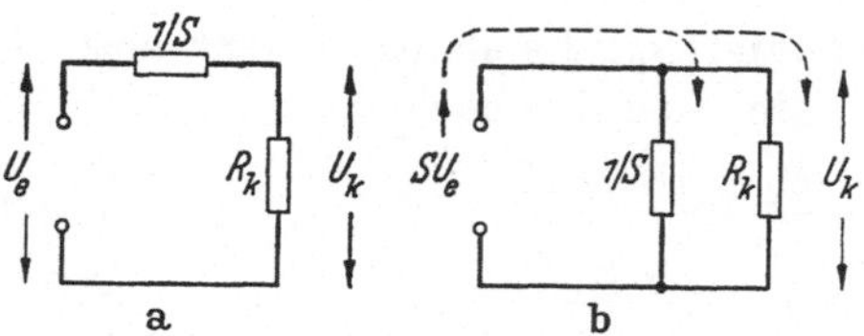

Abb. 6a u. b. Ersatzschaltungen des Kathodenverstärkers in der ersten Näherung. a Spannungsersatzschaltung, b Stromersatzschaltung

3. Spannungsersatzschaltung. Der Ausgang des Kathodenverstärkers entspricht einer Spannungsquelle mit kleinem Innenwiderstand. Nach Gl. (4) läßt sich schreiben $J_k R_k + J_k/S = U_e$ oder $U_k = J_k R_k = U_e - J_k/S$. Hiernach besteht die in Abb. 6a gezeigte Spannungsersatzschaltung mit U_e als „Urspannung" und zugleich „Leerlaufspannung" und $1/S$ als wirksamer Innenwiderstand.

4. Stromersatzschaltung. Die Stromverhältnisse lassen sich durch die in Abb. 6b wiedergegebene „Stromersatzschaltung" veranschaulichen. Zu ihrer Begründung gehen wir von Gl. (5) aus und schreiben $U_k = S\,U_e/(S + 1/R_k)$. Der Nenner ist offenbar der Leitwert der Parallelschaltung der Widerstände $1/S$ und R_k, während $S\,U_e$ einen belastungsunabhängigen „Urstrom" vorstellt.

Im Gegensatz zu den üblichen Stromersatzschaltungen tritt dieser Urstrom hier aber nicht als „Kurzschlußstrom" in Erscheinung. Der im vorliegenden Falle mögliche Höchstwert von J_k bzw. $J_{k0} + J_k$ ist vielmehr durch den Gitterstromeinsatz festgelegt, der wegen des damit verbundenen Spannungsabfalles in R_k eine Selbstverriegelung der Schaltung gegen weitere Strom- bzw. Spannungserhöhungen bewirkt. Durch einen hochohmigen Gittervorwiderstand läßt sich diese noch erleichtern.

5. Gitterspannung und Aussteuerbereich. Die sich einstellende Gitterspannung U_g ergibt sich aus $U_g = U_0 + U_e - R_k\,(J_{k0} + J_k)$ zu

$$U_g = \frac{-DU + \frac{1}{SR_k}(U_0 + U_e)}{1 + \frac{1}{SR_k}} = \frac{-U + \frac{R_i}{R_k}(U_0 + U_e)}{\mu + \frac{R_i}{R_k}}. \tag{6}$$

Die Gitterspannung hat für $U_e = 0$ ihren höchsten negativen Wert, wenn wir zunächst von negativen U_e-Werten absehen, nimmt mit wachsenden positiven Werten U_e ab und ist null für

$$U_0 + U_e = \frac{R_k}{R_i}\,U. \tag{7}$$

Dies ist die Grenze für den Gitterstromeinsatz, sofern wir außer acht lassen, daß dieser schon etwas vorher beginnt. Setzt man Gl. (7) in die Gl. (3) für $J_{k0} + J_k$ ein, so erhält man als den möglichen Höchstwert der Kathodenspannung den Wert U/R_i und entsprechend als Höchstwert der Kathodenspannung den Wert $U \cdot R_k/R_i$. Damit sind die Höchstwerte für J_k und U_k

$$J_{k\,\max} = \frac{U}{R_i} - J_{k0}, \quad U_{k\,\max} = U\frac{R_k}{R_i} - U_{k0}. \tag{8}$$

Die untere Grenze des Kathodenstromes bzw. der Kathodenspannung liegt theoretisch bei $U_0 + U_e = -DU$, oberhalb dieser Grenze ist $J_{k0} + J_k > 0$. Dies in Betracht gezogen, setzt die Möglichkeit negativer U_e-Werte nur die zweckdienliche Festlegung der Vorspannung U_0 voraus.

Dies sind die zunächst wesentlichen Eigenschaften des Kathodenverstärkers, die bei Gleichspannungsbetrieb vorliegen. Der nächste Schritt soll eine Verbesserung der Rechnung in Angleichung an die übliche Rechenweise für die bisher bekannten Verstärker sein, worauf Vergleichsbetrachtungen und Erweiterungen der Schaltungselemente folgen.

2. Genauere Berechnung der Arbeitsweise des Kathodenverstärkers bei Gleichspannung. Die folgende, etwas genauere Rechnung knüpft wieder an eine geradlinig angenommene Röhrenkennlinie an, enthält jedoch die volle Berücksichtigung des Anodendurchgriffes. Wir beginnen wieder bei der Berechnung von J_{k0} bei $U_e = 0$, gehen jedoch von $J_{k0} = S U_{st}$ mit $U_{st} = U_g + D U_a$ aus, worin U_a die Spannung zwischen Anode und Kathode bedeutet, führen die Rechnung zu Ende und leiten aus ihr erst die kennlinienmäßige Deutung ab. Wir schreiben also

$$J_{k0} = S(U_{g0} + DU_a)$$

mit

$$\left.\begin{aligned} U_{g0} &= U_0 - R_k J_{k0}, \\ U_a &= U - R_k J_{k0}. \end{aligned}\right\} \quad (9)$$

Durch Einsetzen von U_{g0} und U_a entsteht

$$J_{k0} = S(U_0 - R_k J_{k0} + DU - DR_k J_{k0}),$$

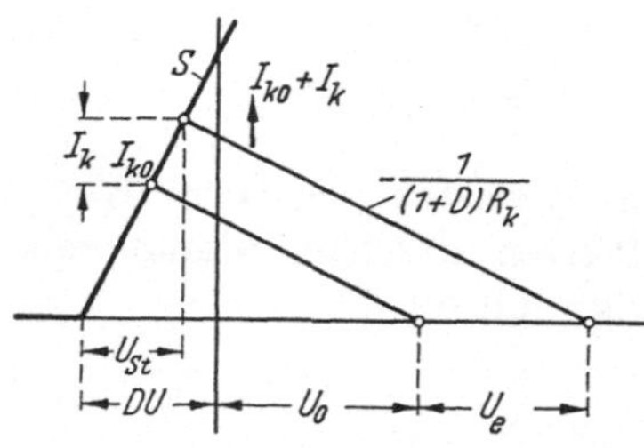

Abb. 7. Zweite Näherung der Berechnung der Arbeitsweise des Verstärkers

woraus unmittelbar folgt

$$J_{k0} = \frac{DU + U_0}{(1 + D)\, R_k + \frac{1}{S}}. \quad (10)$$

Dieser Gleichung entspricht die in Abb. 7 wiedergegebene Konstruktion. Sie stimmt mit Abb. 4 überein mit dem Unterschied, daß die von U_0 ausgehende Gerade jetzt die Neigung $-1/(1 + D)\, R_k$ anstatt $-1/R_k$ hat.

Bei Hinzutreten der positiven Eingangsspannung U_e wächst J_{k0} auf $J_{k0} + J_k$, und es ist

$$J_{k0} + J_k = \frac{DU + U_0 + U_e}{(1 + D)\, R_k + \frac{1}{S}}.$$

Durch Vergleich mit Gl. (10) findet man

$$J_k = \frac{U_e}{(1 + D)\, R_k + \frac{1}{S}} = \frac{\mu\, U_e}{(\mu + 1)\, R_k + R_i} \quad (11)$$

und daraus

$$U_k = \frac{U_e}{1 + D + \frac{1}{SR_k}} = \frac{\mu\, U_e}{\mu + 1 + \frac{R_i}{R_k}}. \quad (12)$$

Die Spannungsübersetzung beträgt also $U_k/U_e = 1/(1 + D + 1/S R_k) = \mu/(\mu + 1 + R_i/R_k)$. Nach Gl. (11) ist aber auch $(1 + D)\, R_k J_k + J_k/S = U_e$, und damit läßt sich U_k in die Form

$$U_k = \frac{U_e}{1 + D} - \frac{1}{S + \frac{1}{R_i}} - J_k$$

bringen, woraus die Ersatzschaltung Abb. 8a hervorgeht, in der der Vorwiderstand die Parallelschaltung von $1/S$ und R_i ist. Bei Vergleich mit der Ersatzschaltung Abb. 6a stellt man fest, daß infolge des Durchgriffes D die Leerlaufspannung und der Innenwiderstand im Verhältnis $1/(1+D)$ kleiner geworden sind. In ähnlicher Weise läßt sich die Stromersatzschaltung in Abb. 8b ableiten. Sie wird sofort verständlich, wenn man aus Gl. (12) $U_k = S U_e/(S + 1/R_i + 1/R_k)$ bildet und bedenkt, daß der Nenner der Leitwert der Parallelschaltung der drei Widerstände $1/S$, R_i und R_k ist. Auch hier erinnern wir daran, daß der „Urstrom" $S U_e$, der bei den üblichen Ersatzschaltungen den Kurzschlußstrom vertritt, im vorliegenden Fall von dem möglichen Höchststrom nicht erreicht wird.

Bevor wir uns über diesen Rechenschaft geben, berechnen wir wieder die sich einstellende Gitterspannung $U_g = U_0 + U_e - R_k(J_{k0} + J_k)$.

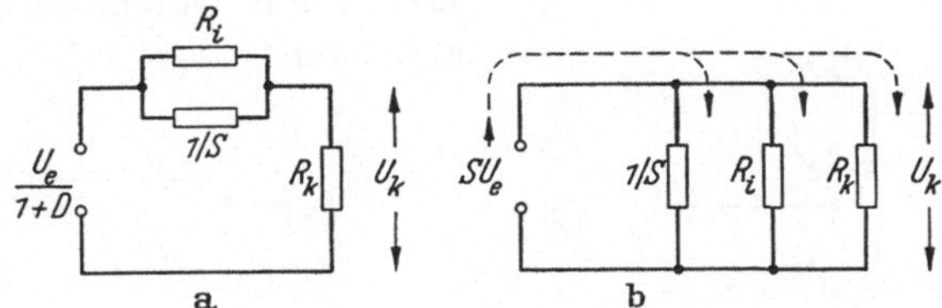

Abb. 8a u. b. Ersatzschaltungen des Kathodenverstärkers in der zweiten Näherung. a Spannungsersatzschaltung, b Stromersatzschaltung

Mit Gl. (11) ergibt sich diese zu

$$U_g = \frac{-DU + \left(D + \frac{1}{SR_k}\right)(U_0 + U_e)}{1 + D + \frac{1}{SR_k}}, \tag{13}$$

wofür sich schreiben läßt

$$U_g = \frac{-U + \left(1 + \frac{R_i}{R_k}\right)(U_0 + U_e)}{\mu + 1 + \frac{R_i}{R_k}}. \tag{13a}$$

Legen wir wieder den Gitterstromeinsatz bei $U_g = 0$ fest, so erfolgt dieser bei

$$U_0 + U_e = \frac{U}{1 + \frac{R_i}{R_k}}, \tag{14}$$

der hierbei eintretende Kathodenstrom beträgt $U/(R_i + R_k)$. Also betragen die Höchstwerte von J_k und U_k

$$J_{k\,\max} = \frac{U}{R_i + R_k} - J_{k0}, \qquad U_{k\,\max} = \frac{U}{1 + \frac{R_i}{R_k}} - U_{k0}. \tag{15}$$

Diese Rechnungen gelten natürlich immer noch mit begrenzter Genauigkeit, in erster Linie geht es hier darum, den Einfluß der verschiedenen Größen kennenzulernen. In diesem Sinne sollen weitere mögliche Bestandteile der Schaltung hinzugenommen werden, doch Hand in Hand mit der Vervollständigung der Schaltungen in Annäherung an die wirklichen Verhältnisse soll nebenbei das Formelmaterial herangebildet werden, das die später diskutierten Vergleiche zwischen dem Kathodenverstärker mit dem Anodenverstärker ermöglicht.

3. Der Einfluß des Innenwiderstandes der Anodenstromquelle. Die bisherigen Rechnungen setzten voraus, daß die von dem Netzgerät der Verstärkerschaltung erzeugte Gleichspannung U, d. h. die Spannung der Anodenstromquelle, einen von der Höhe des Anodenstromes bzw. des Kathodenstromes unabhängigen Wert hat. Das ist z. B. bei Netzgeräten mit Glimmentladungs-Stabilisatoren oder bei elektronisch geregelten Spannungsquellen weitgehend der Fall. Ist man indessen aus Gründen des zu hohen Aufwandes gezwungen, auf derartige Zusatzeinrichtungen zu verzichten, so muß man einen mehr oder weniger großen Innenwiderstand der Anodenspannungsquelle in Kauf nehmen. Dabei ist die Tragbarkeit eines solchen Innenwiderstandes je nach dem Verwendungszweck des Kathodenverstärkers verschieden. Für viele Meßaufgaben ist der Innenwiderstand belanglos, d. h., sein Einfluß ist überhaupt klein oder nur eine Frage der Eichung des Gerätes. In anderen Fällen, in denen der Kathodenverstärker unter Ausschöpfung der Röhrenleistung belastet werden soll, ist der Innenwiderstand des Netzteiles des Verstärkers eine Begrenzung der Ausnutzbarkeit der erwünschten Vorzüge des Kathodenverstärkerprinzips.

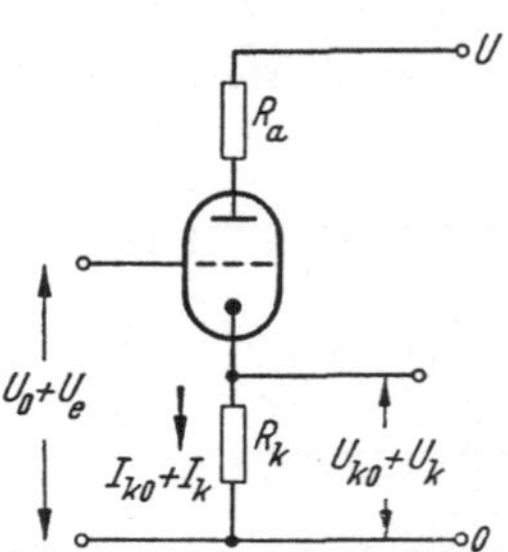

Abb. 9. Kathodenverstärker mit zusätzlichem Anodenwiderstand

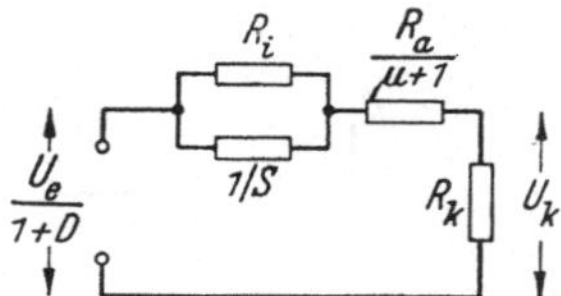

Abb. 10. Spannungsersatzschaltung des Kathodenverstärkers mit Anodenwiderstand

Wir untersuchen jetzt den Einfluß des Innenwiderstandes, wegen seiner Lage im Zuge der Anodenleitung soll er mit R_a bezeichnet werden. Wie aus Abb. 9 verständlich wird, ist zwischen der Anode und dem negativen Pol der Spannungsquelle mit der „Urspannung" U die Spannung $U - R_a J$ anstatt bisher U wirksam, darin bedeutet J den der Stromquelle entnommenen Strom. Im vorliegenden Fall ist dieser gleich dem Anodenstrom, der mit dem Kathodenstrom übereinstimmt. Damit wird für den Ausgangsarbeitspunkt des Verstärkers

$$\left.\begin{aligned} J_{k0} &= S(U_{g0} + DU_a) \\ \text{mit} \qquad U_{g0} &= U_0 - R_k J_{k0}, \\ U_a &= U - (R_k + R_a) J_{k0}. \end{aligned}\right\} \tag{16}$$

Setzt man die Ausdrücke für U_{g0} und U_a in die erste Gleichung ein und löst die entstehende Beziehung nach J_{k0} auf, so erhält man

$$J_{k0} = \frac{DU + U_0}{(1+D) R_k + DR_a + \frac{1}{S}}.$$

Bei Hinzutreten der Eingangsspannung U_e zu U_0 wächst wieder J_{k0} um I_k, und es wird

$$J_{k0} + J_k = \frac{DU + U_0 + U_e}{(1+D) R_k + DR_a + \frac{1}{S}}. \tag{17}$$

Infolgedessen ist

$$J_k = \frac{U_e}{(1+D) R_k + DR_a + \frac{1}{S}} \tag{18}$$

und weiter

$$U_k = \frac{U_e}{1 + D + D\frac{R_a}{R_k} + \frac{1}{SR_k}} = \frac{\mu U_e}{\mu + 1 + \frac{R_a + R_i}{R_k}}. \tag{19}$$

Die Spannung U_k wird also unter dem Einfluß von R_a vermindert, aber nicht in dem Maße, wie man beim ersten Anblick der Schaltung vermutet.

Dies wird noch deutlicher, wenn man zur Gewinnung der Spannungsersatzschaltung Gl. (18) mit $J_k R_k = U_k$ in die Form

$$U_k = \frac{U_e}{1+D} - \left(\frac{D}{1+D} R_a + \frac{1}{S + \frac{1}{R_i}}\right) J_k \tag{20}$$

bringt. Hiernach ist in der in Abb. 10 gezeigten Weise der Innenwiderstand des Verstärkers gleich dem bisherigen Parallelwiderstand von $1/S$ und R_i zuzüglich des Widerstandes $\frac{D}{1+D} R_a$. Der Innenwiderstand der Stromversorgung des Verstärkers geht also nur in dem Verhältnis $D/(1 + D)$ in den Innenwiderstand des Verstärkers ein, also praktisch im Prozentsatz des Durchgriffs verkleinert.

Für die sich einstellende Gitterspannung $U_g = U_0 + U_e - R_k (J_{k0} + J_k)$ ergibt die weitere Rechnung unter Verwendung von Gl. (17)

$$U_g = \frac{-U + \left(1 + \frac{R_i + R_a}{R_k}\right)(U_0 + U_e)}{\mu + 1 + \frac{R_i + R_a}{R_k}}. \tag{21}$$

Nimmt man wieder den Gitterstromeinsatz bei $U_g = 0$ an, so ergibt sich dieser bei

$$U_0 + U_e = \frac{U}{1 + \frac{R_i + R_a}{R_k}}, \tag{22}$$

der sich für diesen einstellende maximale Kathodenstrom $J_{k0} + J_k$ beträgt $(U_0 + U_e)/R_k$ oder $U/(R_i + R_k + R_a)$. Somit ist

$$J_{k\max} = \frac{U}{R_i + R_k + R_a} - J_{k0}, \qquad U_{k\max} = \frac{R_k}{R_i + R_k + R_a} U - U_{k0}. \tag{23}$$

Während also der Innenwiderstand R_a der Stromversorgung in den Innenwiderstand des Verstärkers im Verhältnis $D/(1 + D)$ vermindert eingeht, geht R_a im Hinblick auf die Begrenzung des Aussteuerbereiches U_e bzw. des maximalen Kathodenstromes voll ein.

4. Diskussion des Anodenverstärkers mit Stromgegenkopplung. Die obige Rechnung legt es nahe, die Ergebnisse für eine andere Schaltung umzudeuten, nämlich für einen Anodenverstärker mit Stromgegenkopplung vermittels eines Kathodenwiderstandes ohne Parallelkondensator.

Für diese Betrachtung nehmen wir den Innenwiderstand der Anodenspannungsquelle wieder als vernachlässigbar an und sehen in R_a den Arbeitswiderstand des Anodenverstärkers, während R_k den der Gegenkopplung dienenden Kathodenwiderstand vorstellt. Die Schaltung ist in Abb. 11 wiedergegeben. Da hinsichtlich des Stromes die Voraussetzungen der vorigen Rechnung nach wie vor gelten, bestehen wieder die Gln. (17) und (18). Schreiben wir indessen zur Hervorhebung des jetzt bestehenden Arbeitsstromkreises J_a statt J_k, so wird

$$J_a = \frac{U_e}{(1 + D) R_k + D R_a + \frac{1}{S}}, \tag{24}$$

wobei durch richtige Wahl von U_0 sichergestellt sein soll, daß für alle U_e-Werte $U_g < 1$ ist. Die Spannung am Anodenwiderstand R_a, auf die es jetzt ankommt, ist $U_a = - R_a J_a$, dies ist die durch U_e verursachte Anodenspannungsänderung. Sie ergibt sich aus Gl. (24) zu

$$U_a = \frac{-U_e}{D + (1 + D)\frac{R_k}{R_a} + \frac{1}{S R_a}} = \frac{-\mu U_e}{1 + \frac{R_k + R_i}{R_a} + \mu \frac{R_k}{R_a}}. \tag{25}$$

Damit beträgt das Spannungsübersetzungsverhältnis

$$\frac{U_a}{U_e} = \frac{-\mu}{1 + \frac{R_i}{R_a} + (\mu + 1)\frac{R_k}{R_a}}.$$

Bringt man dies ins Verhältnis zu der Spannungsverstärkung bei fehlender Gegenkopplung ($R_k = 0$), so findet man

$$\frac{U_a(R_k)}{U_a(0)} = \frac{1}{1 + \frac{(\mu + 1) R_k}{R_a + R_i}}. \tag{26}$$

Diese Beziehung besagt, welche Verstärkungsverminderung mit der Gegenkopplung in Kauf zu nehmen ist. Hierüber später mehr.

Im Augenblick interessiert im Anschluß an die vorige Rechnung die Betrachtung der Spannungsersatzschaltung. Hierzu formen wir Gl. (24) mit $U_a = -R_a J_a$ um in

$$-U_a = \frac{U_e}{D} - \left(\frac{1+D}{D} R_k + R_i\right) J_a. \tag{27}$$

Diese Formel, die in Abb. 12 veranschaulicht ist, besagt, daß bei dem normalen Anodenverstärker nach wie vor U_e/D die Leerlaufspannung ist, während der Innenwiderstand des Verstärkers, der sonst durch den Innenwiderstand der Röhre R_i gegeben ist (das ist ja der historische Grund seiner Definition), um den erheblichen Betrag $\frac{1+D}{D} R_k = (\mu + 1) R_k$ vergrößert ist.

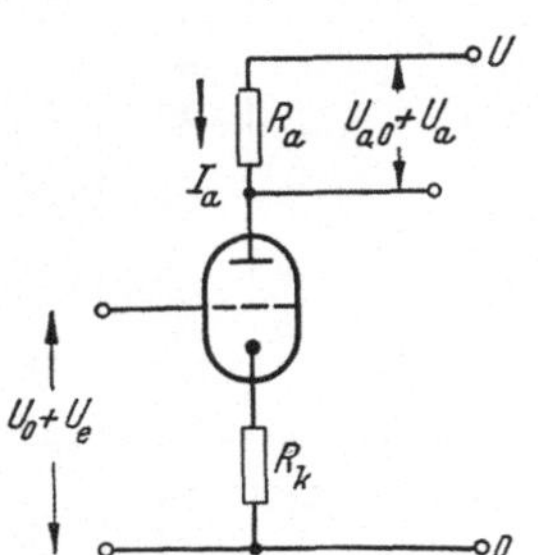

Abb. 11. Anodenverstärker mit Stromgegenkopplung mittels Kathodenwiderstand R_k

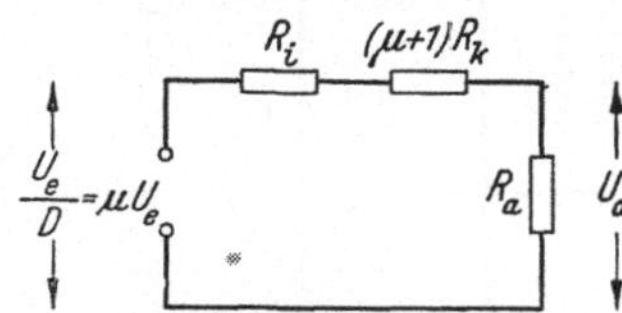

Abb. 12. Spannungsersatzschaltung des Anodenverstärkers mit Gegenkopplungswiderstand R_k

5. Zusammenfassende Übersicht über die Gleichspannungsverstärker. Die bisherigen Ergebnisse für die Verstärkergrundschaltungen mit Ohmschem Arbeitswiderstand mit Eingangsgleichspannung U_e sind in der nachfolgenden Tab. 1 zusammengestellt.

Wie noch einmal erwähnt sein soll, beziehen sich die Aussagen auf eine aus zwei Geradenstücken zusammengesetzt gedachte Röhrenkennlinie, die für die feste Anodenspannung $= U$ gilt, deren ansteigende Gerade bei der Gitterspannung $U_g = -DU$ einsetzt und die Steilheit S hat. Für sie gilt

$$S = \frac{\partial J_a}{\partial U_g} = \frac{\partial J_k}{\partial U_g}, \quad U_a = U = \text{const}. \tag{28}$$

Hiervon verschieden ist das Verhältnis der Anodenstrom- bzw. Kathodenstromänderung zur Änderung der Eingangsspannung U_e der Verstärkerschaltung, wir nennen dies die Arbeitssteilheit oder die Steilheit

Tabelle 1. *Verstärker bei Eingangsgleichspannung*

	Kathodenverstärker	Kathodenverstärker mit Anodenwiderstand R_a	Anodenverstärker mit Kathodenwiderstand R_k	Anodenverstärker
Steilheit der Arbeitskennlinie $S' = \frac{\partial J_k}{\partial U_e} = \frac{\partial J_a}{\partial U_e}$	$\frac{\mu}{(\mu+1) R_k + R_i}$	$\frac{\mu}{(\mu+1) R_k + R_a + R_i}$		$\frac{\mu}{R_a + R_i}$
Spannungsübersetzung $\frac{\partial U_k}{\partial U_e}$ bzw. $\frac{\partial U_a}{\partial U_e}$	$\frac{\mu}{\mu + 1 + \frac{R_i}{R_k}}$	$\frac{\mu}{\mu + 1 + \frac{R_a + R_i}{R_k}}$	$\frac{-\mu}{1 + \frac{R_k + R_i}{R_a} + \mu \frac{R_k}{R_a}}$	$\frac{-\mu}{1 + \frac{R_i}{R_a}}$
Leerlaufspannung bei $J_{k0} + J_k = 0$ bzw. $J_{a0} + J_a = 0$	$\frac{U_e}{1+D} = \frac{\mu}{\mu+1} U_e$		$\frac{U_e}{D} = -\mu U_e$	
Innenwiderstand	$\frac{1}{S + \frac{1}{R_i}}$	$\frac{1}{S + \frac{1}{R_i}} + \frac{R_a}{\mu+1}$	$R_i + (\mu+1) R_k$	R_i
Gitterspannung	$\frac{-U + \left(1 + \frac{R_i}{R_k}\right)(U_0 + U_e)}{\mu + 1 + \frac{R_i}{R_k}}$	$\frac{-U + \left(1 + \frac{R_i + R_a}{R_k}\right)(U_0 + U_e)}{\mu + 1 + \frac{R_i + R_a}{R_k}}$		$U_0 + U_e$
Max. Eingangsspannung $U_{e\,max}$	$\frac{U}{1 + \frac{R_i}{R_k}} - U_0$	$\frac{U}{1 + \frac{R_i + R_a}{R_k}} - U_0$		U_0

der Arbeitskennlinie

$$S' = \frac{\partial J_a}{\partial U_e} = \frac{\partial J_k}{\partial U_e}, \quad (S' < S). \tag{29}$$

Diese Arbeitssteilheit findet man in der ersten Zeile der Tabelle verzeichnet.

Bei Zugrundelegung der wirklichen gekrümmten Röhrenkennlinie ist die Steilheit S eine Funktion des Röhrenstromes, und die Angaben für J_k bzw. J_a oder U_k bzw. U_a gelten nur für kleine Änderungen von U_e. Hiervon und von den weiteren Folgen der Kennlinienkrümmung wird später noch die Rede sein.

Unter den verschiedenen Eigentümlichkeiten der Verstärker, die die Tabelle erkennen läßt, ist eine der meßtechnisch wichtigsten die Unabhängigkeit der Spannungsübersetzung von der Steilheit S der Röhre bzw. von ihrem R_i-Wert. Sie ist die eine Eigenschaft, die durch die Gegenkopplung erzielt wird, die bei dem Kathodenverstärker am vollkommensten ist, jedoch bei diesem auch den vollständigen Verzicht auf Spannungsverstärkung erfordert.

Daß auch der Anodenverstärker bei Anwendung der Gegenkopplung unter Einbuße der Spannungsverstärkung in seiner Spannungsübersetzung unempfindlich gegen Änderungen des R_i-Wertes der Röhre wird, erkennt man beispielsweise aus der dritten Spalte der Tabelle, wenn man dort $R_k = R_a = R$ annimmt.

Dann wird die Spannungsübersetzung

$$\frac{U_k}{U_e} = \frac{\mu}{\mu + 2 + \frac{R_i}{R}}, \tag{30}$$

sie hat den gleichen Wert, gleichviel ob man die Spannung am Anodenwiderstand oder am Kathodenwiderstand entnimmt. Dagegen ist der Ausgangswiderstand, d. h. der Innenwiderstand der Ausgangsseite des Verstärkers, erheblich unterschiedlich, er beträgt

$$\frac{1}{S + \frac{1}{R_i}} + \frac{R}{\mu + 1} = \frac{R_i + R}{\mu + 1}$$

bei Abgriff der Spannung am Kathodenwiderstand, dagegen $R_i + (\mu + 1)\,R$ bei Abgriff der Spannung am Anodenwiderstand.

6. Einfluß der Isolationswiderstände in der Röhre. Bei allen besprochenen Schaltungen handelt es sich um Verstärker ohne Gitterableitwiderstand, also mit extrem hochohmigem Eingang. Ein Kathodenverstärker für höhere Eingangsgleichspannungen arbeitet aber mit hohen negativen Gitterspannungen, die die Ursache von Strömen sein können, die dem quasielektrostatischen Meßzweck des Verstärkers eine Grenze setzen können. Es ist deshalb wichtig, sich über diese Ströme Rechenschaft zu geben.

Von den Strömen innerhalb der Röhre, die über das Gitter zu- oder abfließen können, wird noch besonders die Rede sein. Vorerst soll geprüft werden, welchen Einfluß eine ungenügende Isolation der Elektrode der Röhre auf den Eingangswiderstand der Anordnung, der bisher unendlich groß angenommen war, haben kann.

Wir nehmen zwei Fälle mangelhafter Isolation der Röhre bzw. der Schaltung an, sie sind in Abb. 13a und 13b durch einen Isolationswiderstand R_{gk} zwischen Gitter und Kathode bzw. durch einen Isolationswiderstand R_{ga} zwischen Gitter und Anode gekennzeichnet. Im ersten Fall des Vorliegens eines Isolationswiderstandes R_{gk} nach Abb. 13a soll ein Isolationsstrom J_e als Eingangsstrom des Verstärkers fließen, der zum positiven Pol der Eingangsspannung $U_0 + U_e$ gerichtet ist. In dem gleichfalls angenommenen Gittervorwiderstand R_g, der auch

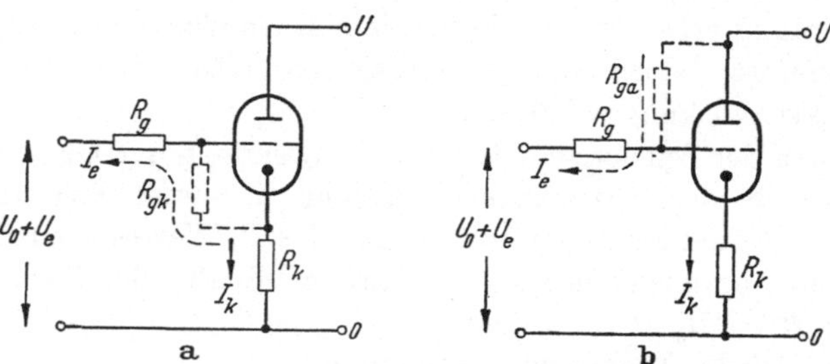

Abb. 13a u. b. Zur Berechnung des Einflusses der Isolationswiderstände R_{gk} und R_{ga} der Röhre

der Innenwiderstand der Eingangsspannungsquelle sein kann, entsteht also eine Zusatzspannung $R_g J_e$. Der Strom J_e sei gegenüber J_k so klein, daß sein Einfluß im Kathodenwiderstand R_k vernachlässigbar ist. Dann ist

$$\left.\begin{aligned} J_{k0} + J_k &= S(U_g + DU_a) \\ \text{mit} \qquad U_g &= U_0 + U_e + R_g J_e - R_k(J_{k0} + J_k), \\ U_a &= U - R_k(J_{k0} + J_k), \\ J_e &= \frac{R_k(J_{k0} + J_k) - (U_0 + U_e)}{R_g + R_{gk}}. \end{aligned}\right\} \qquad (31)$$

Führt man J_e nach der vierten Gleichung in die zweite Gleichung ein und setzt U_g und U_a nach der zweiten und dritten Beziehung in die erste ein, so entsteht eine Gleichung, die sich nach $J_{k0} + J_k$ auflösen läßt. Sie lautet

$$J_{k0} + J_k = \frac{DU + (U_0 + U_e)(1 - k)}{(1 + D - k)R_k + \frac{1}{S}}, \quad k = \frac{R_g}{R_g + R_{gk}}.$$

Hiervon kann man wieder die Beziehung zwischen J_k und U_e abtrennen und durch Multiplizieren von J_k mit R_k die Spannung U_k gewinnen.

Für sie erhält man

$$U_k = \frac{U_e}{1 + \dfrac{1 + \dfrac{R_i}{R_k}}{\mu} \cdot \dfrac{R_g + R_{gk}}{R_{gk}}}.$$

Setzt man dies ins Verhältnis zu der Spannung U_k bei unendlich großem Isolationswiderstand R_{gk}, so findet man, bezogen auf den gleichen U_e-Wert

$$\frac{U_k(R_{gk})}{U_k(\infty)} = \frac{1}{1 + \dfrac{\left(1 + \dfrac{R_i}{R_k}\right)\dfrac{R_g}{R_{gk}}}{\mu + 1 + \dfrac{R_i}{R_k}}}. \qquad (32)$$

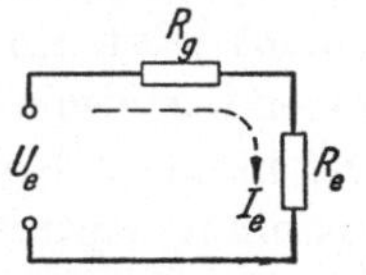

Abb. 14. Zur Definition des Eingangswiderstandes des Verstärkers

In diesem Verhältnis vermindert also der Isolationswiderstand die Spannungsübersetzung. Vergleicht man dies mit der Spannungsminderung der in Abb. 14 gezeigten Ersatzschaltung, die der Definition des Eingangswiderstandes R_e des Verstärkers dient, so erhält man bei Außerachtlassung des eigentlich negativen Vorzeichens des Eingangsstromes das bemerkenswerte Ergebnis

$$R_e = \left(1 + \frac{\mu}{1 + \dfrac{R_i}{R_k}}\right) R_{gk} \approx \frac{\mu}{1 + \dfrac{R_i}{R_k}} R_{gk}. \qquad (33)$$

Der Isolationswiderstand R_{gk} geht also etwa um den Faktor $\mu/(1 + R_i/R_k)$ vergrößert als Eingangswiderstand in die Schaltung ein, d. h. größenordnungsmäßig zehnfach vergrößert. Dieser Umstand ist für den zur Diskussion stehenden elektrostatischen Meßzweck des Kathodenverstärkers von ausschlaggebender Bedeutung.

Anders steht es mit dem Einfluß des Isolationswiderstandes R_{ga} zwischen der Anode und dem Steuergitter im Sinne von Abb. 13b, der indessen auch nun mehrere Zehnerpotenzen höher veranschlagt werden darf als R_{gk}. Hier führt der Ansatz

$$\left.\begin{aligned} J_{k0} + J_k &= S(U_g + D U_a) \\ \text{mit} \qquad U_g &= U_0 + U_e + R_g J_e - R_k (J_{k0} + J_k), \\ U_a &= U - R_k (J_{k0} + J_k), \\ J_e &= \frac{U - (U_0 + U_e)}{R_g + R_{ga}} \end{aligned}\right\} \qquad (34)$$

zu

$$J_{k0} + J_k = \frac{(D + k)\, U + (U_0 + U_e)(1 - k)}{(1 + D) R_k + \dfrac{1}{S}}, \qquad k = \frac{R_g}{R_g + R_{ga}},$$

und dies ergibt

$$U_k = \frac{\mu U_e}{\mu + 1 + \dfrac{R_i}{R_k}} \cdot \frac{R_{ga}}{R_g + R_{ga}}$$

und damit
$$\frac{U_k(R_{ga})}{U_k(\infty)} = \frac{1}{1+\frac{R_g}{R_{ga}}}. \tag{35}$$

Hieraus geht hervor, daß der Eingangswiderstand im vorliegenden Falle $R_e = R_{ga}$ wird, also gleich dem Isolationswiderstand selbst.

7. Die Arbeitskennlinie bei gekrümmter Röhrenkennlinie. Es erscheint jetzt am Platze, etwas darüber auszusagen, welche Modifikationen der bisherigen Rechnungen bei Zugrundelegung der tatsachlichen gekrümmten Röhrenkennlinie anstelle der idealisierten geradlinigen Kennlinie eintreten[1]. Dazu interessiert, inwieweit die Linearität der Übertragung durch die Annahme einer geradlinigen Röhrenkennlinie bereits eingeeicht wurde.

Bedeutet wieder $U_{st} = U_g + D U_a$ die Gittersteuerspannung, so sei $J_k = f(U_{st})$ der funktionsmäßige Ausdruck für die vorliegende Röhrenkennlinie, die in Abb. 15 eingezeichnet ist. Die Kennlinie gelte wie üblich und wie auch bisher angenommen für die feste Anodenspannung $U_a = U$, und bei $U_g = -DU$ soll der Kathodenstrom praktisch null sein. Den inversen Zusammenhang von J_k und U_{st} schreiben wir $U_{st} = g(J_k)$. Im übrigen gelte die Grundschaltung des Kathodenverstärkers nach Abb. 4.

Bei $U_e = 0$ soll $J_k = J_{k0}$ sein, bei positiver Eingangsspannung U_e soll der Kathodenstrom insbesondere wie bisher $J_{k0} + J_k$ geschrieben werden, so daß J_k insbesondere die durch U_e hervorgerufene Stromänderung bedeutet. Jedoch wollen wir vorerst nur den kleinen Stromzuwachs ΔJ_k, hervorgerufen durch den kleinen Zuwachs ΔU_e, der Eingangsspannung in Betracht ziehen, so daß der Gesamtstrom $J_{k0} + \Delta J_k$ der Gesamteingangsspannung $U_0 + \Delta U_e$ gegenübersteht.

Für $U_e = 0$ lautet die obige Beziehung für die Gittersteuerspannung U_{st} mit $U_g = U_0 - R_k J_{k0}$ und $U_a = U - R_k J_{k0}$
$$U_0 + DU - (1+D) R_k J_{k0} = g(J_{k0}).$$

Für von Null verschiedenes $U_e = \Delta U_e$ gilt
$$U_0 + \Delta U_e + DU - (1+D) R_k (J_{k0} + \Delta J_k) = g(J_{k0} + \Delta J_k).$$

Durch seitenweises Abziehen der beiden Gleichungen voneinander entsteht
$$\begin{aligned}\Delta U_e &= (1+D) R_k \Delta J_k + g(J_{k0} + \Delta J_k) - g(J_{k0})\\ &\approx (1+D) R_k \Delta J_k + \frac{\partial g(J_k)}{\partial J_k} \Delta J_k\\ &= \left((1+D) R_k + \frac{1}{S}\right) \Delta J_k,\end{aligned} \tag{36}$$

worin S die Steilheit der Röhrenkennlinie in der Umgebung von J_{k0} be-

[1] Vgl. MÜLLER-LÜBECK: Zit. S. 4.

deutet. Es ist damit

$$\left.\begin{aligned} \Delta J_k &= \frac{\Delta U_e}{(1+D)\,R_k + \frac{1}{S}} = \frac{\mu\,\Delta U_e}{(\mu+1)\,R_k + R_i} \\ \text{und} \qquad & \\ \Delta U_k &= \frac{\Delta U_e}{1 + D + \frac{1}{S R_k}} = \frac{\mu\,\Delta U_e}{\mu + 1 + \frac{R_i}{R_k}}. \end{aligned}\right\} \quad (37)$$

Für kleine Änderungen der Eingangsspannungen gelten also nach wie vor die schon unter Gln. (11) und (12) abgeleiteten Grundbeziehungen. Die abgeleiteten Zusammenhänge finden in Abb. 15 ihre anschauliche Deutung. Darin ist auch die Arbeitskennlinie des Verstärkers, d. h. der genau geltende Zusammenhang zwischen ΔJ_k und ΔU_e, für den Gl. (37) Näherungsformeln sind, eingetragen.

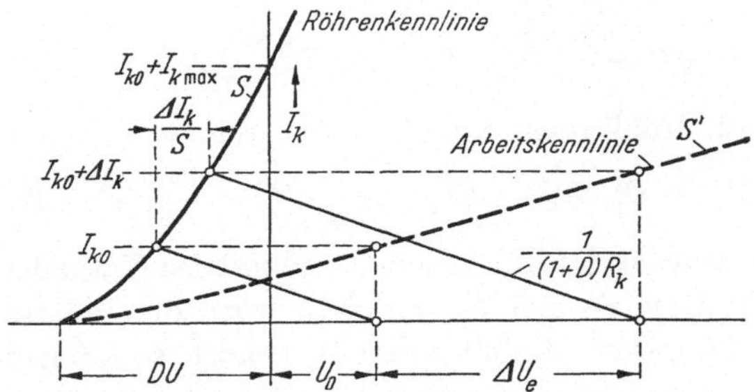

Abb. 15. Arbeitskennlinie des Verstärkers bei gekrümmter Röhrenkennlinie

Es geht jetzt darum, den Funktionsverlauf für mäßig große U_e-Werte, für die nach Gl. (36)

$$U_e = (1 + D)\,R_k\,J_k + g(J_{k0} + J_k) - g(J_{k0})$$

exakt gilt, weiter zu diskutieren.

Denken wir uns darin $g(J_{k0} + J_k)$ in eine Taylorsche Reihe nach Potenzen von J_k entwickelt, so wird

$$\begin{aligned} U_e &= (1 + D)\,R_k\,J_k + g(J_{k0}) + \frac{\partial g}{\partial J_k} J_k + \frac{1}{2}\frac{\partial^2 g}{\partial J_k^2} J_k^2 + \frac{1}{6}\frac{\partial^3 g}{\partial J_k^3} J_k^3 + \cdots \\ &\quad - g(J_{k0}) \\ &= \left((1 + D)\,R_k + \frac{1}{S}\right) J_k + \frac{1}{2}\frac{\partial^2 g}{\partial J_k^2} J_k^2 + \frac{1}{6}\frac{\partial^3 g}{\partial J_k^3} J_k^3 + \cdots. \end{aligned}$$

Nun sind aber nicht die Differentialquotienten der inversen Funktion g gegeben, sondern die der Funktion f der Röhrenkennlinie. Letztere sind die bekannten Koeffizienten S, T, W, von denen der erste die schon verwendete Steilheit und der zweite das Krümmungsmaß der Kennlinie ist. Sie sind im vorliegenden Fall definiert durch

$$\begin{aligned} J_{k0} + J_k &= f(U_{st0} + U_{st}) \\ &= f(U_{st0}) + S\,U_{st} + \frac{1}{2}\,T\,U_{st}^2 + \frac{1}{6}\,W\,U_{st}^3 + \cdots, \end{aligned} \quad (38)$$

worin $U_{st\,0}$ die Gittersteuerspannung bei $U_e = 0$ und U_{st} die mit U_e erscheinende Steuerspannung ist und die Funktion f für festgehaltene Anodenspannung $= U$ gilt. Im einzelnen ist also

$$S = \frac{\partial f}{\partial U_{st}}, \quad T = \frac{\partial^2 f}{\partial U_{st}^2} \quad \text{und} \quad W = \frac{\partial^3 f}{\partial U_{st}^3},$$

wobei die Differentialquotienten für $U_{st\,0}$ zu nehmen sind.

Schreiben wir nun die Differentialquotienten von f für g in üblicher Weise abkürzend f', f'', f''' und g', g'', g''', so lehren bekannte Ableitungen der Differentialrechnung, daß die Differentialquotienten der zueinander inversen Funktionen f und g durch

$$g' = \frac{1}{f'} = \frac{1}{S},$$

$$g'' = -\frac{1}{f'^3} f'' = -\frac{1}{S^3} T,$$

$$g''' = \frac{-f' f''' + 3 f''^2}{f'^5} = \frac{-SW + 3T^2}{S^5}$$

verknüpft sind. Infolgedessen läßt sich schreiben

$$U_e = \left((1 + D) R_k + \frac{1}{S}\right) J_k - \frac{T}{2S^3} J_k^2 - \frac{SW - 3T^2}{6S^5} J_k^3 + \cdots. \tag{39}$$

Dies ist der Ausdruck für die Arbeitskennlinie des Kathodenverstärkers. Schreiben wir diese Formel $J_k = F(U_e)$, wozu der inverse Zusammenhang $U_e = G(J_k)$, den Gl. (39) vorstellt, gehört, so können wir uns die Entwicklung

$$J_k = S' U_e + \frac{1}{2} T' U_e^2 + \frac{1}{6} W' U_e^3 + \cdots \tag{39a}$$

denken, worin S', T', W' gemäß

$$S' = \frac{\partial F}{\partial U_e}, \quad T' = \frac{\partial^2 F}{\partial U_e^2}, \quad W' = \frac{\partial^3 F}{\partial U_e^3}, \ldots$$

die Attribute wie Steilheit, Krümmungsmaß usw. der Arbeitskennlinie sind. Die uns gestellte Aufgabe ist gelöst, wenn wir zeigen, wie S', T', W' mit den Attributen der Röhrenkennlinie S, T, W zusammenhängen. Da für die Ableitungen F', F'', F''' von F und die Ableitungen G', G'', G''' der inversen Funktion G dieselben Verknüpfungen bestehen wie für die Funktionen f und g, so ist offenbar, ausgedrückt durch die Meßzahlen der Arbeitskennlinie

$$U_e = \frac{1}{S'} J_k - \frac{T'}{2S'^3} J_k^2 - \frac{S'W' - 3T'^2}{6S'^5} J_k^3 + \cdots. \tag{39b}$$

Der Vergleich von Gl. (39b) mit Gl. (39) liefert die grundlegenden Beziehungen

$$\left.\begin{aligned} \frac{S'}{S} &= \frac{1}{1 + (1 + D) S R_k} = \alpha, \\ \frac{T'}{T} &= \left(\frac{S'}{S}\right)^3 = \alpha^3, \\ \frac{W'}{W} &= \alpha^4 \left(1 - 3(1 - \alpha) \frac{T^2}{SW}\right). \end{aligned}\right\} \tag{40}$$

Da α klein gegen 1 ist, springt die Linearisierung der Arbeitskennlinie unmittelbar in die Augen. Bei $\alpha = 0{,}1$ ist das Verhältnis T'/T der Krümmungsmaße 0,001, die Krümmung der Arbeitskennlinie ist somit auch bezogen auf die verminderte Steilheit S' immer noch $^1/_{100}$ der Krümmung der Röhrenkennlinie.

Für eine $U_{st}^{3/2}$-Kennlinie der Röhre wäre

$$S = \frac{3}{2} U_{st}^{\frac{1}{2}}, \qquad T = \frac{3}{4} U_{st}^{-\frac{1}{2}}, \qquad W = -\frac{3}{8} U_{st}^{-\frac{3}{2}}$$

und infolgedessen $T^2/SW = -1$, womit

$$\frac{S'}{S} = \alpha, \qquad \frac{T'}{T} = \alpha^3, \qquad \frac{W'}{W} = (4 - 3\alpha)\,\alpha^4 \tag{40a}$$

wird.

Um von der Entwicklung Gl. (39a) zu der Spannungskennlinie

$$U_k = R_k S' U_e + \frac{1}{2} R_k T' U_e^2 + \frac{1}{6} R_k W' U_e^3 + \cdots \tag{41}$$

zu gelangen, ist es nur noch nötig, die Produkte $R_k S'$ usw. nach Gl. (40) auszuwerten. Durch kleine Umformungen findet man

$$\left.\begin{aligned} R_k S' &= \frac{\mu}{\mu + 1 + \frac{R_i}{R_k}}, \\ R_k T' &= R_k T \alpha^3 = R_k T \frac{S'}{S} \alpha^2 = \frac{\mu}{\mu + 1 + \frac{R_i}{R_k}} \frac{T}{S} \alpha^2, \\ R_k W' &= R_k W \alpha^4 \left(1 - 3(1-\alpha)\frac{T^2}{SW}\right) \\ &= \frac{\mu}{\mu + 1 + \frac{R_i}{R_k}} \left(\frac{W}{S} - 3(1-\alpha)\frac{T^2}{S^2}\right)\alpha^3 \end{aligned}\right\} \tag{41a}$$

und damit

$$U_k = \frac{\mu}{\mu + 1 + \frac{R_i}{R_k}} \left[U_e + \frac{T}{2S}\alpha^2 U_e^2 + \frac{1}{6}\left(\frac{W}{S} - 3(1-\alpha)\frac{T^2}{S^2}\right)\alpha^3 U_e^3 + \cdots\right], \tag{41b}$$

worin für S, T und W die Röhrenkennlinienwerte für $U_{st} = U_0 + DU - (1 + D)\, R_k J_{k0}$ zu nehmen sind.

8. Linearisierung der Kennlinie des Anodenverstärkers durch Stromgegenkopplung. Bevor wir aus den entwickelten Formeln weitere Nutzanwendungen für die Beschreibung des Kathodenverstärkers ziehen, wollen wir einen kurzen Abstecher zum Anodenverstärker mit nichtabgeblocktem Kathodenwiderstand zur Gegenkopplung machen, um die Linearisierung der Arbeitskennlinie, die ja der Zweck der Gegenkopplung ist, zu diskutieren. Für diesen ist

$$\alpha = \frac{1}{1 + \frac{R_a}{R_i} + (\mu + 1)\frac{R_k}{R_i}}. \tag{42}$$

Wir nehmen nun ferner an, daß mit der Einschaltung des Kathodenwiderstandes eine Erhöhung des Anodenwiderstandes von R_a auf $\tilde{R}_a$ stattfinden soll, und zwar so, daß die sonst gemäß Gl. (26) erhaltene Verminderung der Spannungsverstärkung vermieden wird. Da diese nach Gl. (25) für $R_k > 0$ mit der jetzigen Bezeichnung

$$\frac{\partial U_a}{\partial U_e} = \frac{-\mu}{1 + \frac{R_i}{\tilde{R}_a} + (\mu + 1)\frac{R_k}{\tilde{R}_a}},$$

für $R_k = 0$ indessen

$$= \frac{-\mu}{1 + \frac{R_i}{R_a}}$$

ist, resultiert hieraus die Vorschrift

$$\frac{\tilde{R}_a}{R_a} = 1 + (\mu + 1)\frac{R_k}{R_i}. \tag{43}$$

Unterscheiden wir dementsprechend $\tilde{\alpha}$ und α, so wird nach Gl. (42) unter Berücksichtigung von Gl. (43)

$$\frac{\tilde{\alpha}}{\alpha} = \frac{R_a}{\tilde{R}_a} \quad \text{mit} \quad \alpha = \frac{1}{1 + \frac{R_a}{R_i}}. \tag{44}$$

Da uns jetzt die Linearisierung der Arbeitskennlinie $\tilde{U}_a = F(U_e)$, die durch R_k eingetreten sein soll, interessiert, vergleichen wir die für die Kennlinienkrümmung maßgebenden Größen $\tilde{T}'$ und T'. Für sie gilt zunächst nach Gl. (40)

$$\frac{\tilde{T}'}{T'} = \left(\frac{\tilde{\alpha}'}{\alpha'}\right)^3 = \left(\frac{R_a}{\tilde{R}_a}\right)^3.$$

Die Kennlinienkrümmung ist indessen nicht durch T' selbst, sondern gemäß $\partial^2 J_a/\partial U_e^2 = R_a \partial^2 J_k/\partial U_e^2$ durch $R_a T'$ gegeben. Infolgedessen ist das Verhältnis der Kennlinienkrümmung für $R_k > 0$ zu der für $R_k = 0$ bei vorschriftsmäßig gewählten $\tilde{R}_a$ und R_a gleich

$$\frac{\tilde{R}_a}{R_a}\left(\frac{\tilde{\alpha}'}{\alpha'}\right)^3 = \left(\frac{R_a}{\tilde{R}_a}\right)^2 = \frac{1}{\left(1 + (\mu + 1)\frac{R_k}{R_i}\right)^2}. \tag{45}$$

Auf weitere Fragen der Anwendung der Gegenkopplung bei Anodenverstärkern einzugehen, haben wir hier keinen Anlaß.

Daß das Verhältnis $\tilde{R}_a/R_a$ nach Gl. (42) gleichzeitig das Anstiegsverhältnis des Innenwiderstandes

$$\frac{\tilde{R}_i}{R_i} = \frac{R_i + (\mu + 1)\,R_k}{R_i} \tag{46}$$

der Schaltung ist, erwähnen wir nebenbei.

9. Ein Beispiel eines Kathodenverstärkers mit Eingangsgleichspannung. Zur Gewinnung einer zahlenmäßigen Vorstellung von dem bisher Gesagten soll ein Beispiel diskutiert werden, dem die einfache Grundschaltung Abb. 16a mit dem einen Triodenzweig einer Röhre E 80 CC und einem Kathodenwiderstand $R_k = 25\,\mathrm{k}\Omega$ zugrunde liegt. Die normale Steuerkennlinie der Röhre zeigt Abb. 16b.

Die Anode liegt an der festen Spannung U, in der Gitterzuleitung ist zur Erleichterung der Aussteuerungsbegrenzung bei Gitterstromeinsatz ein Widerstand von $100\,\mathrm{k}\Omega$ eingeschaltet.

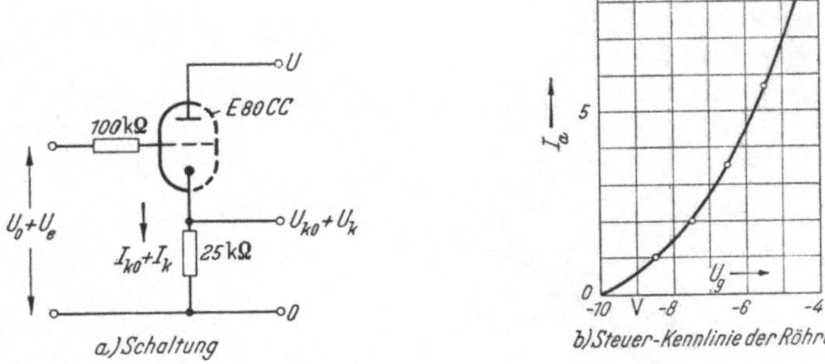

Abb. 16 a u. b. Schaltungsbeispiel eines Kathodenverstärkers mit einer Röhre E 80 CC und $R_k = 25\,\mathrm{k}\Omega$

Die gewählte Röhre würde es ermöglichen, eine der Kathodenruhespannung U_{k0} entsprechende Spannung mittels des zweiten Triodenzweiges und durch passenden Abgriff die positive Gittervorspannung so herzustellen, daß bei Eingangsspannung $U_e = 0$ die zwischen den beiden Kathoden entnommene Ausgangsspannung U_k gleichfalls Null ist, wobei eine große Unabhängigkeit des Nullpunktes von der Emission der Röhre erzielt wird. Dies setzt nur voraus, daß bei der höchsten Ausgangsspannung U_k die zulässige Spannung zwischen Kathode und Heizfaden nicht überschritten wird. Doch von derartigen Schaltungen soll erst später die Rede sein. Im Augenblick interessiert nur die prinzipielle Arbeitsweise einer Verstärkerstufe, und für diese betrachten wir den gemessenen Zusammenhang zwischen der ganzen Eingangsspannung $U_0 + U_e$ und der ganzen Ausgangsspannung $U_{k0} + U_k = R_k(J_{k0} + J_k)$.

Wir vermerken weiter, daß für diese Röhre $\mu = 1/D = 30$ und für die Kennlinie mit $U_a = 250$ V und dem Nennstrom $J_a = 6$ mA bei $U_g = -5{,}5$ V die Steilheit $S = 2{,}7$ mA/V ist. Mit diesen Werten ist $R_i = \mu/S = 11000\ \Omega$. Für die weitere Kennliniendiskussion denken wir uns die für $U_a = 250$ V geltende Röhrenkennlinie, ausgehend von dem Ruhepunkt $J_{k0} = 1$ mA, $U_{st} = 1{,}5$ V bzw. $U_g = -8{,}5$ V in die

Potenzreihe nach Gl. (38) entwickelt. Die Auswertung ergibt

$$J_k = 0{,}90\,\frac{\mathrm{mA}}{\mathrm{V}}\,U_{st} + 0{,}050\,\frac{\mathrm{mA}}{\mathrm{V}^2}\,U_{st}^2 + 0{,}055\,\frac{\mathrm{mA}}{\mathrm{V}^3}\,U_{st}^3 + \cdots \tag{47}$$

und damit für den Ruhepunkt

$$S = 0{,}90\,\frac{\mathrm{mA}}{\mathrm{V}}, \qquad T = 0{,}10\,\frac{\mathrm{mA}}{\mathrm{V}^2}, \qquad W = 0{,}33\,\frac{\mathrm{mA}}{\mathrm{V}^3}. \tag{47a}$$

Einige unter Verwendung der ersten drei Glieder der Gl. (47) errechnete Kurvenwerte sind in Abb. 16b durch kleine Kreise markiert. Für andere

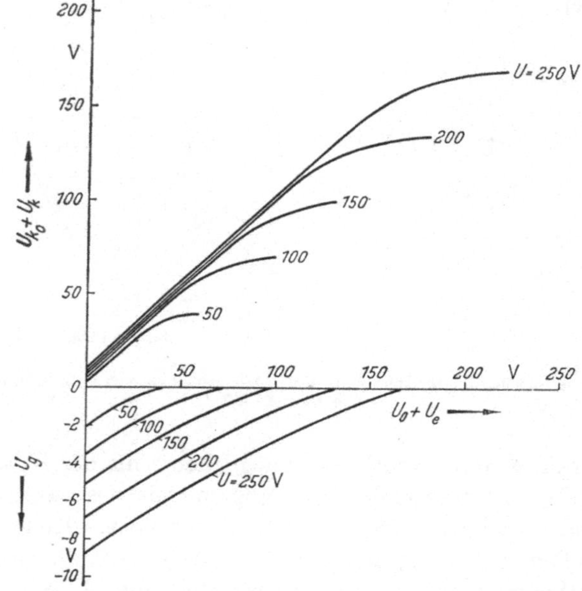

Abb. 17. Arbeitskennlinien des Verstärkers bei $U = 50, 100, 150, 200, 250$ V

Anodenspannungen $U_a < 250$ V nehmen wir dieselbe Entwicklung Gl. (47) als gültig an, nur daß die Kennlinie um $D(250\,\mathrm{V} - U_a)$ nach rechts verschoben zu denken ist.

Wir haben uns für die von Barkhausen herrührende empirische Funktion für die Röhrenkennlinie entschieden, weil sie für die auf den Kathodenverstärker zugeschnittene Rechnung am bequemsten ist und die anschaulichste Diskussion ermöglicht. Die von Strutt angegebene und sonst sehr nützliche Annäherung der Röhrenkennlinie durch eine e-Funktion oder eine Reihe von e-Funktionen bringt hier wegen der schwierigen Umkehrung keine größere mathematische Durchsichtigkeit.

Die Durchmessung der Schaltung Abb. 16a für die verschiedenen Gleichspannungen $U = 50$, 100, 150, 200 und 250 V ergibt die in Abb. 17 wiedergegebene und für den Kathodenverstärker charakteristischen Arbeitskennlinien. Neben der als Funktion von $U_0 + U_e$ wiedergegebenen Kathodenspannung $U_{k0} + U_k = 25\,\mathrm{k}\Omega\,(J_{k0} + J_k)$ sind die typischen Verläufe der sich einstellenden Gitterkathodenspannung U_g eingetragen. Mit Rücksicht auf den bei gewöhnlichen Röhren unvermeidlichen Isolationswiderstand R_{gk} zwischen Gitter und Kathode ist diese Gitterspannung die Quelle für einen, dem Pluspol der Eingangsspannung zufließenden Eingangsstrom $U_e = U_g/R_{gk}$, der ja bereits rechnerisch diskutiert worden ist. Für den schätzungsweise angenommenen Wert $R_{gk} = 1000\,\mathrm{M}\Omega$ sind die Stromwerte J_e gleich dem Zahlenwert von U_g, multipliziert mit 10^{-9} A.

Nimmt man an, daß der praktisch geradlinige Verlauf der Arbeitskennlinie bis $U_g = -0{,}5$ V reicht, ergeben sich die in Abb. 18 aufgetragenen Höchstwerte der Eingangsspannung $U_0 + U_e$ als Funktion von U. Die Höchstwerte der Gitterspannung U_g bei $U_0 + U_e = 0$ zeigt die andere Kurve des Bildes. Nach Gl. (14) würde die bei $U_g = 0$ zu erreichende theoretische maximale Eingangsspannung $(U_0 + U_e)_{\max} = U/(1 + R_i/R_k)$ oder hier mit $R_i = \mu/S = 30/2{,}7\ \mathrm{mA/V} = 11000\,\Omega$ und $R_k = 25000\,\Omega$ betragen $(U_0 + U_e)_{\max} = 0{,}69\,U$. Diese Gerade ist gestrichelt eingetragen. Andererseits beträgt der rechnerische Wert der maximalen Gitterspannung U_g bei $U_0 + U_e = 0$ nach Gl. (13a)

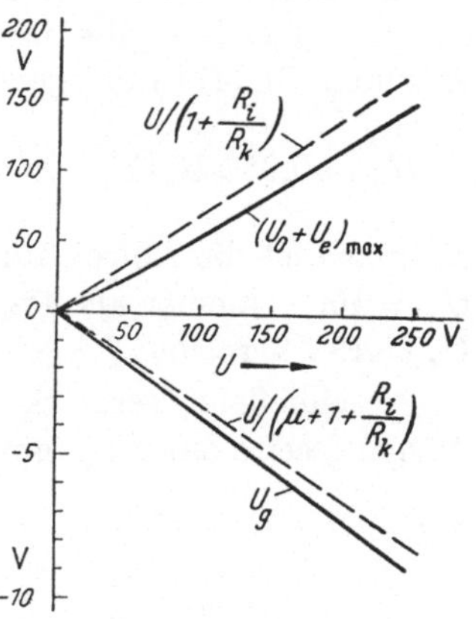

Abb. 18. Maximale Aussteuerung bei $U_g = -0{,}5$ V und maximale negative Gitterspannung bei $U_0 + U_e = 0$

$$U_{g\max} = \frac{-U}{\mu + 1 + \frac{R_i}{R_k}} = -0{,}032\,U. \quad (48)$$

Auch diese Gerade ist zur Kontrolle der Rechnung in Abb. 18 gestrichelt eingezeichnet.

Die Übereinstimmung der Kurven ist in Hinblick auf die außer acht gelassene Veränderlichkeit von R_i befriedigend. Von der oberen gestrichelten Geraden ist Übereinstimmung sowieso nicht zu erwarten, da sich diese auf $U_g = 0$ bezieht. Der sich rechnungsmäßig ergebende Wert der Spannungsübersetzung

$$\frac{\partial U_k}{\partial U_e} = \frac{\mu}{\mu + 1 + \frac{R_i}{R_k}} = 0{,}96 \quad (49)$$

entspricht ziemlich gut dem Meßergebnis. Die Spannungskennlinie für $U = 250$ V liefert für $U_0 + U_e = 0$ und 100 V die Werte $U_{k0} + U_k = 10$ V und 105 V, woraus die Übersetzung 0,95 resultiert.

Die angedeuteten Werte des Eingangsstromes sind mit Vorbehalt aufzunehmen. Einmal ist der Isolationswiderstand $R_{gk} = 1000\,\mathrm{M}\Omega$ nur geschätzt und außerdem kommt zu dem zugehörigen Isolationsstrom der äußere Isolationsstrom, der schaltungsbedingt und zu dem ersteren gegenläufig ist. Mitunter heben sich diese Ströme bei einer bestimmten Spannung $U_0 + U_e$ gerade auf. Der zugehörige Spannungswert $U_{k0} + U_k$ ist dann derjenige, auf den sich der Verstärker bei völlig offenem Eingang einspielt.

Wir diskutieren noch die Kurvenform der Arbeitskennlinie. Dem Augenschein nach kann die Abweichung von der Geraden nur sehr gering sein. Unter Zugrundelegung der Entwicklung Gl. (47) für die Röhrenkennlinie, bezogen auf den Ruhepunkt $J_{k0} = 1$ mA bei $U_{st0} = 1{,}5\,\mathrm{V}$ oder $U_0 = 15\,\mathrm{V}$ und $U_e = 0$ in der Arbeitskennlinie der Abb. 17 und $U = 250$ V ergibt das Einsetzen der Werte Gl. (47a) in die Entwicklung Gl. (41b) die genaue Arbeitskennlinie

$$U_k = 0{,}955\, U_e \left(1 + 0{,}0094 \frac{1}{\mathrm{V}} \left(\frac{U_e}{100}\right) + 0{,}0079 \frac{1}{\mathrm{V}^2} \left(\frac{U_e}{100}\right)^2 + \cdots\right). \qquad (50)$$

Hiernach ist die Abweichung der Arbeitskennlinie von der Geraden bei $U_e = 100\,\mathrm{V}$ kleiner als 2 %, wobei die Kennlinie nicht weiter als bis zu $U_e = 135$ V reicht.

Abschließend vermerken wir noch, daß der Verstärker auf seiner Ausgangsseite einer Spannungsquelle mit dem Innenwiderstand

$$\frac{1}{S + \frac{1}{R_i}} = 360\,\Omega \qquad (51)$$

entspricht, wobei für S und R_i wieder die mittleren Werte 2,7 mA/V und 11000 Ω eingesetzt worden sind.

10. Der Kathodenverstärker mit Ohmschem Arbeitswiderstand bei Eingangswechselspannung. Es soll jetzt zur Weiterführung der bisherigen Überlegungen, die sich auf Gleichspannungsbetrieb des Verstärkers bezogen, eine Eingangswechselspannung mit dem Verlauf $u_w = \sqrt{2}\, U_w \sin\omega t$ in Betracht gezogen werden. Ihre Frequenz sei f ($\omega = 2\pi f$). Die Wechselspannung sei der Vorspannung U_0 überlagert, so daß die gesamte Eingangsspannung

$$U_0 + u_w = U_0 + \sqrt{2}\, U_w \sin\omega t \qquad (52)$$

ist. Als Schaltung legen wir beispielsweise die in Abb. 19 wiedergegebene zugrunde, bei der der Anschluß der Wechselspannung über ein $R_1 C_1$-Glied ($R_1 C_1 \gg 1/f$) erfolgt.

Da nach wie vor die Bedingungen gelten, daß für alle Momentanwerte von u_w der Kathodenstrom $J_{k0} + J_k > 0$ und die Gitterkathodenspannung $U_g < 0$ bleibt, so muß für die Extremwerte

$$\begin{array}{c|c} U_0 - \sqrt{2}\,U_w & J_{k0} + i_k > 0 \\ U_0 + \sqrt{2}\,U_w & U_g < 0 \end{array} \tag{52a}$$

erfüllt sein. Wir schreiben fortan i_k für J_k und $u_k = R_k i_k$ und verstehen unter i_k und u_k die Strom- bzw. Spannungsänderungen unter dem Einfluß der Wechselspannung u_w.

Wir wollen zuers die Kurvenform von u_k untersuchen uud gehen dazu wieder von der für Eingangsgleichspannung abgeleiteten Arbeitskennlinie Gl. (41b) aus. Die Entwicklung gilt natürlich auch für die Momentanwerte der vorliegenden Wechselspannung. Setzen wir anstelle von U_e also $\sqrt{2}\,U_w \sin\omega t$ ein, so entsteht zunächst eine Entwicklung nach Potenzen von $\sin\omega t$. Um sie in eine Entwicklung nach fortschreitenden Vielfachen des Argumentes ωt oder nach Grundwelle und Oberharmonische umzuwandeln, müssen wir die bekannten Beziehungen

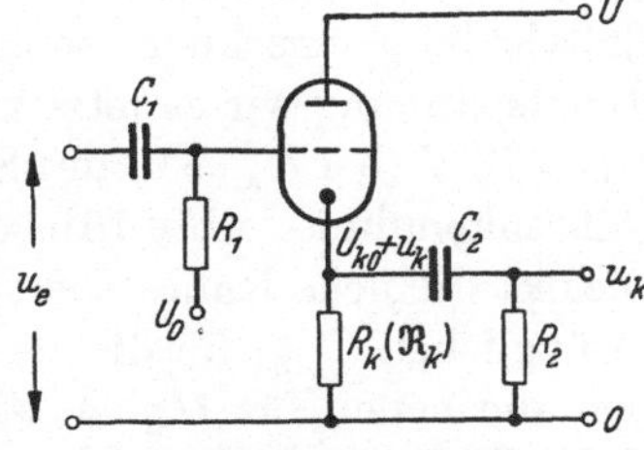

Abb. 19. Kathodenverstärker mit Eingangswechselspannung (Impedanzwandler)

$$2\sin^2 x = 1 - \cos 2x, \quad 4\sin^3 x = 3\sin x - \sin 3x, \ldots$$

benützen. Mit ihrer Anwendung entsteht

$$\begin{aligned} u_k = \frac{\mu}{\mu + 1 + \frac{R_i}{R_k}} \Big\{ & \frac{T}{4S}\alpha^2 \left(\sqrt{2}\,U_w\right)^2 \\ & + \left[1 + \frac{\alpha^3}{8}\left(\frac{W}{S} - 3(1-\alpha)\frac{T^2}{S^2}\right)\left(\sqrt{2}\,U_w\right)^2\right]\sqrt{2}\,U_w \sin\omega t \\ & - \frac{T}{4S}\alpha^2\left(\sqrt{2}\,U_w\right)^2 \cos 2\omega t \\ & - \frac{\alpha^3}{24}\left(\frac{W}{S} - 3(1-\alpha)\frac{T^2}{S^2}\right)\left(\sqrt{2}\,U_w\right)^3 \sin 3\omega t \ldots \Big\}. \end{aligned} \tag{53}$$

Hierin stellt der erste, von t unabhängige Bestandteil einen kleinen Gleichrichtereffekt dar, der eine praktisch nicht merkliche Arbeitspunktverschiebung bewirkt. Der zweite Bestandteil ist die Grundwelle der übertragenen Wechselspannung, ihre Amplitude ist etwas kleiner als $\sqrt{2}\,U_w$. Die weiteren Bestandteile sind die zweite und dritte Oberwelle der Wechselspannung, sie sind aber, wie zu erwarten ist, wieder sehr klein gegenüber der Grundwelle.

Um dies wieder an einem Beispiel deutlich zu machen, legen wir die Daten und Bestückung in Abb. 16a zugrunde. Wie ein Blick auf Abb. 17 erkennen läßt, kann bei $U = 250$ V eine Wechselspannung im Eingang von $U_w = 50\,\mathrm{V}$ gerade noch „untergebracht“ werden. Denn nach Gl. (52a) variiert die Eingangsspannung absolut um $2\sqrt{2}\,U_w = 141$ V, und das ist die Spannung, die etwa zwischen 5 V und 146 V aufzunehmen ist. Danach hätte man etwa $U_0 = 76$ V festzulegen.

Für diesen neuen Ruhepunkt sind die in Gl. (53) aufgeführten Röhrenkennlinienwerte S, T, U zu nehmen. Wir können diese Werte unmittelbar aus der früheren, für den Ruhepunkt $J_{k0} = 1$ mA geltenden Entwicklung errechnen, sofern wir geklärt haben, mit welcher Ruhesteuerspannung wir es jetzt zu tun haben. Nun gehört nach Abb. 17 zu $U_0 = 76$ V (bei $U_e = 0$) der Strom 3,3 mA. Für diesen ist aber nach der Röhrenkennlinie Abb. 16b die Steuerspannung $U_{st0} + U_{st} = 3{,}4$ V. Dies ist die neue Ruhesteuerspannung U'_{st0} zum Unterschied von der ursprünglichen U_{st0}, für die die Entwicklung Gl. (47) galt. Also bestimmen sich die neuen für $U_{st0} = 3{,}4$ V bzw. $J_{k0} = 3{,}3$ mA geltenden Werte S, T, W durch Differentiieren von Gl. (47) zu

$$S = S_0 + T_0 U_{st} + \frac{1}{2} W_0 U_{st}^2, \qquad T = T_0 + W_0 U_{st}, \qquad W = W_0$$

mit $U_{st} = 3{,}4\,\mathrm{V} - 1{,}5\,\mathrm{V} = 1{,}9$ V. S_0, T_0, W_0 sind die Werte in Gl. (47). Die Ausrechnung ergibt, daß jetzt für beliebige von dem neuen Ruhepunkt U'_{st0} aus zählende U_{st}-Werte

$$J_k = S\,U_{st} + \frac{1}{2}\,T\,U_{st}^2 + \frac{1}{6}\,W\,U_{st}^3$$

mit

$$S = 1{,}68\,\frac{\mathrm{mA}}{\mathrm{V}}, \qquad T = 0{,}73\,\frac{\mathrm{mA}}{\mathrm{V}^2}, \qquad W = 0{,}33\,\frac{\mathrm{mA}}{\mathrm{V}^3} \tag{54}$$

gilt. Dies sind die Werte, die wir in Gl. (53) einzusetzen haben. Die Auswertung führt mit $U_w = 50$ V und $\alpha = 0{,}0225$ bei $R_i = 17{,}9\,\mathrm{k}\Omega$ zu dem Ergebnis

$$u_k = 0{,}946\,(0{,}275\,\mathrm{V} + 70{,}6\,\mathrm{V}\sin\omega t - 0{,}275\,\mathrm{V}\cos 2\,\omega t + 0{,}060\,\mathrm{V}\sin 3\,\omega t)\,. \tag{55}$$

Hierbei ist der Einfluß der Koppelglieder R_1C_1 und R_2C_2 noch außer acht geblieben. Die zeitunabhängige Spannung ist zu U_{k0} zu schlagen. Hiernach ist der Effektivwert der Grundwelle der Ausgangsspannung um 5,5% gegenüber der Eingangsspannung verkleinert. Die Verzerrungskomponente der doppelten Frequenz beträgt nur 0,26%, die der dreifachen Frequenz nur noch 0,08% des Effektivwertes der Eingangsspannung. In diesen Zahlen tritt die Genauigkeit der Spannungsübersetzung durch den Kathodenverstärker auch bei großen Aussteuerungen deutlich zutage.

Nach dieser einleitenden Überprüfung der Linearität der Spannungsübertragung durch den Kathodenverstärker rechnen wir künftig schon voraussetzungsmäßig linear, d. h., wir untersuchen unter allgemeineren Schaltungsannahmen die Abhängigkeit von

$$J_{k0} + i_k \text{ als Funktion von } U_0 + u_e,$$

bzw.

$$U_{k0} + u_k \text{ als Funktion von } U_0 + u_e$$

in der Form, daß wir die den Ruhepunkt bestimmenden Größen U_0, J_{k0} bzw. U_{k0} beiseite lassen und uns nur der linear angenommenen Abhängigkeit von i_k bzw. u_k von u_e zuwenden. Indem wir alle diese Größen sinusförmig, d. h. einwellig annehmen, bringen wir die komplexe Rechenmethode zur Anwendung und schreiben für sie in der Vektorform $\mathfrak{J}_k$, $\mathfrak{U}_k$ und $\mathfrak{U}_e$. Die Amplituden dieser Größen sind dementsprechend $|\mathfrak{J}_k|$, $|\mathfrak{U}_k|$ und $|\mathfrak{U}_e|$. Die Vektorgrößen selbst sind von der Form $A + jB$ mit $j = \sqrt{-1}$.

Nehmen wir als ersten Schritt der Verallgemeinerung der Schaltung den Kathodenwiderstand komplex an, d. h., rechnen wir mit dem Scheinwiderstand $\mathfrak{R}_k$, so ergibt die weitere Betrachtung, daß die für Gleichspannungen und für Ohmschen Widerstand R_k abgeleiteten Grundgleichungen (9) bis (15) sinngemäß auch für die jetzigen Wechselstromgrößen gelten.

Infolgedessen ist entsprechend Gln. (11) und (12) mit den jetzigen Beziehungen

$$\mathfrak{J}_k = \frac{\mathfrak{U}_e}{(1+D)\,\mathfrak{R}_k + \frac{1}{S}} = \frac{\mu\, U_e}{(\mu+1)\,\mathfrak{R}_k + R_i}, \quad \mathfrak{U}_e = \mathfrak{R}_k \mathfrak{J}_k. \tag{56}$$

Für später merken wir uns, daß wir hierfür auch schreiben können

$$\mathfrak{J}_k = S\,\mathfrak{U}_e - (1+D)\,S\,\mathfrak{U}_k, \quad \mathfrak{U}_k = \mathfrak{R}_k \mathfrak{J}_k. \tag{56a}$$

Diese Beziehung wird den Ausgangspunkt für die Vierpol- und Matrizendarstellung des Kathodenverstärkers bilden.

11. Der Frequenzgang der Spannungsübersetzung bei kapazitivem und induktivem Arbeitswiderstand und infolge von Schaltungskapazitäten. a) Kapazitiver Arbeitswiderstand. Wie Abb. 20 zeigt, ist der Arbeitswiderstand als Parallelschaltung eines Ohmschen Widerstandes R_k und einer Kapazität C angenommen[1].

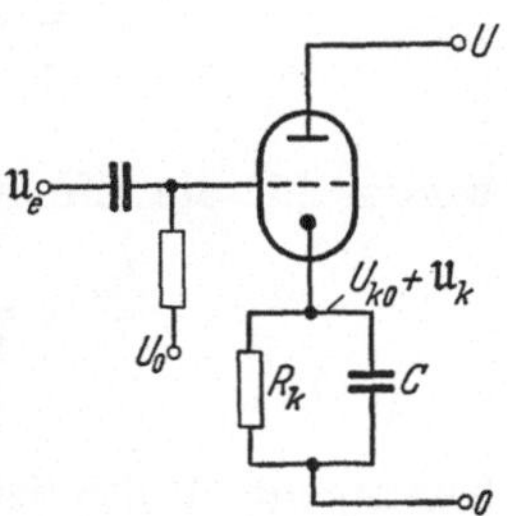

Abb. 20. Kapazitiver Arbeitswiderstand

Seinen Leitwert können wir schreiben $1/\mathfrak{R}_k = 1/R_k + j\omega C$. Infolgedessen ist mit Anwendung von Gl. (56)

$$\mathfrak{U}_k = \frac{\mathfrak{U}_e}{1 + D + \frac{1}{S\,\mathfrak{R}_k}} = \frac{\mathfrak{U}_e}{1 + D + \frac{1}{S\,R_k} + j\frac{\omega C}{S}},$$

[1] Vgl. auch J. Költer: Zit. S. 3, u. R. Wunderlich: Zit. S. 4.

woraus unmittelbar die Beziehung für die Effektivwerte hervorgeht

$$\frac{U_k}{U_e} = \frac{1}{\sqrt{\left(1 + D + \frac{1}{S R_k}\right)^2 + \left(\frac{\omega C}{S}\right)^2}}. \tag{57}$$

Hinsichtlich der Phasenlage von $\mathfrak{U}_k$ zu $\mathfrak{U}_e$ ist zu sagen, daß $\mathfrak{U}_k$ um den Winkel φ gegenüber $\mathfrak{U}_e$ nacheilend ist mit

$$\operatorname{tg} \varphi = \frac{\frac{\omega C}{S}}{1 + D + \frac{1}{S R_k}}. \tag{58}$$

Auch bei einem Kathodenverstärker mit rein Ohmschem Arbeitswiderstand kann C als Schaltkapazität, beispielsweise als Kapazität der Heizwicklung der Röhre gegen Masse, die einige Hundert pF betragen kann, bedeutungsvoll werden. Wir kommen noch darauf zurück.

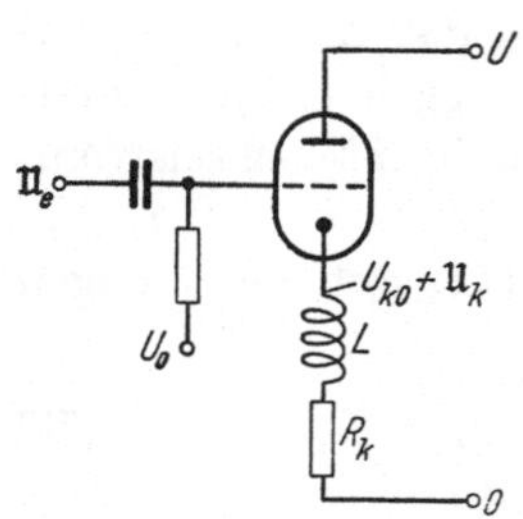

Abb. 21. Induktiver Arbeitswiderstand

b) Induktiver Arbeitswiderstand. Nunmehr sei der Arbeitswiderstand in der in Abb. 21 gezeigten Weise die Serienschaltung eines Ohmschen Widerstandes R_k und einer Induktivität L. Wir haben somit $\mathfrak{R}_k = R_k + j\omega L$ anzunehmen.

Für die weitere Rechnung ist es am bequemsten, ausgehend von Gl. (56), erst den Kathodenstrom $\mathfrak{J}_k$ zu bestimmen. Dieser ist

$$\mathfrak{J}_k = \frac{\mathfrak{U}_e}{(1 + D)\,\mathfrak{R}_k + \frac{1}{S}} = \frac{\mathfrak{U}_e}{(1 + D)\,(R_k + j\omega L) + \frac{1}{S}},$$

woraus für die Effektivwerte die Beziehung

$$\frac{J_k}{U_e} = \frac{1}{\sqrt{\left((1 + D)\,R_k + \frac{1}{S}\right)^2 + ((1 + D)\,\omega L)^2}} \tag{59}$$

hervorgeht. Multipliziert man J_k mit der Impedanz $\sqrt{R_k^2 + \omega^2 L^2}$, so erhält man die effektive Kathodenspannung U_k. Mit einer kleinen Umformung ist somit

$$\frac{U_k}{U_e} = \frac{\sqrt{1 + \left(\frac{\omega L}{R_k}\right)^2}}{\sqrt{\left(1 + D + \frac{1}{S R_k}\right)^2 + (1 + D)^2 \left(\frac{\omega L}{R_k}\right)^2}}. \tag{60}$$

Die Phasenlage von $\mathfrak{U}_k$ läßt sich ermitteln, indem man den obigen Ausdruck für $\mathfrak{J}_k$ mit $\mathfrak{R}_k = R_k + j\omega L$ multipliziert. Es entsteht dann nach einer Umformung ein reeller Faktor, multipliziert mit

$$\left[(1+D)\,R_k + \frac{1}{S} - j\,(1+D)\,\omega L\right](R_k + j\omega L),$$

woraus sich der Phasenwinkel φ zu

$$\operatorname{tg}\varphi = \frac{\dfrac{\omega L}{S}}{\left[(1+D)\,R_k + \dfrac{1}{S}\right] R_k + (1+D)\,\omega^2 L^2} \tag{61}$$

ergibt. $\mathfrak{U}_k$ ist gegenüber $\mathfrak{U}_e$ voreilend.

c) **Einfluß der Schaltungskapazitäten.** Unter diesen haben wir eine schon berücksichtigt, nämlich die an der Kathode wirksame Kapazität. Bei indirekt geheizten Röhren ist der Heizfaden und damit die Heizwicklung des zugehörigen Transformators mittels Widerständen von meist einigen Kiloohm mit der Kathode zu verbinden, und damit ist die Kapazität der Heizwicklung gegen Masse wirksam. Sie ist, wie wir schon sagten, von der Größenordnung 100 pF. Jedoch geht sie nach Gl. (57) multipliziert mit $1/S$ in die Rechnung ein. Das bedeutet, daß sie erst im MHz-Gebiet bedeutungsvoll wird. Nehmen wir $C =$ 100 pF, $S = 10$ mA/V und $f = 1$ MHz, so wird

$$\left(\frac{\omega C}{S}\right)^2 = \left(\frac{2\pi 10^6 \frac{1}{S}\, 100 \cdot 10^{-12}\,\mathrm{F}}{10 \cdot 10^{-3}\,\mathrm{A/V}}\right)^2 = 0{,}004,$$

also noch sehr klein gegen 1.

Anders bei den eingangsseitigen Schaltungskapazitäten. Hier ist in erster Linie die Gitter-Anoden-Kapazität C_{ga} wirksam, zu der noch die Schaltungskapazität der Gitterzuleitung zu rechnen ist, die wir aber nicht besonders bezeichnen.

Ist die Eingangsspannung $\mathfrak{U}_e$ eine Urspannung, von der noch der Spannungsabfall in dem Innenwiderstand R_e der Stromquelle in Abzug kommt, so tritt dieser Spannungsabfall frequenzabhängig in Erscheinung, da die Kapazität C_{ga} einen mit der Frequenz wachsenden Eingangsstrom $\mathfrak{J}_e$ hervorruft. Oder anders ausgedrückt, die Kapazität C_{ga} bewirkt eine Spannungsteilung, so daß am Gitter nur noch die Eingangsspannung $\mathfrak{U}_e'$ oder, als Effektivwert,

$$U_e' = \frac{U_e}{\sqrt{1 + (\omega R_e C_{ga})^2}} \tag{62}$$

wirksam ist, sofern wir die Isolationsströme, die ja nach wie vor wirksam sind, einstweilen beiseite lassen. Da die eingangsseitigen und ausgangsseitigen Vorgänge des Verstärkers rückwirkungsfrei voneinander sind, braucht man nur die rechte Seite von Gl. (62) mit Gl. (57) zu multiplizieren, um den vollständigen Frequenzgang des Verstärkers zu erhalten.

d) **Ein Beispiel, Einführung „hyperbolischer Koordinatenteilung“.** Wir berechnen den Frequenzgang für den Fall einer Pentode EL 12 $S = 10$ mA/V und $R_k = 10\,\text{k}\Omega$ und $C = 200$ pF, für D haben wir den Schirmgitterdurchgriff anzunehmen, der 9% betragen soll. Statt C_{ga} nehmen wir einschließlich der Schaltungskapazität $C_{g2g} = 20$ pF an. Die Spannungsübersetzung ist, wie wir schon sagten, $U_k/U_e = U_k/U'_e \cdot U'_e/U_e$, worin der erste Faktor nach Gl. (57), der zweite mittels Gl. (62) zu berechnen ist. Für R_e ist beispielsweise 0,10 kΩ, 100 kΩ, 1 MΩ angenommen worden.

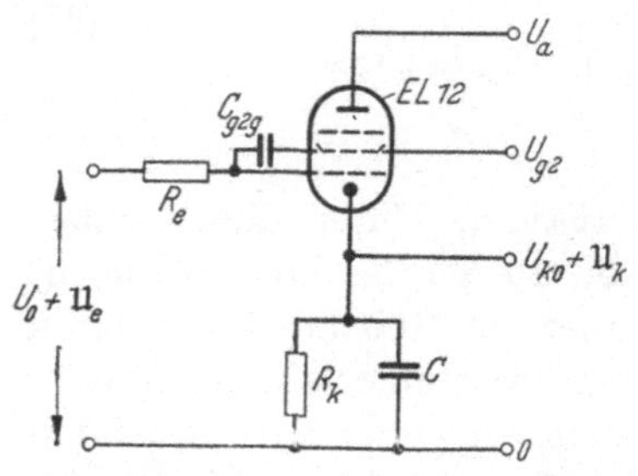

Abb. 22 a. Schaltungsbeispiel für die Diskussion der Frequenzkennlinie eines Kathodenverstärkers

Das Ergebnis der Auswertung als Funktion von f sind die in Abb. 22 gezeigten Kennlinien. Bei ihrer Auftragung haben wir als Abszissenteilung

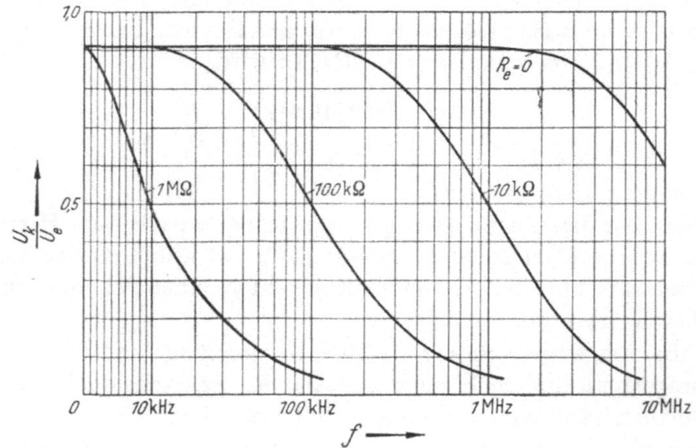

Abb. 22 b. Frequenzabhängigkeit von U_k/U_e für das Schaltungsbeispiel bei R_k = 10 kHz, C = 200 pF und einer Pentode EL 12 mit S = 10 mA/V, D_2 = 9%, C_{g2g} = 20 pF und R_e = 10 kΩ, 100 kΩ, 1 MΩ

eine Koordinatenteilung angewendet, die wir als „hyperbolisch“ bezeichnen wollen[1]. Bei dieser hat der mit x bezifferte Abszissenwert einen Abstand von der Ordinatenachse, der proportional der Hyperbelfunktion $\mathfrak{Ar}\,\mathfrak{Sin}\,x$ ist. Sie ist für kleine x-Werte $= x$ und konvergiert für große x-Werte gegen $\ln 2x$.

Sie vereinigt infolgedessen eine lineare Teilung im Gebiet des Nullpunktes der Abszisse und eine logarithmische Teilung bei großen Argumenten. Das ist an sich bekannt, aber auffallenderweise noch nicht

[1] Vgl. MÜLLER-LÜBECK: ATM J 8335—8 (1955).

benutzt worden. Mit ihrer Anwendung kann man mehrere Dekaden von Abszissenwerten unterbringen, ohne den Nullpunkt und eine lineare Teilung im Anfangsgebiet aufzugeben. Bei allen Funktionen

$$z = \mathfrak{Ar}\,\mathfrak{Sin}^n x, \quad n = 1, 2, \ldots \tag{63}$$

bleibt die logarithmische Teilung bei großen Argumenten erhalten, während bei Wahl von $n > 1$ eine Spreizung der Teilung im Gebiet des Nullpunktes eintritt. Natürlich läßt die Koordinatenteilung positive und negative Werte x zu.

Im vorliegenden Fall und auch weiterhin verwenden wir diese hyperbolische Koordinatenteilung, um eine Frequenzabhängigkeit von der Frequenz f bis zu beliebigen Zehnerpotenzen von Hz-Werten darstellen zu können.

12. Vierpoldarstellung des Kathodenverstärkers. Es ist nun das Nötigste über die Darstellung des Kathodenverstärkers in der Vierpoltheorie zu sagen. Eine Handhabe dazu ist die am Anfang ausgesprochene Aussage, daß es sich bei diesem Verstärker um eine Anodenbasisschaltung handelt[1]. Die übliche Matrizenschreibweise der Vierpolgleichungen vermittelt Gl. (56a). Schließen wir die Gitter-Anoden-Kapazität C_{ga} von vornherein in die Betrachtung mit ein, so stellt sich der Kathodenverstärker so dar, wie Abb. 23 wiedergibt. Wir können alsdann unter Mitwirkung von Gl. (56a) schreiben

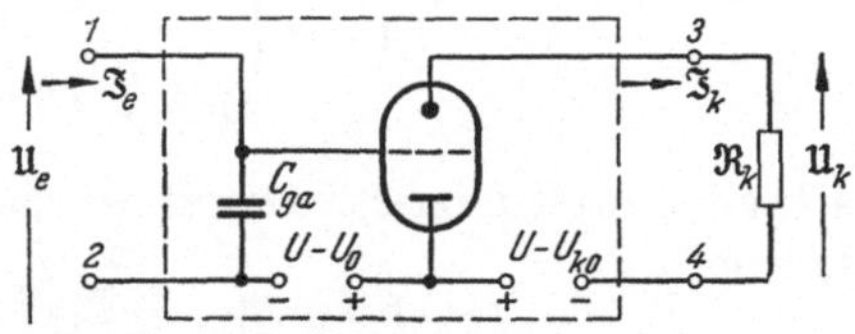

Abb. 23. Vierpoldarstellung des Kathodenverstärkers

$$\left.\begin{aligned} \mathfrak{J}_e &= j\,\omega\, C_{g\,a}\, \mathfrak{U}_e, \\ \mathfrak{J}_k &= S\,\mathfrak{U}_e - (1 + D)\, S\,\mathfrak{U}_k, \end{aligned}\right\} \tag{64}$$

und daraus unmittelbar die Leitwertmatrix $(\mathfrak{Y})$ des Kathodenverstärkers ablesen

$$(\mathfrak{Y}) = \begin{pmatrix} j\,\omega\, C_{g\,a} & 0 \\ S & -(1 + D)\, S \end{pmatrix}. \tag{65}$$

Ihr entnehmen wir die Vierpolgrößen

$$\left.\begin{array}{ll} \text{Eingangsleitwert} & \mathfrak{Y}_e = j\,\omega\, C_{ga}, \\ \text{Ausgangsleitwert} & \mathfrak{Y}_a = (1 + D)\, S, \\ \text{Rückwirkungsleitwert} & \mathfrak{Y}_r = 0, \\ \text{Steilheitsleitwert} & \mathfrak{Y} = S, \\ \text{Spannungsverstärkung} & \mathfrak{V} = \dfrac{\mathfrak{Y}}{\dfrac{1}{\mathfrak{R}_k} + \mathfrak{Y}_a} = \dfrac{1}{1 + D + \dfrac{1}{S\,\mathfrak{R}_k}}, \end{array}\right\} \tag{66}$$

---

[1] Vgl. auch die Gegenüberstellung in M. J. O. Strutt: Verstärker und Empfänger, 2. Aufl., S. 23. Berlin/Göttingen/Heidelberg: Springer 1951.

was im Hinblick auf unsere früheren Ableitungen nichts Neues ist, aber die gebotene Gedankenverbindung zur Vierpoltheorie erleichtert. Bekanntlich ist es der Zweck der Matrizenrechnung, die Untersuchung der Eigenschaften zusammengesetzter Schaltungen mit Vierpolen anstelle schwerfälliger Rechnungsgänge durch schematisch festliegende Operationen mit dem Matrizenkalkül abzukürzen.

Ist beispielsweise der Kathodenverstärker mit der Leitwertmatrix nach Gl. (65) eingangsseitig an einen anderen Vierpol angeschlossen, so würde man die Matrix der ganzen Kombination erhalten, indem man die sog. Kettenmatrix

$$(\mathfrak{A}) = \begin{pmatrix} \mathfrak{A}_{11} & \mathfrak{A}_{12} \\ \mathfrak{A}_{21} & \mathfrak{A}_{22} \end{pmatrix}$$

des gegebenen Vierpoles, worin die $\mathfrak{A}_{ik}$ im allgemeinen komplex sind, mit der Kettenmatrix $(\mathfrak{A}')$ des Kathodenverstärkers, die sich

$$(\mathfrak{A}') = \begin{pmatrix} 1 + D & \frac{1}{S} \\ j(1 + D)\,\omega\, C_{ga} & \frac{j\,\omega\, C_{ga}}{S} \end{pmatrix}$$

schreibt, multipliziert. Damit würde nach den Regeln dieser Multiplikation

$$(\mathfrak{A})\,(\mathfrak{A}') = \begin{pmatrix} (1 + D)\,(\mathfrak{A}_{11} + \mathfrak{A}_{12}\, j\,\omega\, C_{ga}) & \frac{1}{S}\,(\mathfrak{A}_{11} + \mathfrak{A}_{12}\, j\,\omega\, C_{ga}) \\ (1 + D)\,(\mathfrak{A}_{21} + \mathfrak{A}_{22}\, j\,\omega\, C_{ga}) & \frac{1}{S}\,(\mathfrak{A}_{21} + \mathfrak{A}_{22}\, j\,\omega\, C_{ga}) \end{pmatrix}$$

die Kettenmatrix der Kombination vorstellen. Hieraus würde durch Umwandlung nach bekannten Regeln[1] die Leitwertmatrix der Kombination

$$\begin{pmatrix} \frac{\mathfrak{A}_{21} + \mathfrak{A}_{22}\, j\,\omega\, C_{ga}}{\mathfrak{A}_{11} + \mathfrak{A}_{12}\, j\,\omega\, C_{ga}} & 0 \\ \frac{S}{\mathfrak{A}_{11} + \mathfrak{A}_{12}\, j\,\omega\, C_{ga}} & -(1 + D)\, S \end{pmatrix}$$

hervorgehen, die erkennen läßt, daß die jetzigen Vierpolgrößen die folgenden sind

$$\left.\begin{aligned} \mathfrak{Y}_e &= \frac{\mathfrak{A}_{21} + \mathfrak{A}_{22}\, j\,\omega\, C_{ga}}{\mathfrak{A}_{11} + \mathfrak{A}_{12}\, j\,\omega\, C_{ga}}, \\ \mathfrak{Y} &= \frac{S}{\mathfrak{A}_{11} + \mathfrak{A}_{12}\, j\,\omega\, C_{ga}}, \\ \mathfrak{V} &= \frac{1}{(\mathfrak{A}_{11} + \mathfrak{A}_{12}\, j\,\omega\, C_{ga})\left(1 + D + \frac{1}{S\,\mathfrak{R}_k}\right)}. \end{aligned}\right\} \qquad (67)$$

Die übrigen Vierpolgrößen, wie Ausgangs- und Rückwirkungsleitwert,

[1] Vgl. R. Feldtkeller: Einführung in die Vierpoltheorie der elektrischen Nachrichtentechnik, 6. Aufl., Kap. III, Allgemeine Theorie der linearen Vierpole. Stuttgart: S. Hirzel 1953.

sind unverändert geblieben. Auf mehr einzugehen, haben wir hier keinen Anlaß.

13. Anwendung einer Pentode. Oftmals ist man gewillt oder genötigt, als Verstärkerröhre einer Kathodenstufe eine Penthode zu wählen, entweder um eine genügende Niederohmigkeit des Verstärkerausganges zu erreichen oder um den geforderten Stromspannungsbereich zu beherrschen. Dies ist bei den handelsüblichen Trioden, sofern man von Sendetrioden absieht, oft nicht möglich. Es ist deshalb notwendig, sich einiger Eigenschaften der Pentoden zu erinnern. Einiges davon haben wir in dem Beispiel Abb. 22a schon vorweggenommen.

Bekanntlich ist der Zweck einer Pentode die Aufhebung des Anodendurchgriffs. Ist der Durchgriff der Anode ohne Schirmgitter D_a und der Durchgriff des eingesetzten Schirmgitters D_s, so wird der Anodendurchgriff unter Mitwirkung des Schirmgitters in erster Näherung gleich $D = D_s D_a$, also praktisch um eine Größenordnung kleiner, während die wirksame Gittersteuerspannung bzw. die Verlagerung der Röhrenkennlinie nach negativen Gitterspannungswerten hin gemäß $-D_s U$ durch den Schirmgitterdurchgriff allein bestimmt ist. Bei einem Anodenverstärker erzielt man also die Beherrschung des Arbeitspunktes mit der Schirmgitterspannung allein und durch Ausschaltung des Anodendurchgriffes die unverminderte Kennliniensteilheit der Röhre. Gleichermaßen wird die Gitter-Anoden-Kapazität C_{ga} auf einen Bruchteil des Triodenwertes vermindert.

Für einen Kathodenverstärker gilt nun, daß der Arbeitspunkt nach wie vor durch die Schirmgitterspannung bestimmt ist. Dies ermöglicht beispielsweise, den Einfluß des Innenwiderstandes der Stromversorgung dadurch auszuschalten, daß man die Schirmgitterspannung allein stabilisiert.

Dagegen ist die Verminderung der Gitter-Anoden-Kapazität C_{ga} bedeutungslos, da bei dem Kathodenverstärker an ihrer Stelle die Gitter-Schirmgitter-Kapazität C_{g2g} wirksam wird, die leider nicht klein ist (beispielsweise 20 pF bei einer Endpentode). Dem haben wir in dem Beispiel Abb. 22a bereits Rechnung getragen. Anstelle des Anodendurchgriffes ist der Schirmgitterdurchgriff D_s wirksam.

Anders werden die Verhältnisse, wenn durch besondere Schaltungsmaßnahmen das Schirmgitter in mehr oder weniger festen Potentialabstand zur Kathode gebracht wird, worauf wir noch zurückkommen.

II. Theorie der Gleichrichtung

14. Gleichrichterarten zur Wechselspannungsmessung. Der Kathodenverstärker wird häufig verwendet in Verbindung mit Gleichrichterschaltungen, die der Wechselspannungsmessung dienen. Hierbei kann der Kathodenverstärker als Entkopplungsstufe dienen, um den Gleichrichter unabhängig von dem anzeigenden Meßgerät genügend hochohmig machen zu können; die Gleichrichtung erfolgt dann auf der Eingangsseite des Kathodenverstärkers. Oder aber man will sich den Vorteil des Kathodenverstärkers, einen niederohmigen Ausgang zu schaffen, für den Gleichrichtungsprozeß zunutze machen und das Meßobjekt von dem Gleichrichtungsvorgang entlasten. In dem Falle wird man den Gleichrichter in den Ausgang des Verstärkers legen.

Im folgenden haben wir es ausschließlich mit der Scheitelwertsmessung von Wechselspannungen oder, wie man auch sagt, mit der Spitzenspannungsmessung (C-Gleichrichtung) zu tun. Hierfür gibt es zwei Methoden, die Gleichrichtung mit Ladekondensator (Gleichrichter

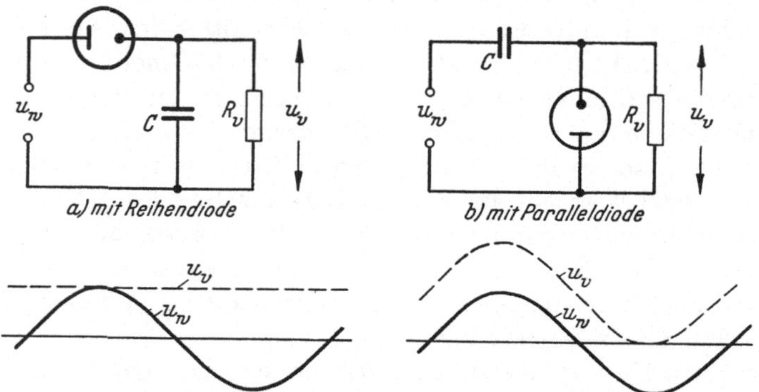

Abb. 24 a u. b. Gleichrichter zur Scheitelwertsmessung und prinzipielle Wirkungsweise

mit Reihendiode) und die sog. Diodengleichrichtung (Gleichrichter mit Paralleldiode). Sie sind in Abb. 24a und b mit idealisierten Spannungskurvenformen unter Annahme von Röhrengleichrichtern dargestellt.

u_w ist die als sinusförmig angenommene Wechselspannung, C ein Kondensator und R_v der Ohmsche Widerstand des anzeigenden Drehspulvoltmeters. Die am Voltmeter liegende Spannung u_v ist die gestrichelt gezeichnete.

Da die verschiedenen Gleichrichtungsvorgänge in der Literatur für unsere Betrachtungen nicht vollständig genug dargestellt sind, soll hier etwas näher darauf eingegangen werden.

15. Die Gleichrichtung mit Ladekondensator (Reihendiode). Die Gleichrichter Abb. 24 unterscheiden sich im Grunde nur durch den Sitz der Meßstelle und des sie kennzeichnenden Widerstandes, dennoch haben sie unterschiedliche Merkmale, die ihre Anwendung festlegen. Der Gleichrichter mit Ladekondensator nach Abb. 24a erfordert eine reine Wechselspannung ohne Gleichspannungskomponente und liefert an das

Meßgerät eine Gleichspannung mit praktisch geringfügiger Welligkeit. Die Diodengleichrichtung nach Abb. 24b gestattet die Wechselspannungsmessung in Fällen, wo Gleichspannungen überlagert sind, sie liefert indessen an das Meßgerät eine 100% mit Wechselspannung modulierte Gleichspannung, deren Mittelwert praktisch dem Scheitelwert der Wechselspannung gleich ist. In praktischen Schaltungen wird diese Wechselspannung oft durch Anwendung eines Serienwiderstandes und Parallelkondensators ausgesiebt.

Betrachten wir zuerst die Gleichrichtung mit Ladekondensator, wobei wir in der Hauptsache die Bedingung suchen, die eine genügend genaue Messung des Scheitelwertes einer sinusförmigen Wechselspannung $u_w = \sqrt{2}\,U_w \sin\omega t$ mittels eines Meßgerätes mit dem Widerstand R_v sicherstellt. Hierzu gehen wir von der vervollständigten Ersatzschaltung Abb. 25 aus. Darin ist anstelle der Röhre ein Ventil gezeichnet, das im Bilde der Schaltung in der Vorwärtsstromrichtung keinen Spannungsabfall haben und in der Sperrichtung keinen Rückwärtsstrom führen soll. Dafür ist ein Widerstand R_i eingetragen, der neben seiner Bedeutung, den evtl. Innenwiderstand der Röhre bzw. des an ihrer Stelle wirkenden Ventils anderer Art zu verkörpern, den Innenwiderstand der Wechselspannungsquelle vorstellen soll. Diese Annahmen werden noch Gegenstand einer Überprüfung sein. Im Augenblick führen sie uns zu einer einfachen durchsichtigen rechnerischen Überlegung. Sie stützt sich zunächst auf die praktisch immer gerechtfertigte Annahme $C = \infty$, unter diesen Umständen gelten die in Abb. 26 gezeigten Spannungs- und Stromoszillogramme.

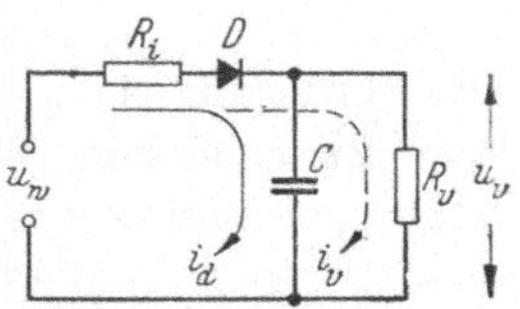

Abb. 25. Ersatzschaltung des Gleichrichters mit Reihendiode

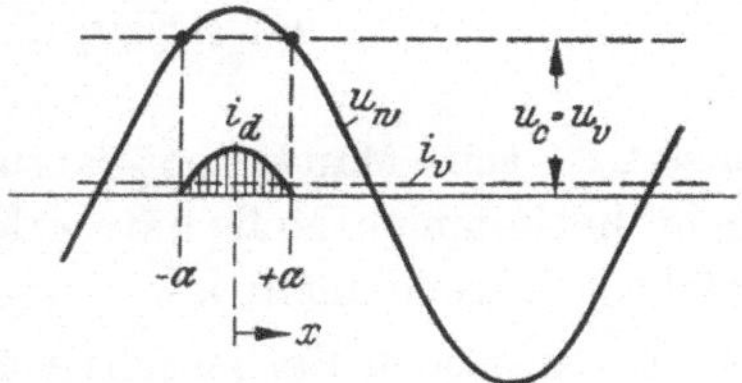

Abb. 26. Spannungs- und Stromverläufe für $C = \infty$

Infolge der Annahme über C (strenggenommen $R_v C \gg 2\pi/\omega$) ist die Kondensatorspannung $u_c = u_v$ konstant, und es fließt über R_v ständig der Entladestrom $i_v =$ const. Dieser wird gedeckt durch die Ladestromstöße i_d über die Diode D, die in dem Zeitintervall $x = -\alpha$ bis $x = +\alpha$ $(x = \omega t)$ unter der Wirkung der Spannung $\sqrt{2}\,U_w \cos x - U_c$ stattfinden. Da die Stromzeitintegrale gleich sein müssen, muß

$$\int_{-\alpha}^{+\alpha} i_d\,dx = 2\pi\, i_v \tag{68}$$

sein. Mit $i_d = (\sqrt{2}\,U_w \cos x - U_c)/R_i$ und $U_c = \sqrt{2}\,U_w \cos\alpha$ gibt dies nach Ausführung der Integration

$$\frac{\sqrt{2}\,U_w}{R_i}(2\sin\alpha - 2\alpha\cos\alpha) = \frac{\sqrt{2}\,U_w}{R_v}2\pi\cos\alpha\,.$$

Hieraus folgt zunächst

$$\operatorname{tg}\alpha - \alpha = \pi\frac{R_i}{R_v}, \tag{69}$$

wozu mit $U_c = U_v$ die Beziehung $U_v/\sqrt{2}\,U_w = \cos\alpha$ hinzutritt. Nun soll dem Meßziel entsprechend angenommen werden, daß U_v wenig kleiner als der Scheitelwert $\sqrt{2}\,U_w$ ist. Die Differenz beider ist der „Meßfehler"

$$\Delta U_v = \sqrt{2}\,U_w - U_v. \tag{70}$$

Die Forderung $\Delta U_v \ll \sqrt{2}\,U_w$ zieht die Kleinheit des „Stromflußwinkels" 2α nach sich, für kleine α-Werte kann man aber für obige Beziehungen $\operatorname{tg}\alpha - \alpha \approx \alpha^3/3$ und $\cos\alpha \approx 1 - \alpha^2/2$ ansetzen. Dann wird $\alpha^3 = 3\pi\, R_i/R_v$ und $\alpha^2 = 2\,\Delta U_v/\sqrt{2}\,U_w$ und somit endlich

$$\frac{\Delta U_v}{\sqrt{2}\,U_w} = \frac{1}{2}\sqrt[3]{3\pi\frac{R_i}{R_v}}^{\,2}. \tag{71}$$

Nehmen wir beispielsweise an, eine Spannung von $U_w = 220$ V eff mit etwa 311 V Scheitelwert soll mittels der Anordnung Abb. 25 bei $R_i = 100\,\Omega$ und bei einem Voltmeterwiderstand $R_v = 100\,\mathrm{k}\Omega$ gemessen werden. Dann würde der Meßfehler

$$\Delta U_v/\sqrt{2}\,U_w = \frac{1}{2}(3\pi\,10^{-3})^{\frac{2}{3}} \approx 0{,}022,$$

also 2,2% sein. Man ersieht daraus, daß eine genaue Spitzenwertsmessung sehr hochohmige Meßgeräte erfordert, sofern der Innenwiderstand R_i nicht genügend klein ist.

Um uns noch Rechenschaft über den Einfluß der Größe der Kapazität C zu geben, gehen wir davon aus, daß ein nicht unendlich großer Kondensator eine zeitliche Verschiebung der Stromflußdauer um den „Unsymmetriewinkel" δ nach sich zieht[1]. Die Kondensatorladung beginnt bei dem Spannungswert $\sqrt{2}\,U_w\cos(\alpha + \delta)$ und endet bei dem Wert $\sqrt{2}\,U_w\cos(\alpha - \delta)$. Die halbe Differenz dieser Spannungswerte $\sqrt{2}\,U_w\sin\alpha\,\sin\delta$ ist die mittlere Schwankung $\tilde{U}$ der Kondensatorspannung. Sie ist aber nach dem Entladungsgesetz des Kondensators auch etwa gleich $\sqrt{2}\,U_w/2\omega RC$. Setzen wir wieder $\sin\alpha \approx \alpha$, $\sin\delta \approx \delta$, so wird also

$$\frac{\tilde{U}}{\sqrt{2}\,U_w} \approx \alpha\,\delta \approx \frac{1}{2\,\omega\,R_v\,C}.$$

---

[1] Zuerst eingeführt von J. KAMMERLOHER: Auslese der Funktechnik 1939, S. 65. — Vgl. auch MÜLLER-LÜBECK: Arch. Elektrotechn. Bd. 41 (1954) S. 181.

Die mittlere Kondensatorspannung U_c ist nicht mehr gleich $\sqrt{2}\,U_w \cos\alpha$, sondern der Mittelwert der beiden obigen Spannungswerte, der gleich $\sqrt{2}\,U_w \cos\alpha \cos\delta$ ist. Dafür können wir in erster Näherung

$$\frac{\tilde{U}_c}{\sqrt{2}\,U_w} \approx \left(1 - \frac{\alpha^2}{2}\right)\left(1 - \frac{\delta^2}{2}\right) \approx 1 - \frac{\alpha^2 + \delta^2}{2}$$

schreiben. Der sich von 1 abziehende Bestandteil ist wieder der Meßfehler. Setzt man darin die errechneten Werte von α und δ ein, so entsteht die verbesserte Fehlerformel

$$\frac{\Delta U_v}{\sqrt{2}\,U_w} = \frac{1}{2}\left(3\pi \frac{R_i}{R_v}\right)^{\frac{2}{3}} + \frac{1}{8\,(\omega R_v C)^2}\left(3\pi \frac{R_i}{R_v}\right)^{-\frac{2}{3}}. \tag{72}$$

Wir wollen prüfen, welchen Fehleranteil das zweite Glied beispielsweise für die Frequenz $f = 50$ Hz bei $C = 2\,\mu$F ausmacht. Wir finden

$$\frac{1}{8\left(314 \frac{1}{\mathrm{s}} 0{,}1\,\mathrm{M}\Omega\, 2\,\mu\mathrm{F}\right)^2}\left(\frac{100}{3\pi}\right)^{\frac{2}{3}} = 0{,}7 \cdot 10^{-3},$$

der Betrag ist also kleiner als $1^0/_{00}$. Dabei ist die Zeitkonstante $R_v C = 0{,}2$ s also $= 10 \cdot 1/f$.

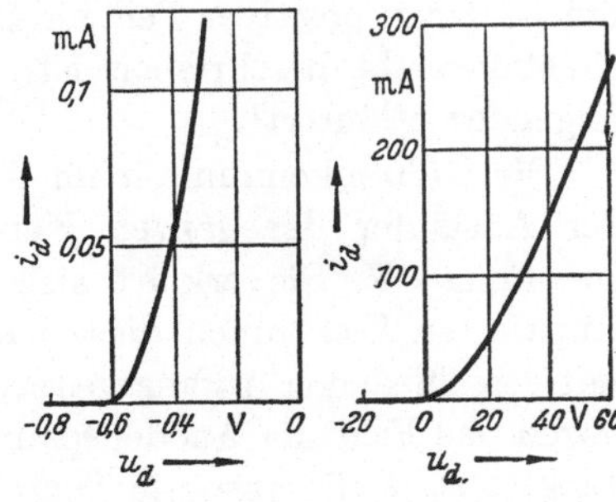

a) Hochvakuum-Diode EB 11 (je Zweig) $i_d = A\,e^{a\,u_d}$

b) Hochvakuum-Gleichrichterröhre AZ 12 (je Zweig) $i_d = k\,u_d^{\frac{3}{2}}$

16. Einiges über die Ventilkennlinien. Wir haben der vorigen Rechnung Annahmen über das Ventilver-

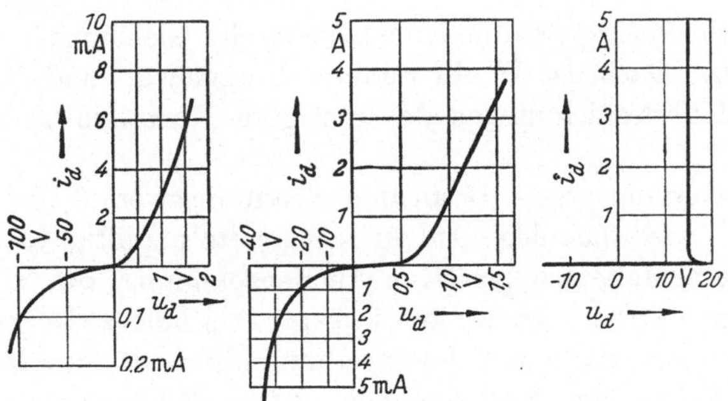

c) Germaniumdiode (DS 162, SAF) 120 V max. Sperrsp. $i_d \approx a\,u_d$

d) Selengleichrichter, 1 Platte 33 × 33 mm, 25 V_{eff} Sperrsp. (SSW) $u_d \approx a + b\,i_d$

e) Hg-Dampf-Gleichrichterröhre (G 4/10, AEG) $u_d = \mathrm{const}$

Abb. 27a—e. Einige charakteristische Gleichrichter-Ventilkennlinien mit Angabe ihrer Näherungs- bzw. Ersatzfunktion im Durchlaßbereich

halten zugrunde gelegt, die noch einer genaueren Untersuchung bedürfen. Die unterschiedlichen Typen von Stromspannungskennlinien sind in Abb. 27 gegenübergestellt. Hierbei ist das Schwergewicht auf die Hervorkehrung der besonderen Merkmale unter Berücksichtigung der quantitativen Verhältnisse gelegt.

Die Röhrenventile, die durch die Kennlinie *a* einer Elektronenröhre im Anlaufstromgebiet, *b* der gleichen im Raumladegebiet und *e* der Gasentladungsröhre mit Quecksilberdampf oder Edelgasfüllung ausgewiesen sind, zeigen eine völlige Sperreigenschaft, d. h., sie lassen keine negativen Ventilströme zu. Die Halbleiterventile, die durch die Kennlinie *c* einer Germaniumdiode und durch die Kennlinie *d* eines Selengleichrichters vertreten sind, haben bei negativer Spannung einen anfangs kleinen, aber weiterhin stark ansteigenden Rückstrom, was besondere Sorgfalt bei der Spannungsauslegung erfordert. Zu den einzelnen Kennlinien, deren positiver Teil im Durchlaßbereich durch Näherungs- bzw. Ersatzformeln beschrieben ist, sei für das physikalische Verständnis folgendes erläutert[1].

Die Röhrenkennlinie *a* im Anlaufstromgebiet ist nichts anderes als der Ausläufer der ganzen Kennlinie im Bereich negativer Anodenspannung —V. Sie erklärt sich daraus, daß die von der Glühkathode emittierten Elektronen diese nach Überwindung der Austrittsarbeit Φ mit verschiedenen Anfangsgeschwindigkeiten verlassen, was sie befähigt, gegen das Feld die Anodenspannung anzulaufen. Ist e_1 die Ladung des Elektrons, T die absolute Temperatur der Kathode, k die BOLTZMANNsche Konstante und i_s der theoretische Sättigungsstrom, so ist der Anodenstrom

$$i = i_s\, e^{-e_1 U/kT} \quad \text{mit} \quad i_s = C\, T^2\, e^{-(\Phi - W)/kT}.$$

Die zweite Beziehung ist die RICHARDSONsche Gleichung in ihrer heutigen Fassung. Darin ist W ein weiterer Energiewert und C eine Konstante. In den Bezeichnungen der gezeigten Kennlinie ist $i_d = i$ und $u_d = -U$.

Bei Annäherung von $-U$ an den Spannungswert 0 (beispielsweise $|U| < 0{,}3$ V) wird das obige Anlaufstromgesetz ungültig, es wird dann, und in vollem Maße bei positiver Anodenspannung, die Raumladung der Elektronen strombegrenzend wirksam. Das Feld zwischen Kathode und Anode weist dann ein Potentialminimum auf, die langsameren Elektronen kehren im Feld der schnelleren Elektronen um, der zur Anode gelangende Elektronenstrom wird von der Emission der Kathode unabhängig und ist nur noch durch die Anodenspannung gemäß der LANGEVINschen Raumladungsformel

$$i = C\, U^{3/2}$$

---

[1] Eine sehr gute auf dem Boden der neuzeitlichen Physik stehende zusammenfassende Darstellung findet der interessierte Leser in dem Buch H. G. MÖLLER, Die physikalischen Grundlagen der Hochfrequenztechnik, 3. Aufl. Berlin/Göttingen/Heidelberg: Springer 1955, S. 37 u. 201.

bestimmt. Auf diesen Spannungsbereich bezieht sich die unter b gezeigte Kennlinie. Diese wenigen Andeutungen mögen hier genügen. Sie sollen nur eine Orientierung geben, mit welcher Diodenspannung u_d der für die Messung erforderliche Diodenstrom i_d verknüpft ist.

Es kann nicht genug darauf hingewiesen werden, daß zur Beurteilung des Meßfehlers infolge von Spannungsabfällen nicht der Voltmeterstrom, sondern der Scheitelwert des Ladestromes maßgebend ist. Dasselbe werden wir später bei der sog. Diodengleichrichtung feststellen. Weiterhin ist darauf hinzuweisen, daß das Ventil während der Sperrdauer die negative Sperrspannung aushalten muß, deren Höchstwert U_{sp} durch

$$U_{sp} = 2\sqrt{2}\,U_w \approx 2\,U_v \tag{73}$$

gegeben ist.

Angesichts der genannten Schwierigkeiten scheinen die sich seit einigen Jahren immer mehr durchsetzenden Germaniumdioden einen Fortschritt zu bringen[1]. Ihre beispielsweise in Abb. 27c wiedergegebene Kennlinie geht praktisch genau durch den Nullpunkt bei Strom Null. Leider ist der Rückstrom bei kleinen Sperrspannungen nicht so verschwindend klein, wie es nach der Kennlinie Abb. 27c den Anschein hat, was bei hochohmigen Meßschaltungen zu beachten ist.

Sowohl bei den Elektronenröhren im Raumladungsgebiet wie auch bei den Germaniumdioden ist es üblich und in erster Näherung statthaft, sie für den Vorwärtsstrom durch einen Innenwiderstand zu charakterisieren.

Anders das Verhalten der Selengleichrichter und der Gasentladungsröhren. Erstere haben, wie die Kennlinie Abb. 27d zeigt, bei Vorwärtsstrom das Merkmal einer Schwellenspannung von etwa 0,5 V je Platte. Erst bei Spannungen oberhalb dieser wird der Selengleichrichter stärker stromdurchlässig, wobei die weitere Kennlinie fast linear verläuft. Im Ersatzschaltbild, gleichstrommäßig gesehen, ist also der Selengleichrichter die Serienschaltung einer festen Gegen-EMK und eines Ohmschen Bahnwiderstandes. Diese Eigenschaft macht diesen Gleichrichter für den vorliegenden Meßzweck weniger geeignet. Erwähnt sei indessen seine Verwendbarkeit als Element einer Spannungsbegrenzung nach Art einer Abschneidestufe oder als spannungsabhängige Stromsperre.

Die Gasentladungsröhre, deren Kennlinie in Abb. 27e gezeigt ist, ist durch die in weitem Bereich nahezu stromunabhängige „Brennspannung" oder Lichtbogenspannung von beispielsweise $u_d = 15$ V gekennzeichnet. Sie verkörpert im Ersatzschaltbild also eine feste Gegen-

---

[1] Eine gute Einführung in die Physik der Germaniumdioden gibt der Aufsatz J. C. v. Vessem „Arbeitsweise und Aufbau von Germaniumdioden", Philips techn. Rdsch. Bd. 16, Nr. 7, S. 200 (Jan. 1955). Für ein gründliches Studium der ganzen Halbleiterphysik sei das Buch E. Spenke: Elektronische Halbleiter, Berlin/Göttingen/Heidelberg: Springer 1955, genannt.

EMK. Für die Spitzenspannungsmessung kommt sie infolgedessen nur für hohe Spannungen in Betracht. Für die Hochspannungsmessung, insbesondere zur Messung flüchtiger Überspannungen, ist sie unter Umständen unentbehrlich.

Es werden sich noch einige Gelegenheiten bieten, um auf die Ausnützung der besonderen Eigentümlichkeiten der verschiedenen elektrischen Ventile zurückzukommen.

17. Diodengleichrichtung (Paralleldiode). Die Benennung von Schaltungen ist meist historisch bedingt, sie greift dabei zurück auf die Bezeichnungen, die bei der ersten Verwendung einer Schaltung eingebürgert waren. So auch hier, die Prinzipschaltung ist die in Abb. 24b gezeigte, sie wird oft treffender als Diodenparallelschaltung bezeichnet, während die erste Schaltung nach Abb. 24a mit Diodenreihenschaltung benannt wird.

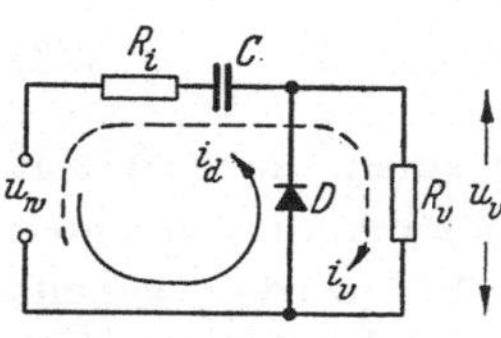

Abb. 28. Ersatzschaltung des Gleichrichters mit Paralleldiode

a) Konstanter Innenwiderstand. Wir nehmen für das gegebene Ventil einen konstanten Innenwiderstand, also Proportionalität zwischen Flußspannung und Vorwärtsstrom des Ventils, an, so daß sich dieser Innenwiderstand zu dem weiteren der Spannungsquelle addiert, sofern er nicht gegen den der Spannungsquelle zu vernachlässigen ist. Wir bekommen dadurch dieselben Bedingungen, die wir für die obige Schaltung mit Ladekondensator angenommen hatten. Sie entsprechen der Ersatzschaltung Abb. 28 und den Oszillogrammen in Abb. 29.

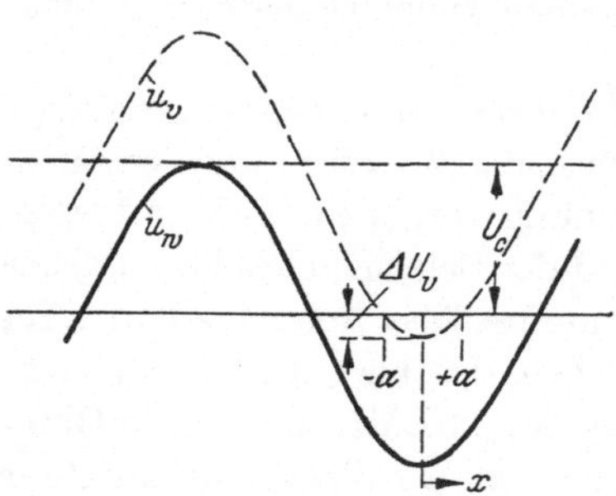

Abb. 29. Spannungsverläufe bei $C = \infty$

Wir nehmen zunächst wieder $C = \infty$ und als weitere Näherung $R_v C$ groß gegen $1/f$ an. Da für die Stromrichtung von i_d der Innenwiderstand R_i, für die Stromrichtung i_v der um ein Vielfaches größere Widerstand R_v strombestimmend ist, erfolgt wegen der Unterschiedlichkeit der Amperesekunden im Kondensator für beide Stromrichtungen eine Kondensatoraufladung, die bei stationärer Wechselspannung erst beendet ist, wenn

$$\int_{-\alpha}^{+\alpha} i_d \, dx = \int_0^{2\pi} i_v \, dx,$$

wobei 2α die Stromflußdauer von i_d vorstellt.

Dann ist mit den Bezeichnungen von Abb. 28 mit $i_d = (\sqrt{2}\, U_w \cos x - U_c)$

und $U_c = \sqrt{2}\, U_w \cos\alpha$ nach Ausführung der Integration wie früher

$$\frac{\sqrt{2}\, U_w}{R_i}(2\sin\alpha - 2\alpha\cos\alpha) = \frac{\sqrt{2}\, U_w}{R_v} 2\pi\cos\alpha\,,$$

also wieder $\operatorname{tg}\alpha - \alpha = \pi R_i/R_v$ und $U_c/\sqrt{2}\, U_w = \cos\alpha$. Da der Mittelwert von u_w null ist und $u_w = u_c + u_v$, ist U_c gleich dem Mittelwert von u_v. Schreiben wir also ähnlich wie früher $\Delta U_v = \sqrt{2}\, U_w - U_v$ und führen die Näherung für kleine ΔU_v-Werte bzw. kleine α-Werte durch, so wird wieder

$$\frac{\Delta U_v}{\sqrt{2}\, U_w} = \frac{1}{2}\sqrt[3]{3\pi \frac{R_i}{R_v}}^{\,2}. \tag{74}$$

Aber auch die weitere Näherungsrechnung für große C-Werte fällt genau so aus wie bei der früheren Rechnung. Es entsteht wieder eine zeitliche Vorverlegung der Stromflußdauer 2α um den Unsymmetriewinkel δ. Für den Entladevorgang ist zwar neben dem Widerstand R_v noch die Wechselspannung u_w maßgebend, der momentane Entladestrom ist infolgedessen in erster Näherung nicht mehr

$$\frac{\sqrt{2}\, U_w}{R_v^2\,\omega C}, \quad \text{sondern} \quad \frac{\sqrt{2}\, U_w}{R_v^2\,\omega C} + \frac{u_w}{R_v},$$

aber im Mittel ist der letzte Bestandteil null, so daß die Stufenwerte der Kondensatorspannung bei $x = -\alpha$ und $+\alpha$ die früher gefundenen bleiben. Es ist also nach wie vor $\alpha\delta = 1/2 R\omega C$, und es ergibt sich schließlich wieder die Näherungsformel (72)

$$\frac{\Delta U_v}{\sqrt{2}\, U_w} = \frac{1}{2}\left(3\pi \frac{R_i}{R_v}\right)^{\frac{2}{3}} + \frac{1}{8\,(\omega R_v C)^2}\left(3\pi \frac{R_i}{R_v}\right)^{-\frac{2}{3}}. \tag{75}$$

Diese relativ einfachen Ergebnisse lassen es lohnend erscheinen, noch allgemeinere Fälle in die Betrachtung zu ziehen, nämlich z. B.

1. den Fall willkürlicher periodischer Spannungen u_w (nichtsinusförmige Spannungen mit der Periode $1/f$) bei $C = \infty$;

2. den Fall nichtstationärer sinusförmiger Spannungen u_w (amplitudenmodulierte Spannungen) bei endlichem C.

Vorerst soll nur noch zusammenfassend gesagt werden, daß die beiden Schaltungen Abb. 25 und 28 trotz der verschiedenen Anordnung des Widerstandes R_v der Meßstelle die gleiche Charakteristik haben, d. h., der Kondensator lädt sich auf denselben Spannungswert auf. Bei der einen Anordnung entnimmt man die Kondensatorspannung, die im Mittel um ΔU_v niedriger als $\sqrt{2}\, U_w$ ist, direkt. Das andere Mal entnimmt man die Kondensatorspannung mit überlagerter Wechselspannung, aber der Mittelwert dieser Meßspannung ist wieder derselbe. Wichtig ist noch die für beide Anordnungen gefundene Tatsache, daß der relative Meßfehler $\Delta U_v/\sqrt{2}\, U_w$ infolge der Annahme eines konstanten Innenwiderstandes R_i unabhängig von der Spannungshöhe U_w und in erster Näherung auch unabhängig von der Frequenz f ist. Er läßt sich infolgedessen eineichen.

b) Exponentialkennlinie. Der Vollständigkeit wegen und zum Vergleich geben wir die Berechnung der Meßspannung U_v für den Fall einer Elektronenröhre mit exponentieller Stromspannungskennlinie wieder, wobei es sich um das Anlaufstromgebiet handeln kann oder um

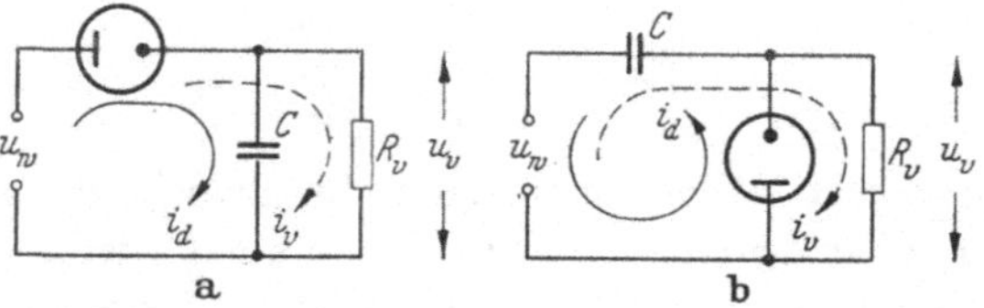

Abb. 30 a u. b. a Röhrenanordnung mit Reihendiode, b Röhrenanordnung mit Paralleldiode

einen größeren Bereich, für den man eine Ersatz-Exponentialkennlinie annimmt. Jedenfalls handelt es sich natürlich um kleine Spannungen U_w, genauer ausgedrückt, um einen Spannungsbereich, bei dem für den gegebenen Widerstand R_v der höchste Diodenstrom innerhalb des angenommenen exponentiellen Bereiches bleibt. Es ist mithin von der Hochohmigkeit der Anordnung abhängig, wie hohe Spannungen in Betracht kommen dürfen. Ferner muß für die Rechnung ein Innenwiderstand R_i der Spannungsquelle vernachlässigt bleiben.

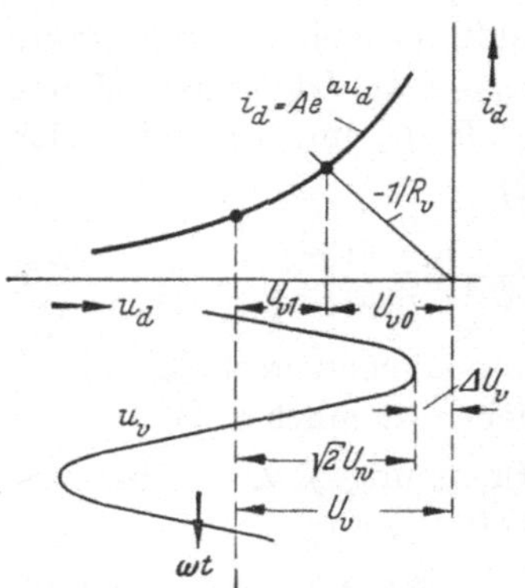

Abb. 31. Gleichrichtung bei der Exponentialkennlinie

Wir gehen von der Anordnung Abb. 30 b aus, es soll wieder $R_v C \gg 1/f$ angenommen werden. Der Diodenstrom i_d, der als Funktion der Diodenspannung u_d durch

$$i_d = A\, e^{a u_d} \tag{76}$$

gegeben sein soll, fließt theoretisch ständig. Je nach Höhe der Spannung u_d, die vorwiegend negativ ist, überschreitet oder unterschreitet er den Meßstrom i_v, im Mittel muß wegen der Kondensatorbedingung

$$\int_0^{2\pi} i_d\, dx = \int_0^{2\pi} i_v\, dx$$

sein. Der sich stationär einspielende Spannungsverlauf innerhalb der Diodenkennlinie ist in Abb. 31 deutlich gemacht.

Die folgende Rechnung geht einen ähnlichen Weg, den bereits M. J. O. Strutt eingeschlagen hat, seine Rechnung bezieht sich indessen auf die Anordnung mit Reihendiode nach Abb. 30a. Die Tatsache, daß wir für die vorliegende Anordnung entsprechend Abb. 30b das gleiche Resultat erhalten, ist wiederum ein Beweis für die Gleichwertigkeit der beiden Schaltungen in Hinblick auf die erzielte Gleichspannung.

Zunächst ist darauf hinzuweisen, daß sich schon ohne Wechselspannung, also bei $U_w = 0$, eine bestimmte Diodenspannung U_{d0} einstellt. Wir schreiben sie $= -U_{v0}$, wobei U_{v0} durch

$$R_v A\, e^{-a U_{v0}} = U_{v0} \tag{76a}$$

gegeben ist. U_{v0} bewirkt eine Voraufladung des Kondensators. Bei $U_w \neq 0$ nimmt die Kondensatorspannung um eine Spannung U_{v1} zu, und diese ist der Gleichrichtereffekt. Entsprechend ist der Mittelwert der Meßspannung an R_v gleich $U_v = U_{v0} + U_{v1}$.

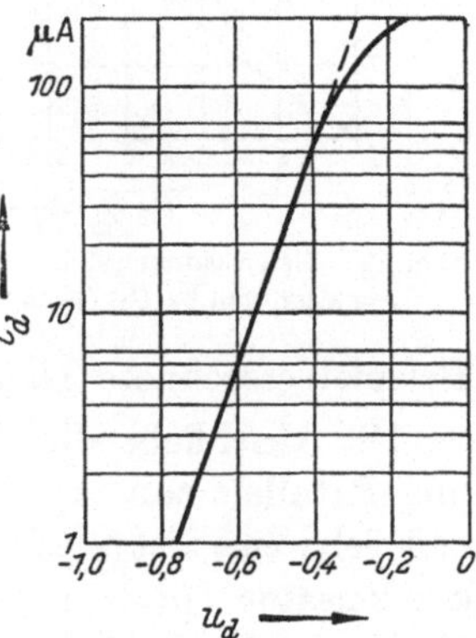

Abb. 32. Statische Kennlinie einer Diode AB 2 (Philips)

Die Integralbedingung für i_d und i_v führt dann mit $u_d = -u_w - (U_{v0} + U_{v1})$ zu

$$\frac{U_{v0} + U_{v1}}{R_v} = \frac{A}{2\pi} \int_0^{2\pi} e^{-a(u_w + U_{v0} + U_{v1})}\, dx$$

$$= \frac{A}{2\pi} e^{-aU_{v0}} e^{-aU_{v1}} \int_{-\pi}^{+\pi} e^{a\sqrt{2}\, U_w \sin x}\, dx$$

$$= \frac{U_{v0}}{R_v} e^{-aU_{v1}} J_0\left(j a \sqrt{2}\, U_w\right),$$

worin J_0 die Besselsche Funktion nullter Ordnung mit imaginärem Argument ist. Damit wird

$$\left(1 + \frac{U_{v1}}{U_{v0}}\right) e^{aU_{v1}} = J_0\left(j a \sqrt{2}\, U_w\right). \tag{77}$$

Für übliche Rundfunkdioden gibt Strutt[1] die Werte $A = 3{,}7$ mA, $a = 10\ \mathrm{V}^{-1}$ an. Die ganze gemessene Kennlinie einer solchen Diode ist in Abb. 32 wiedergegeben. Für $U_w \gg 1/a$ läßt sich für die Besselsche Funktion eine Näherungsfunktion schreiben, die dann weitere Vereinfachungen zuläßt, nämlich

$$\left(1 + \frac{U_{v1}}{U_{v0}}\right) e^{aU_{v1}} = \frac{e^{a\sqrt{2}\, U_w}}{\sqrt{2\pi a \sqrt{2}\, U_w}}. \tag{77a}$$

Durch Logarithmieren ergibt sich daraus

$$\ln\left(1 + \frac{U_{v1}}{U_{v0}}\right) + a U_{v1} = a \sqrt{2}\, U_w - \frac{1}{2} \ln\left(2\pi a \sqrt{2}\, U_w\right). \tag{77b}$$

Bei großen U_w-Werten treten die logarithmischen Glieder hinter den anderen zurück, so daß dann, wie zu erwarten, $U_{v1} = \sqrt{2}\, U_w$ wird.

[1] Strutt, M. J. O.: Verstärker und Empfänger, 2. Aufl., S. 34. Berlin/Göttingen/Heidelberg: Springer 1951.

Für kleine U_w-Werte ($U_w \ll 1/a$) kann man die Näherung für die Besselsche Funktion $J_0(ja\sqrt{2}\,U_w) \approx 1 - \frac{1}{4}(a\sqrt{2}\,U_w)^2$ ansetzen. Ferner kann man den Klammerausdruck in Gl. (77) gleich 1 und $e^{aU_{v1}} \approx 1 + aU_{v1}$ setzen. Damit entsteht die altbekannte Formel

$$U_{v1} = \frac{a}{4}\left(\sqrt{2}\,U_w\right)^2. \qquad (77\,c)$$

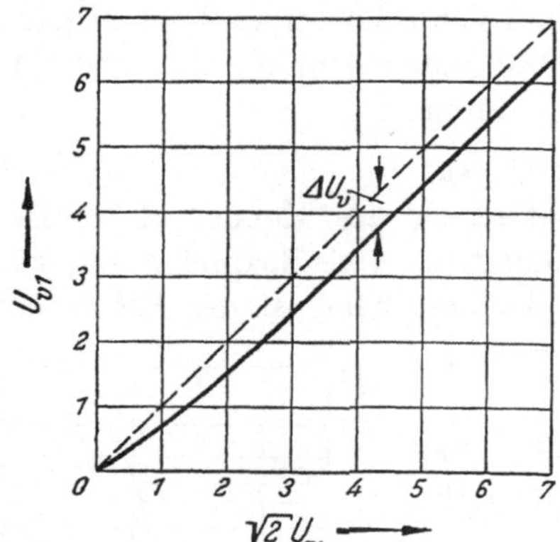

Abb. 33. Gleichspannungsänderung U_{v1} als Funktion von $\sqrt{2}\,U_w$ (nach Strutt)

Mit Einführung der Steilheit $S = \partial i_d/\partial u_d$ der Diode findet man leicht, daß Gl. (77 c) ein spezieller Ausdruck für die ebenso geläufige Formel

$$U_{v1} = \frac{1}{4S}\frac{\partial S}{\partial u_d}\left(\sqrt{2}\,U_w\right)^2 \qquad (77\,d)$$

ist, den hierdurch ausgedrückten Gleichrichtungseffekt bezeichnet man bekanntlich als Krümmungsgleichrichtung. Die ganze nach Gl. (77), (77a) und (77b) für ein Beispiel errechnete Gleichrichtungskennlinie zeigt Abb. 33.

18. Abschließender Vergleich der Gleichrichter mit Reihendiode und Paralleldiode. a) Die allgemeinen Formeln. Um die bisher beispielsweise festgestellte Gleichartigkeit des „Gleichrichters mit Ladekondensator" (d. h. mit Reihendiode) und des „Diodengleichrichters" (d. h. mit Paralleldiode) in Hinblick auf den Gleichrichtungseffekt U_{v1} noch einmal herauszustellen, bemerken wir, daß man für eine beliebige Diodenkennlinie $i_d = f(u_d)$ und für $R_v C \gg 1/f$ für beide Gleichrichterarten das Ergebnis

$$\left.\begin{aligned} U_v = \frac{R_v}{2\pi}\int\limits_0^{2\pi} f(u_w - U_v)\,dx, \quad U_v &= U_{v0} + U_{v1}, \\ U_{v0} &= R_v f(-U_{v0}) \end{aligned}\right\} \qquad (78)$$

erhält. Zur Auswertung ist es nötig, in $f(u_w - U_v)$, worin beispielsweise $u_w = \sqrt{2}\,U_w \sin x$ ist, die Funktion $f(u_w)$ abzutrennen und zu integrieren. Das ist sowohl bei der linearen Kennlinie (konstanter Innenwiderstand R_i) als auch bei der Exponentialkennlinie möglich, und darauf beruhte letzten Endes die Durchführbarkeit der bisherigen Rechnungen.

Zum Beweise stellen wir die Differentialgleichungen der beiden Gleichrichterarten auf, wobei wir keinerlei spezielle Annahmen über den Verlauf der Wechselspannung u_w machen und C vorerst beliebig annehmen. Ferner nehmen wir eine beliebige Diodenkennlinie an, wir schreiben sie $i_d = f(u_d)$ bzw. $u_d = g(i_d)$. Als Ausgang unserer Überlegungen dienen die Schaltungen Abb. 30 a, b mit den dort eingetragenen Bezeichnungen.

a) Es ist

$$u_w = g(i_d + i_v) + u_v,$$

$$i_d = \omega C \frac{d u_v}{d x}, \; i_v = \frac{u_v}{R_v}.$$

Daraus folgt

$$u_w = g\left(\omega C \frac{d u_v}{d x} + \frac{u_v}{R_v}\right) + u_v$$

oder

$$\omega C \frac{d u_v}{d x} + \frac{u_v}{R_v} = f(u_w - u_v)$$

oder

$$\frac{d u_v}{d x} = \frac{1}{\omega C} f(-u_v + u_w) - \frac{u_v}{\omega R_v C}. \tag{79a}$$

Dies ist die Differentialgleichung für u_v. Sie ist in dieser allgemeinen Form analytisch nicht lösbar. u_v ist eine oberwellige Gleichspannung, ihr Mittelwert sei U_{vm}.

Zur Berechnung von U_{vm} multiplizieren wir beide Seiten von Gl. (79a) mit dx und integrieren über die Periode 2π. So entsteht, da u_v dieselbe Periode hat,

$$U_{vm} = \frac{R_v}{2\pi} \int_0^{2\pi} f(-u_v + u_w)\, dx. \tag{80a}$$

b) Es ist

$$u_w = -\frac{1}{\omega C} \int (i_d - i_v)\, dx + u_v,$$

$$i_d = f(-u_v), \quad i_v = \frac{u_v}{R_v}.$$

Daraus folgt

$$\frac{d u_w}{d x} = -\frac{1}{\omega C}(i_d - i_v) + \frac{d u_v}{d x}$$
$$= -\frac{1}{\omega C} f(-u_v) + \frac{u_v}{\omega R_v C} + \frac{d u_v}{d x}.$$

Setzen wir darin

$$u_v = u_v' + u_w,$$

so entsteht nach einiger Umformung die Diff.-Gleichung für u_v'

$$\frac{d u_v'}{d x} = \frac{1}{\omega C} f(-u_v' - u_w) - \frac{u_v' + u_w}{\omega R_v C}. \tag{79b}$$

Hierin ist u_v' eine oberwellige Gleichspannung, der sich in u_v die Wechselspannung u_w überlagert.

Der Mittelwert von u_v' sei U_{vm}'. In seiner Berechnung multiplizieren wir beide Seiten von Gl. (79b) mit dx und integrieren über 2π. Damit entsteht

$$U_{vm}' = \frac{R_v}{2\pi} \int_0^{2\pi} f(-u_v' - u_w)\, dx. \tag{80b}$$

Für die beiden Mittelwerte sind die verschiedenen Vorzeichen von u_w natürlich belanglos, jedoch sind die Momentanwerte von u_v und u_v' wegen der Verschiedenheit der Differentialgleichungen (79a) und (79b) nicht gleich. Für große C-Werte wird jedoch $u_v = u_v' =$ konstant $= U_v$ und die Ausdrücke Gln. (80a) und (80b) gehen in Gl. (78) über.

Um weiterzukommen, kann man den für $C = \infty$ nach Gl. (78) ermittelten Wert $u_v = U_v$ bzw. $u_v' = Uv$ in Gl. (79a) bzw. Gl. (79b) einsetzen und die Oberwelle von u_v, u_v' berechnen nach den vereinfachten Differentialgleichungen

a)

$$\frac{d u_v}{d x} = \frac{1}{\omega C} f(-U_v - u_w) - \frac{U_v}{\omega R_v C}, \tag{81a}$$

b)

$$\frac{d u_v}{d x} = \frac{1}{\omega C} f(-U_v - u_w) - \frac{U_v + u_w}{\omega R_v C}, \tag{81b}$$

worin die rechten Seiten dieser Gleichungen nur noch Funktionen von x sind. Dieser Weg ist beispielsweise bei den früheren Rechnungen für den konstanten Innenwiderstand R_i beschritten worden, er führte zu den für a) und b) übereinstimmenden Gln. (72) und (75). Für den Fall einer Exponentialkennlinie $f(u_d) = A e^{a u_d}$ und $u_w = \sqrt{2}\, U_w \sin x$ müßte man die Differentialgleichungen bzw. die unbestimmten Integrale lösen:

a)

$$\frac{d u_v}{d x} = \frac{1}{\omega C} A\, e^{-a U_v} e^{a u_w} - \frac{U_v}{\omega R C} = \frac{U_{v0}\, e^{-a U_{v1}}}{\omega C} e^{a u_w} - \frac{U_{v0} + U_{v1}}{\omega R_v C},$$

$$u_v = \frac{U_{v0}\, e^{-a U_{v1}}}{\omega C} \int e^{a \sqrt{2}\, U_w \sin x}\, d x - \frac{U_{v0} + U_{v1}}{\omega R_v C} x + \text{const.} \qquad (82\,\text{a})$$

b)

$$\frac{d u_v'}{d x} = \frac{1}{\omega C} A\, e^{-a U_v'} e^{a u_w} - \frac{U_{v0} + U_{v1} + u_w}{\omega R_v C} = \frac{U_{v0}\, e^{-a U_{v1}'}}{\omega C} e^{a u_w} - \frac{U_{v0} + U_{v1} + u_w}{\omega R_v C},$$

$$u_v' = \frac{U_{v0}\, e^{-a U_{v1}'}}{\omega C} \int e^{a \sqrt{2}\, U_w \sin x}\, d x + \frac{\sqrt{2}\, U_w \cos x - (U_{v0} + U_{v1}')\, x}{\omega R_v C} + \text{const.} \qquad (82\,\text{b})$$

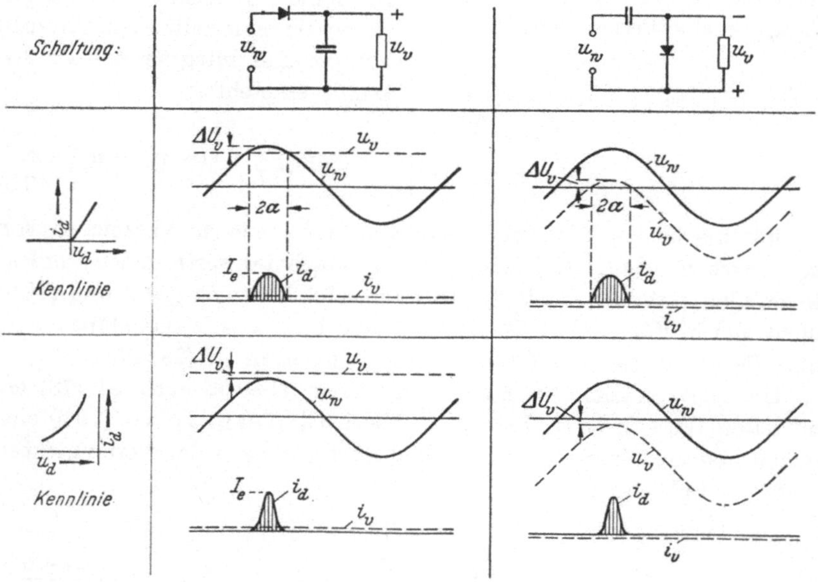

a b

Abb. 34 a u. b. Gegenüberstellung der Stromspannungsverläufe der zwei Gleichrichteranordnungen

Damit ist wenigstens der Weg vorgezeichnet. Die Integrale sind bekanntlich unbestimmt mit tabellierten Funktionen in endlicher Form nicht darstellbar.

Wir geben in Abb. 34 eine vollständige Gegenüberstellung der Stromspannungsverläufe der beiden Schaltungsarten für beide angenommenen Kennlinien, und zwar der Einfachheit wegen für $C = \infty$. Bei endlichem C hat man sich die U_v- bzw. die U'_v-Gerade oberwellig vorzustellen. Man wird bemerken, daß die Schaltung mit Paralleldiode gegenüber der bisherigen Darstellung eine umgepolte Diode aufweist. Für die Funktion ist dies belanglos, es ändert sich nur die Polung der Ausgangsgleichspannung, aber als Eingangskapazität erzielt man die wesentlich kleinere Anodenkapazität der Diode, weshalb die Schaltung in der Hochfrequenztechnik auch so angewendet wird. Für die Darstellung wird, wie man erkennen wird, der Kurvenvergleich übersichtlicher.

In der Gegenüberstellung findet man besonders die Eingangsströme $i_e = i_d + i_v$ bzw. $i_e = i_d - i_v$ herausgezeichnet. Uns interessiert vor allem der Höchstwert J_e, der wegen der Kleinheit von i_v praktisch gleich dem Höchstwert von i_d ist. Diese Stromspitzen sind, wie uns aus den Rechnungen bereits klargeworden ist, so hoch, weil die Stromflußdauer der Dioden sehr kurz ist und die Zeitsummen von i_d und i_v gleich sein müssen. In dieser Beziehung sind entgegen der in der Literatur zuweilen geäußerten Ansicht, die Schaltung mit Paralleldiode sei günstiger als die mit Reihendiode, wegen der Vernachlässigbarkeit von i_v gegen J_e beide Schaltungen gleichwertig.

b) Die eingangsseitigen Stromspitzen. Der Höchstwert J_e des Eingangsstromes in der Zuleitung der Spannungsquelle ist für $R_v C \gg 1/f$ gegeben durch

$$J_e = f\left(-U_v + \sqrt{2}\,U_w\right) \pm \frac{U_v}{R_v}, \tag{83}$$

wobei sich das +-Zeichen auf die Schaltung a), das —-Zeichen auf die Schaltung b) bezieht. Für eine lineare Kennlinie $i_d = f(u_d) = u_d/R_i$ ist $U_v < \sqrt{2}\,U_w$; der Spannungswert, für den J_e eintritt, liegt also im Positiven. Für eine Exponentialkennlinie $i_d = A e^{a u_d}$ ist $U_v > \sqrt{2}\,U_w$; der Spannungswert, für den J_e eintritt, liegt also im Negativen. Letzten Endes gilt ja die Exponentialkennlinie, die im allgemeinen der Anlaufstromkennlinie entspricht, überhaupt nur für negative u_d-Werte (z. B. bis $-0{,}3$ V).

Es ist sehr wichtig, sich über die Größe von J_e Rechenschaft zu geben. Da man gerade hierüber in der Literatur keine Angaben findet, sollen einige Zahlenbeispiele gegeben werden. Hierzu wollen wir Gl. (83) auswerten.

Bei $i_d = u_d/R_i$ und $R_v C \gg 1/f$ führte die Strombedingung

$$\int_{-\alpha}^{+\alpha} i_d\, dx = 2\pi \frac{U_v}{R_v}$$

näherungsweise zu

$$\alpha^3 = 3\pi \frac{R_i}{R_v} \quad \text{und} \quad \alpha^2 = 2 \frac{\Delta U_v}{\sqrt{2}\, U_w}.$$

Dies führte zu der Gl. (74)

$$\frac{\Delta U_v}{\sqrt{2}\, U_w} = \frac{1}{2} \sqrt[3]{3\pi \frac{R_i}{R_v}}^{\,2}, \tag{84a}$$

woraus sich sofort ergibt

$$J_e = \frac{\Delta U_v}{R_i} \pm \frac{U_v}{R_v}. \tag{84b}$$

Bei kleiner Stromflußdauer 2α ist J_e so hoch, daß U_v/R_v dagegen vernachlässigbar ist.

Bei $i_d = A e^{a u_d}$ und $R_v C \gg 1/f$ und $a \sqrt{2}\, U_w \gg 1$ führt die Strombedingung

$$\int_0^{2\pi} i_d\, dx = 2\pi \frac{U_v}{R_v}$$

näherungsweise zu

$$\frac{U_v}{R_v} 2\pi = A\, e^{-a U_v} 2\pi \frac{e^{a \sqrt{2}\, U_w}}{\sqrt{2\pi a \sqrt{2}\, U_w}},$$

wofür sich mit $\Delta U_v = U_v - \sqrt{2}\, U_w$ schreiben läßt

$$\frac{\sqrt{2\pi a \sqrt{2}\, U_w}}{R_v} \left(\sqrt{2}\, U_w - \Delta U_v\right) = A\, e^{-a \Delta U_v}. \tag{85a}$$

Es ist dies nur eine andere, für unseren Zweck dienlichere Schreibweise der Gl. (77a).

Denn auf der rechten Seite steht schon der maximale Diodenstrom, so daß

$$J_e = A\, e^{-a \Delta U_v} \pm \frac{U_v}{R_v} \tag{85b}$$

wird. Wie wir bereits sagten, bildet sich auch bei $U_w = 0$ eine Ruhespannung U_{v0} aus, die durch $U_{v0}/R_v = A e^{-a U_{v0}}$ gegeben ist. Während für die erstere Kennlinie der „Gleichrichtereffekt“ die Meßspannung U_v selbst ist, ist der Gleichrichtereffekt jetzt gleich

$$U_{v1} = U_v - U_{v0} = \sqrt{2}\, U_w + \Delta U_v - U_{v0}. \tag{85c}$$

Das über 2π erstreckte Integral von i_d darf nicht darüber hinwegtäuschen, daß auch jetzt die Dauer eines merklichen Stromes i_d kurz ist, nur ist die Stromflußdauer, die oben den definierten Wert 2α hatte, wegen der Exponentialkennlinie sozusagen verwaschen.

c) Beispiele. 1. $i_d = u_D/R_i$, die Diode ist eine Gleichrichterröhre EZ 40; entsprechend $i_d = 45$ mA bei $u_d = 20$ V nehmen wir $R_i = 445\ \Omega$ an. Es soll eine Wechselspannung mit der effektiven Spannung $U_w = 250$ V gemessen werden, das anzeigende Voltmeter hat $R_v = 200\,\text{k}\Omega$. Dann ist nach Gl. (84a)

$$\Delta U_v = \sqrt{2}\cdot 250\,\text{V}\cdot\frac{1}{2}\sqrt[3]{3\pi\frac{445\,\Omega}{2\cdot 10^5\,\Omega}}^{\,2} = 14\,\text{V}.$$

Dies ist, bezogen auf den Scheitelwert $\sqrt{2}\,U_w = 353$ V, etwa 4%. Der Eingangsspitzenstrom beträgt nach Gl. (84b)

$$J_e = \frac{14\,\text{V}}{445\,\Omega} = 31{,}5\,\text{mA},$$

während der konstante Strom im Voltmeter nur

$$J_v = \frac{339\,\text{V}}{2\cdot 10^5\,\Omega} = 1{,}7\,\text{mA}$$

beträgt. Die Stromflußdauer von i_d ist

$$2\alpha = 2\sqrt[3]{3\pi\frac{445\,\Omega}{2\cdot 10^5\,\Omega}}\cdot 57{,}3^\circ = 32^\circ.$$

2. $i_d = u_d/R_i$, die Diode ist eine Germaniumdiode (SAF, Type DS 162); entsprechend $i_d = 4$ mA bei $u_d = 1{,}2$ V nehmen wir $R_i = 300\,\Omega$ an. Es soll eine Wechselspannung mit der effektiven Spannung $U_w = 30$ V gemessen werden, das anzeigende Voltmeter hat $R_v = 100\ \text{k}\Omega$. Dann ist nach Gl. (84a)

$$\Delta U_v = \sqrt{2}\cdot 30\,\text{V}\,\frac{1}{2}\sqrt[3]{3\pi\frac{300\,\Omega}{10^5\,\Omega}}^{\,2} = 2{,}0\,\text{V}.$$

Dies ist, bezogen auf den Scheitelwert $\sqrt{2}\,U_w = 42{,}4$ V, etwa 4,7%. Der Eingangsspitzenstrom beträgt nach Gl. (84b)

$$J_e = \frac{2{,}0\,\text{V}}{300\,\Omega} = 6{,}7\,\text{mA},$$

während der konstante Strom im Voltmeter nur

$$J_v = \frac{40{,}4\,\text{V}}{10^5\,\Omega} \approx 0{,}4\,\text{mA}$$

beträgt. Die Stromflußdauer von i_d ist

$$2\alpha = 2\sqrt[3]{3\pi\frac{300\,\Omega}{10^5\,\Omega}}\cdot 57{,}3^\circ = 35^\circ.$$

Bei dieser Rechnung haben wir entsprechend unseren Voraussetzungen den Rückstrom der Germaniumdiode vernachlässigt. Sein Höchstwert würde hier für $u_d = -(40{,}4\ \text{V} + 42{,}4\ \text{V}) = -83$ V etwa 40 μA betragen. Da der Rückstrom mit wachsender Spannung U_w wesentlich stärker als proportional ansteigt, ersieht man, daß er den Gleichrichtereffekt merklich vermindern und schließlich bei zu hoher Spannung ganz aufheben kann. Wir kommen darauf noch zurück.

3. $i_d = A e^{a u_d}$, die Diode sei eine Zweipolröhre AB 2, mit $A = 3{,}7$ mA und $a = 10\ \mathrm{V}^{-1}$. Es soll eine Wechselspannung mit der effektiven Spannung $U_w = 5$ V gemessen werden. Die Messung des Gleichspannungsmittelwertes U_v erfolge mit einer Meßanordnung mit $R_v = 1\ \mathrm{M}\Omega$.

Dann wird $\sqrt{2}\,U_w = 7{,}07$ V und in Gl. (85a)

$$\frac{\sqrt{2\pi a \sqrt{2}\,U_w}}{A R_v} = \frac{\sqrt{2\pi\, 10\,\mathrm{V}^{-1}\, 7{,}07\,\mathrm{V}}}{3{,}7\,\mathrm{mA}\cdot 10^6\,\Omega} = 5{,}7\cdot 10^{-3}\frac{1}{\mathrm{V}}$$

und die Bestimmungsgleichung für ΔU_v wird

$$5{,}7\cdot 10^{-3}\,\mathrm{V}^{-1}(7{,}07\,\mathrm{V} + \Delta U_v) = e^{-10\,\mathrm{V}^{-1}\,\Delta U_v}.$$

Sie ergibt durch Probieren $\Delta U_v = 0{,}32$ V. Daraus folgt weiter nach Gl. (85b) bei Vernachlässigung von U_v/R_v

$$J_e = 3{,}7\,\mathrm{mA}\, e^{-10\,\mathrm{V}^{-1}\cdot 0{,}32\,\mathrm{V}} = 0{,}156\,\mathrm{mA}$$

oder $J_e \approx 160\,\mu$A. Für den Strom in R_v findet man

$$J_v = \frac{U_v}{R_v} = \frac{7{,}07\,\mathrm{V} + 0{,}32\,\mathrm{V}}{10^6\,\Omega} = 7{,}4\,\mu\mathrm{A}.$$

Also auch hier ist J_e ein Vielfaches von J_v.

Wie wir bereits mehrfach sagten, ist nicht U_v der Gleichrichtereffekt, sondern $U_{v1} = U_v - U_{v0}$, worin U_{v0} die Ruhespannung bei $U_w = 0$ ist, sie ergibt sich aus

$$U_{v0} = 3{,}7\,\mathrm{mA}\cdot 10^6\,\Omega\, e^{-10\,\mathrm{V}^{-1}\,U_{v0}}$$

zu $U_{v0} = 0{,}85$ V. Da $U_v = \sqrt{2}\,U_w - \Delta U_v = 7{,}07\ \mathrm{V} + 0{,}32\ \mathrm{V} = 7{,}39\,\mathrm{V}$ betrug, ist der Gleichrichtereffekt

$$U_{v1} = U_v - U_{v0} = 7{,}39\,\mathrm{V} - 0{,}85\,\mathrm{V} = 6{,}54\,\mathrm{V}.$$

d) Der Einfluß des Rückstromes. Bei dem Beispiel der Germaniumdiode wurde die mögliche Bedeutung ihres Rückstromes für den Gleichrichtungseffekt erwähnt. Dasselbe gilt natürlich für den Selengleichrichter, der indessen in dem vorliegenden Anwendungsbereich ausscheidet. Wir wollen diesen Einfluß des Rückstromes diskutieren, um so mehr, als auch hierüber in der Literatur keine rechnerischen Untersuchungen vorliegen.

Die Kennlinie der Germaniumdiode in Abb. 34 legt nahe, eine exponentielle Abhängigkeit des Rückstromes i_r von der Diodensperrspannung u_d in der Form

$$i_r = -B e^{b u_d}$$

anzunehmen. Für das vorliegende Beispiel findet man für die Konstanten dieser Ersatzfunktion $B = 4\,\mu$A, $b = 0{,}033\ \mathrm{V}^{-1}$, wobei $u_d \leqq 120$ V sein soll.

Unter diesen Umständen lautet die Bilanz der Stromzeitsummen für i_d und i_v

$$\int_{-\alpha}^{+\alpha} i_d\,dx = 2\pi\frac{U_v}{R_v} + B\int_0^{2\pi} e^{b u_d}\,dx$$

und mit $u_d = U_v + \sqrt{2}\,U_w \sin x \approx \sqrt{2}\,U_w(1+\sin x)$ während der Sperrdauer

$$\int_{-\alpha}^{+\alpha} i_d\,dx = 2\pi\frac{U_v}{R_v} + B\,e^{b\sqrt{2}\,U_w}\int_{-\pi}^{+\pi} e^{b\sqrt{2}\,U_w \sin x}\,dx\,.$$

Dies ergibt unter ähnlichen Vorgehen wie bei den früheren Rechnungen

$$\frac{\sqrt{2}\,U_w}{R_i}(2\sin\alpha - 2\alpha\cos\alpha) = 2\pi\frac{\sqrt{2}\,U_w}{R_v}\cos\alpha + 2\pi\,B\,e^{b\sqrt{2}\,U_w}\,J_0\left(j\,b\,\sqrt{2}\,U_w\right)$$

und nach einiger Umformung

$$\frac{\operatorname{tg}\alpha - \alpha}{\pi} = \frac{R_i}{R_v}\left(1 + \frac{B\,R_v}{\sqrt{2}\,U_w\cos\alpha}\,e^{b\sqrt{2}\,U_w}\,J_0\left(j\,b\,\sqrt{2}\,U_w\right)\right).$$

Für die Besselsche Funktion J_0 können wir jetzt nicht ohne weiteres ihre Näherung für große Argumente nehmen. Indessen nehmen wir wieder α als klein an, setzen in der Klammer $\cos\alpha = 1$ und schreiben auf der linken Seite $\alpha^3/3\pi$ und führen darin $\alpha^2 = 2\,\Delta U_v/\sqrt{2}\,U_w$ ein. So entsteht endgültig

$$\frac{\Delta U_v}{\sqrt{2}\,U_w} = \frac{1}{2}\left(3\pi\frac{R_i}{R_v}\right)^{\frac{2}{3}}\left(1 + \frac{B\,R_v}{\sqrt{2}\,U_w}\,e^{b\sqrt{2}\,U_w}\,J_0\left(j\,b\,\sqrt{2}\,U_w\right)\right)^{\frac{2}{3}}.$$

Diese Gleichung entspricht Gl. (71) bzw. Gl. (74) bis auf das Korrekturglied, das die Verminderung der Gleichspannung durch den Rückstrom zum Ausdruck bringt.

Wir wollen die Gleichung für das obige Beispiel unter c, 2 auswerten. Mit $U_w = 30$ V, $R_i = 300\,\Omega$, $R_v = 100\,\mathrm{k}\Omega$ wird

$$\left(1 + \frac{4\cdot 10^{-6}\,\mathrm{A}\cdot 10^5\,\Omega}{\sqrt{2}\cdot 30\,\mathrm{V}}\,e^{0{,}033\sqrt{2}\cdot 30}\,J_0\left(j\,0{,}033\,\sqrt{2}\cdot 30\right)\right)^{\frac{2}{3}} = 1{,}04\,.$$

Also schon bei der kleinen Spannung von 30 V vergrößert sich ΔU_v um 4%.

e) Andere Ventilkennlinien. Bezüglich der Berechnung von Gleichrichtern mit Kapazitiv-Ohmscher Belastung bei Annahme anderer als bisher angenommener Ventilkennlinien soll hier auf eine interessante Arbeit von E. H. Ludwig[1] verwiesen werden. Sie legt eine Raumladungskennlinie $i_d = u_d^{3/2}$ zugrunde, womit die Darstellung der Strom-Spannungskennlinie auf elliptische Integrale führt.

---

[1] Ludwig, E. H.: Die Strom-Spannungs-Charakteristiken kapazitiv belasteter Hochvakuum-Glühkathodengleichrichter. Arch. Elektrotechn. Bd. 32 (1938) S. 607.

19. Gleichrichtung willkürlicher periodischer Spannungen. Die bisher untersuchten Gleichrichteranordnungen vollziehen, wie wir an dem Beispiel einer Sinusspannung $u_w = \sqrt{2}\, U_w \sin x$ (mit $x = \omega t$) nachgerechnet haben, eine mehr oder weniger genaue Scheitelwertsmessung oder, wie man auch sagt, eine Spitzenspannungsmessung. Bei Dioden mit linearer Kennlinie $i_d = u_d/R_i$ bzw. bei einem Gesamtinnenwiderstand R_i ergab sich eine Abweichung der Spitzenwertanzeige um ΔU_v, die Anordnung zeigte also den Wert $\sqrt{2}\, U_w - \Delta U_v$ anstatt $\sqrt{2}\, U_w$ an; für den Wert von ΔU_v ergab sich näherungsweise nach Gln. (71), (72) bzw. Gln. (74), (75) ein durchweg zu U_w proportionaler Betrag, was besagt, daß man die Abweichung ΔU_v eineichen kann. Der Fehler ist also durch passende Eichung auszuschalten. Bei Dioden mit Exponentialkennlinie $i_d = A e^{a u_d}$ ist dies nicht durchweg so, aber wir wollen das im Augenblick nicht genauer untersuchen.

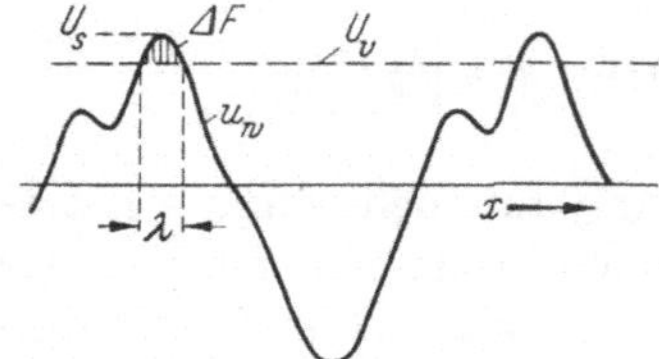

Abb. 35. Scheitelwertsmessung willkürlicher Wechselspannungen

Wir wollen vielmehr an Hand der linearen Kennlinie nachweisen, daß diese Unabhängigkeit des $\Delta U_v/\sqrt{2}\, U_w$ von U_w kurvenformgebunden ist. Bei einer beliebigen Wechselspannung u_w mit dem Scheitelwert U_s ist also der Meßfehler ΔU_v nicht mehr proportional zu U_s und demnach ein echter, nicht ohne weiteres vorausbestimmbarer Fehler, den man infolgedessen so klein wie möglich zu machen hat.

Um hierfür eine Abschätzung zu bekommen, gehen wir von einer in Abb. 35 dargestellten willkürlichen Spannungskurve $u_w(x)$ mit $x = \omega t$ (ω = Kreisfrequenz der Grundharmonischen) mit dem Scheitelwert U_s aus, die mittels einer Gleichrichteranordnung mit Reihendiode oder Paralleldiode mit dem Innenwiderstand R_i gemessen werden soll. Es sei $R_v C \gg 1/f$. Die praktisch konstante Meßspannung sei U_v, und es sei $\Delta U_v = U_s - U_v$. Die Stromflußdauer sei λ (entsprechend dem früheren Wert 2α bei Sinusspannung). Dann erfordert die Kondensatorbedingung, d. h. die Gleichheit der Zeitsummen von i_d und $i_v = J_v$,

$$\int_\lambda i_d\, dx = 2\pi\, J_v$$

oder wegen $i_d = (u_w - U_v)/R_i$ und $J_v = U_v/R_v$

$$\int_\lambda (u_w - U_v)\, dx = 2\pi \frac{R_i}{R_v}\, U_v .$$

Das linke Integral ist der Inhalt der schraffiert gezeichneten Fläche zwischen der Kurve u_w und der Geraden U_v im Bereich λ, wir wollen sie ΔF nennen.

Bei ihrer Verhältnisbildung zu U_v können wir $U_v \approx U_s$ nehmen und erhalten so

$$\frac{\Delta F}{U_s} = 2\pi \frac{R_i}{R_v}. \tag{86}$$

Dies ist eine universelle Formel für die Fehlerabschätzung der Spitzenspannungsmessung. Für Sinusspannung ergibt ihre Auswertung die schon genannten Gl. (71) bzw. Gl. (74). Für andere Kurvenformen geben wir ihre Auswertung beispielsweise noch an.

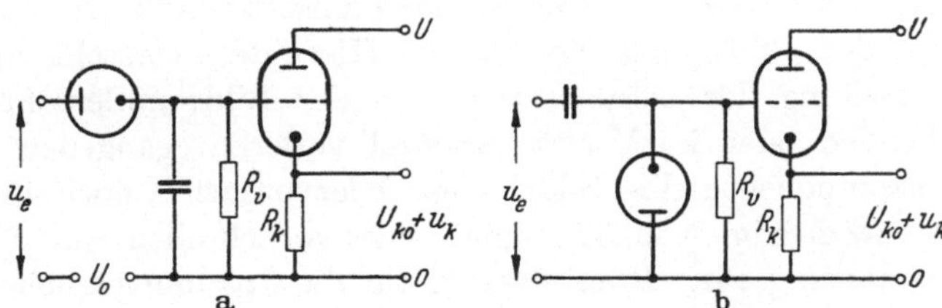

Abb. 36a u. b. Gleichrichtung im Eingang eines Kathodenverstärkers

Vorerst entnehmen wir ihr das wichtige Ergebnis, daß für die Meßgenauigkeit in jedem Falle die Kleinheit von R_i/R_v maßgebend ist. Man muß also bei gegebenem R_v das R_i klein machen. Das führt aber zu Schaltungskombinationen Abb. 36 und 37, die die eingangsseitige Hochohmigkeit bzw. die ausgangsseitige Niederohmigkeit des Kathodenverstärkers für die Gleichrichtung zweckdienlich ausnützen. Die Meßgenauigkeit ist indessen noch an eine andere Bedingung geknüpft, die in Gl. (86) nicht zum Ausdruck kommt, nämlich an die Vernachlässigbarkeit der Diodenspannung bei Vorwärtsstrom im Zeitbereich λ oder, besser ausgedrückt, die tatsächliche Gültigkeit der Proportionalität von i_d zu u_d bis $u_d = 0$. Bei kleinen Spannungen u_w und hohem R_v läßt sich eine beträchtliche Genauigkeit durch Anwendung einer Germaniumdiode verwirklichen oder bei Benutzung von Elektronenröhren durch besondere Kompensation der Anlaufstromspannung, wovon noch die Rede sein wird. Bei hohen Spannungen u_w und Anwendung von Elektronenröhren kann man kleines R_i bei Wahl von Röhren genügend hoher Emission erzielen.

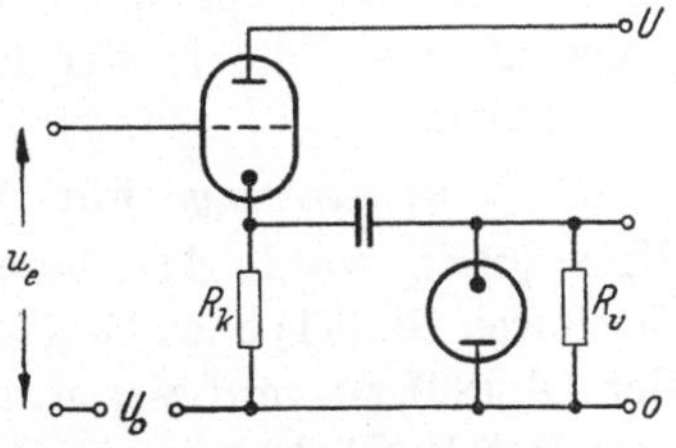

Abb. 37. Gleichrichtung im Ausgang eines Kathodenverstärkers

Für die Scheitelwertsmessung von Wechselspannungen von Spannungsquellen, die gegen die kleinen, im vorigen Kapitel berechneten Ladestromstöße unempfindlich sind, sind die Schaltungen Abb. 36a und 36b gleich gut verwendbar. Die Schaltung a) ist aber auch zur Scheitelwertsmessung von Gleichspannungsimpulsen bzw. von Wechselspannungen mit Gleichspannungskomponente verwendbar. Von einer diesbezüglichen besonderen Anwendung wird bei der Beschreibung von Meßgeräten noch die Rede sein. Die Schaltung b) unterdrückt jede Gleichspannungskomponente und eignet sich aus diesem Grunde beispielsweise auch zur Scheitelwertsmessung von Gleichspannungsoberwellen. Da sie jedoch die Wechselspannung an den Widerstand R_v völlig unverändert „anliefert", nur behaftet mit einer Gleichspannungskomponente, die bis auf den Fehler ΔU_v genau gleich dem Scheitelwert U_s ist, wird sie gelegentlich in der Fernsehtechnik zur „Schwarzsteuerung" des Bildsignals verwendet. Hierunter versteht man die Wiederherstellung der beispielsweise aus der Bildwandlerröhre nicht herausgehenden oder im Verstärkerkanal verlorengegangenen Gleichspannungskomponente des Bildsignals. Hiervon wird noch die Rede sein. Die Schaltung Abb. 37 eignet sich vornehmlich zur Wechselspannungsmessung ohne Rückwirkung auf die Spannungsquelle, wobei der niederohmige Ausgang des Kathodenverstärkers vorteilhaft ausgenützt werden kann.

Die in den Schaltungen dargestellte Polung der Dioden ist natürlich nicht verbindlich, je nach Zweck und Ausnützung besonderer Vorteile, wie geringe Eingangskapazität, günstige Ausnützung der Arbeitskennlinie des Kathodenverstärkers, ist sie jeweils zu wählen.

Wir wollen jetzt unter Annahme einer linearen Diodenkennlinie bzw. eines konstanten Innenwiderstandes R_i den Meßfehler ΔU_v für einige Kurvenformen, die in der nachfolgenden Tab. 2 wiedergegeben sind, berechnen.

1. Sinusspannung. Für die Sinusspannung mit dem Scheitelwert $U_s = \sqrt{2}\, U_w$ wurde ΔU_v bereits berechnet. Es ergab sich für $R_v C \gg 1/f$ der durch Gl. (71) bzw. Gl. (74) gegebene Wert. Um diesen auch an Hand der Gl. (86) zu verifizieren, gehen wir davon aus, daß ΔF angenähert eine Parabelfläche mit der Breite 2α und der Höhe ΔU_v ist. Ihr Inhalt ist also $\Delta F = 2/3 \Delta U_v 2\alpha$. Die rechte Seite ist nach Gl. (86) $= U_s 2\pi R_i/R_v$. Außerdem ist näherungsweise $\Delta U_v/U_s = \alpha^2/2$. Setzt man den daraus sich ergebenden α-Wert oben ein, so entsteht die bereits bekannte Formel

$$\frac{\Delta U_v}{U_s} = \frac{1}{2}\left(3\pi \frac{R_i}{R_v}\right)^{\frac{2}{3}}. \tag{87 a}$$

2. Rechteckkurve. Die Spannung u_w ist während der ersten Halbperiode π gleich $+U_s$, während der zweiten Halbperiode π gleich $-U_s$. Dann ist $\Delta F = \Delta U_v \pi$. Die rechte Seite ist nach Gl. (86) $= U_s 2\pi R_i/R_v$. Infolgedessen ist

$$\frac{\Delta U_v}{U_s} = 2\frac{R_i}{R_v}. \tag{87 b}$$

3. Rechteckimpulse. Die Spannung u_w soll innerhalb der ersten Halbperiode π den Wert U_s nur während der Impulsdauer $2\pi h \left(h \leqq \frac{1}{2}\right)$ haben.

Dann ist $\Delta F = \Delta U_v \, 2\pi h$, und es wird

$$\frac{\Delta U_v}{U_s} = \frac{1}{h} \frac{R_i}{R_v}. \tag{87 c}$$

4. Sägezahnkurve. Die Spannung u_w sei während der ersten Halbperiode π von Null bis U_s linear ansteigend nach $u_w = \frac{x}{\pi} U_s$, ($x = 0$ bis π). Dann ist $\Delta F = \pi \Delta U_v^2 / 2\, U_s$. Die rechte Seite ist nach Gl. (86) $=$ $U_s \, 2\pi \, R_i/R_v$. Damit wird

$$\frac{\Delta U_v}{U_s} = 2 \sqrt{\frac{R_i}{R_v}}. \tag{87 d}$$

Tabelle 2. *Scheitelwertsmessung einiger Wechselspannungen*

Kurvenform	λ	$\Delta F / \Delta U_v$	$\Delta U_v / U_s$	$J_e \Big/ \frac{U_s}{R_v}$
1. 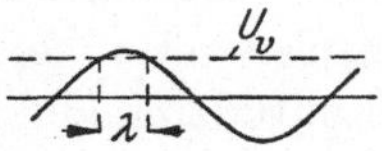	2α	$\frac{4}{3}\alpha$	$\frac{1}{2}\left(3\pi \frac{R_i}{R_v}\right)^{\frac{2}{3}}$	$\frac{1}{2}(3\pi)^{\frac{2}{3}}\left(\frac{R_v}{R_i}\right)^{\frac{1}{3}}$
2. 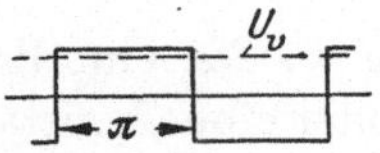	π	π	$2\frac{R_i}{R_v}$	2
3. 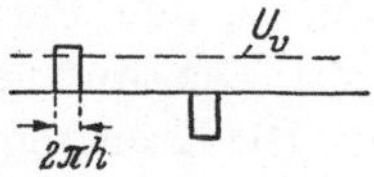	$2\pi h$	$2\pi h$	$\frac{1}{h}\frac{R_i}{R_v}$	$\frac{1}{h}$
4. 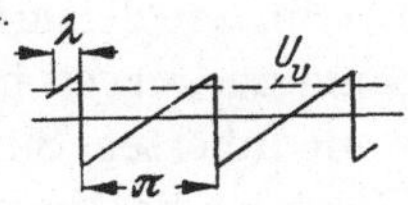	—	$\frac{\pi}{2}\frac{U_v}{U_s}$	$2\sqrt{\frac{R_i}{R_v}}$	$2\sqrt{\frac{R_v}{R_i}}$

Zur Gewinnung einer quantitativen Vorstellung diskutieren wir ein Zahlenbeispiel. Es sei $U_s = 40$ V, $R_i = 300\ \Omega$ und $R_v = 3$ MΩ. Dann ist

1. für die Sinuskurve

$$\Delta U_v = 40 \text{V} \frac{1}{2} \left(3\pi \frac{300\ \Omega}{3 \cdot 10^6\ \Omega}\right)^{\frac{2}{3}} = 0{,}192 \text{V},$$

d. h. 0,5% von 40 V,

2. für die Rechteckkurve

$$\Delta U_v = 40 \text{V}\, 2 \frac{300\ \Omega}{3 \cdot 10^6\ \Omega} = 0{,}8 \cdot 10^{-2} \text{V},$$

d. h. 0,02% von 40 V,

3. für einen Rechteckimpuls von der Dauer von 10% der halben Periodendauer. Dafür ist

$$\Delta U_v = 40\,\mathrm{V} \frac{2}{0{,}1} \frac{300\,\Omega}{3 \cdot 10^6\,\Omega} = 0{,}8 \cdot 10^{-1}\,\mathrm{V},$$

d. h. 0,2% von 40 V,

4. für die Sägezahnkurve

$$\Delta U_v = 40\,\mathrm{V}\, 2 \sqrt{\frac{300\,\Omega}{3 \cdot 10^6\,\Omega}} = 0{,}8\,\mathrm{V},$$

d. h. 2% von 40 V.

Wie man an diesen wenigen Beispielen erkennt, kann der Meßfehler ΔU_v je nach Spannungskurvenform erheblich variieren.

20. Gleichrichtung modulierter Sinusspannungen. Der Kompressionseffekt. Um uns der Gleichrichtung bzw. der Spitzenspannungsmessung nichtstationärer Wechselspannungen zuzuwenden, untersuchen wir die Vorgänge beispielsweise bei Vorliegen einer amplitudenmodulierten Sinusspannung

$$u_w = U(t) \sin \omega t, \quad U(t) > 0\,. \tag{88}$$

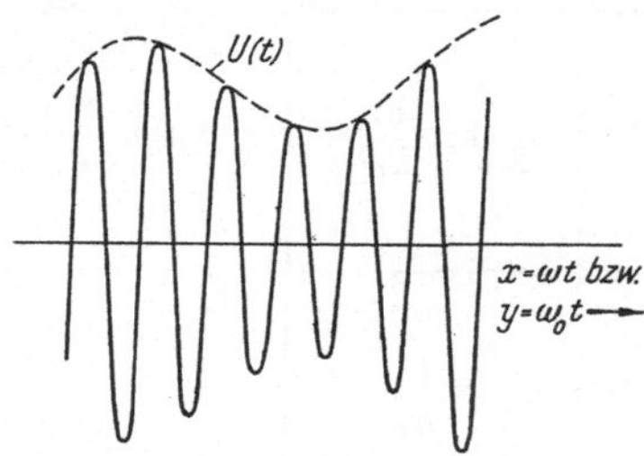

Abb. 38. Amplitudenmodulierte Sinusspannung $u_w = U(t) \sin \omega t$

Dabei wollen wir wieder eine lineare Diodenkennlinie oder einen konstanten Innenwiderstand R_i voraussetzen. Wir nehmen eine Schaltung mit Paralleldiode, beispielsweise nach Abb. 32b oder Abb. 36b, an, den Parallelwiderstand zur Diode nennen wir jetzt R_a (statt R_v). Die Modulation nehmen wir, wie in Abb. 38 dargestellt, periodisch an. Die Kreisfrequenz der Modulation sei ω_0 $(\omega_0 \ll \omega)$.

Während es sich im vorigen Kapitel um eine reine Spitzengleichrichtung zur Erfassung der höchsten Erhebung der Spannungskurven handelte, sollen jetzt die einzelnen Scheitelwerte der modulierten Sinusspannung individuell erfaßt werden. Mit anderen Worten, die Modulation soll erhalten bleiben, sie soll, wie beispielsweise bei der Demodulation, unverzerrt herausgesiebt werden können. Dies bedingt, daß zwar nach wie vor $R_i \ll R_a$ sein muß, aber die Zeitkonstanten $t_i = R_i C$ und $t_a = R_a C$ nicht beliebig groß sein dürfen. Die Folgen einer solchen Nichtbeachtung sind in Abb. 39 deutlich gemacht. Die rechts gezeichnete idealisierte „Gleichspannungskurve" ist indessen nur bei $R_i = 0$ erzielbar. Die wirkliche Ausgangsspannung an R_a ist hinsichtlich der Größe der Modulation vermindert; wie Abb. 40 deutlich macht, taucht die Spannung beständig mehr oder weniger ins Negative ein. Es ist die für Spannungen konstanter Amplitude vielfältig diskutierte Erscheinung, die hier nur deshalb bedeutungsvoller ist, weil sie eine Veränderung der

Modulation, die sog. Kompression, hervorruft und weil die früher nützliche Maßnahme, C möglichst groß zu machen, nur noch begrenzt zulässig ist.

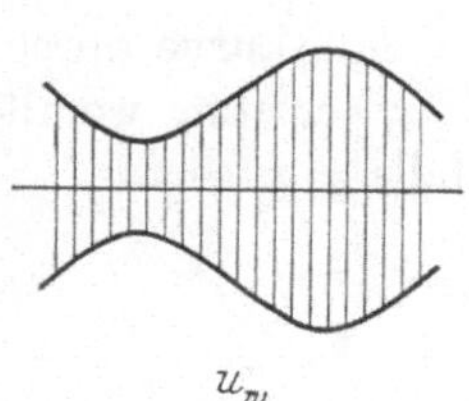

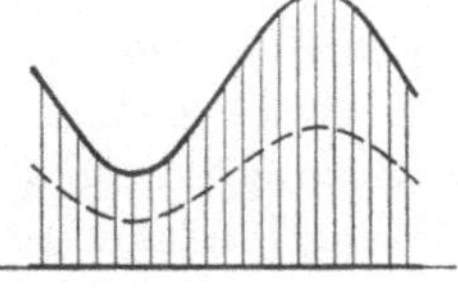

Abb. 39. Einfluß der Zeitkonstanten t_i, t_a auf die Gleichrichtung (Rückmodelung) amplitudenmodulierter Sinusspannungen

Weil auch hierüber in der Literatur wenig angegeben ist, soll die Erscheinung rechnerisch untersucht werden. Hierzu soll Abb. 41 den Ausgang unserer Überlegungen bilden. Unter a) ist die modulierte Sinusspannung u_w in einem kleinen Ausschnitt wiedergegeben, ist die Kondensatorspannung, die nicht mehr konstant ist, sondern „eigentlich" die Modulationsspannung $U(x)$ darstellen müßte. In Wirklichkeit verläuft sie etwa so wie dargestellt. Wie man bemerken wird, haben wir die Kondensatorspannung der angenehmeren Darstellung wegen positiv genommen, was in den obigen Schaltbildern einer umgepolten Diode entspricht.

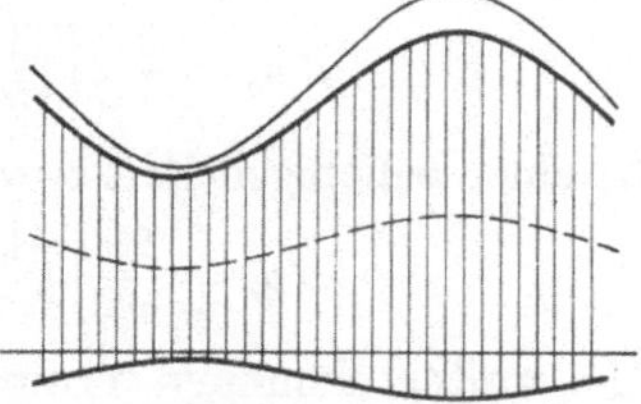

Abb. 40. Wirklicher Verlauf der gleichgerichteten modulierten Wechselspannung bei richtig gewählten Zeitkonstanten

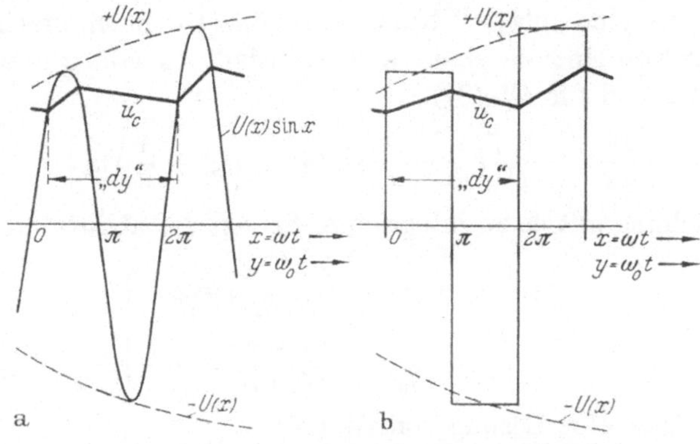

Abb. 41 a u. b. Zur Berechnung der Gleichrichtung amplitudenmodulierter Sinusspannungen

Wir haben in jeder Periode 2π der modulierten Sinusspannung $u_w = U(x)\sin x$ die innerhalb $x = 0$ bis π gelegene Stromflußdauer des

Diodenstromes i_d und die danach kommende Sperrdauer, in der über R_a vermöge des Stromes i_a eine teilweise Entladung des Kondensators stattfindet, zu unterscheiden. Da die Abhängigkeit der Stromflußdauer von der Höhe von u_c und von $U(x)$ die Rechnung unnötig verkomplizieren würde, denken wir uns gemäß Abb. 41b die Sinuskurve durch eine Rechteckkurve gleichen Amplitudenganges $U(x)$ ersetzt, womit die Stromflußdauer $=\pi$ und die Sperrdauer gleichfalls $=\pi$ wird.

Dann haben wir anzunehmen

$$\text{für } x = 0 \text{ bis } \pi \quad \frac{du_c}{dx} = \frac{U(0) - u_c}{\omega R_i C},$$

$$\text{für } x = \pi \text{ bis } 2\pi \quad \frac{du_c}{dx} = \frac{U(\pi) - u_c}{\omega R_a C}.$$

Nehmen wir den Unterschied zwischen $U(0)$ und $U(\pi)$ als klein gegen $U(0)$ und gleichermaßen den Einfluß der Veränderlichkeit von u_c auf du_c/dx als verschwindend an, so können wir die Gesamtänderung Δu_c im Intervall $(0, 2\pi)$ schreiben

$$\Delta u_c = \frac{2\pi}{\omega C}\left[\left(\frac{1}{R_i} - \frac{1}{R_a}\right) U(0) - \left(\frac{1}{R_i} + \frac{1}{R_a}\right) u_c\right].$$

In einer beliebigen Zeit x wäre entsprechend

$$\Delta u_c = \frac{2\pi}{\omega C}\left[\left(\frac{1}{R_i} - \frac{1}{R_a}\right) U(x) - \left(\frac{1}{R_i} + \frac{1}{R_a}\right) u_c\right]. \tag{89}$$

Um weiterzukommen, erinnern wir uns an die Bedingung $\omega \gg \omega_0$ und rechnen fortan anstelle mit der normierten Zeit $x = \omega t = 2\pi f t$ mit der normierten Zeit $y = \omega_0 t = 2\pi f_0 t$. Für diese Zeit ist 2π die Periodendauer der Modulation, und in ihrem Maßstab ist die obige Periode 2π der Spannungsfunktion $\sin x$ klein gegen die in y gemessene Periode 2π der Modulation $U(y)$. Indem wir schließlich die Zickzackkurve von u_c in Abb. 41 durch eine „glatte" Kurve angenähert denken, machen wir die Periode 2π von $\sin x$ zu einem „Differential" dy von y und schreiben dementsprechend für Gl. (89)

$$\frac{du_c}{dy} = \frac{1}{\omega C}\left[\left(\frac{1}{R_i} - \frac{1}{R_a}\right) U(y) - \left(\frac{1}{R_i} + \frac{1}{R_a}\right) u_c\right]. \tag{90}$$

Diese Gleichung gilt es zu integrieren. Setzen wir abkürzend

$$\left.\begin{aligned} \frac{1}{\omega C}\left(\frac{1}{R_i} - \frac{1}{R_a}\right) &= \frac{R_a - R_i}{\omega R_i R_a C} = a, \\ \frac{1}{\omega C}\left(\frac{1}{R_i} + \frac{1}{R_a}\right) &= \frac{R_a + R_i}{\omega R_i R_a C} = b, \end{aligned}\right\} \tag{90a}$$

so ist die allgemeine Lösung von Gl. (90)

$$u_c = e^{-by}\left(\int a\, e^{by}\, U(y)\, dy + C\right), \tag{91}$$

worin C eine Konstante vorstellt, die aus der Anfangsbedingung für u_c bzw. aus der Periodizitätsbedingung $u_c(y) = u_c(y + 2\pi)$ bestimmt ist.

Wir wollen beispielsweise eine sinusförmig modulierte Spannung $u_w = U(y) \sin x$ gemäß

$$U(y) = U_0 (1 + m \sin y) \tag{92}$$

annehmen und die sich dafür einstellende Spannung u_c bzw. $u_a = R_a i_a$ berechnen. Genauer ausgedrückt, wollen wir die Amplitudenkurve bzw. die beiden Einhüllenden von u_a ermitteln. m ist der Modulationsgrad ($m < 1$). Die Differentialgleichung (90) lautet somit

$$\frac{d u_c}{d y} = a U_0 (1 + m \sin y) - b u_c .$$

Sie hat die Lösung

$$u_c = \frac{a}{b} U_0 (1 + m \cos\psi \sin(y - \psi)), \qquad \operatorname{tg}\psi = \frac{1}{b} .$$

oder nach Einsetzen von a und b nach Gl. (90a)

$$u_c = \frac{R_a - R_i}{R_a + R_i} U_0 (1 + m \cos\psi \sin(y - \psi)), \qquad \operatorname{tg}\psi = \frac{R_i R_a}{R_i + R_a} \omega C . \tag{93}$$

Die Ausgangsspannung $u_a = R_a i_a$ ist $= u_w - u_c$. Uns interessiert jedoch nicht diese Spannung, sondern ihre Einhüllenden, die wir

$$\left. \begin{aligned} U_{a\max} &= -u_c - U(y), \\ U_{a\min} &= -u_c + U(y) \end{aligned} \right\} \tag{94}$$

nennen wollen. Die Abweichung von u_c von $U(y)$ kennzeichnet die Kompression der Modulation im Ausgang. Wäre diese Null, so wäre $U_{a\max} = -2U(y)$; der sich nach Aussiebung ergebende Mittelwert der Ausgangsspannung wäre also die Modulation $U(y)$ selbst. So erhält man aber eine in Abb. 42 dargestellte Spannung, deren im Negativen liegende Amplitudenkurve absolut kleinere Werte als $-U(y)$ aufweist und deren im Positiven liegende Amplitudenkurve eben die Verminderung der Modulation vorstellt. (Bei anderer Polung der Diode sind alle Spannungen umgekehrt.)

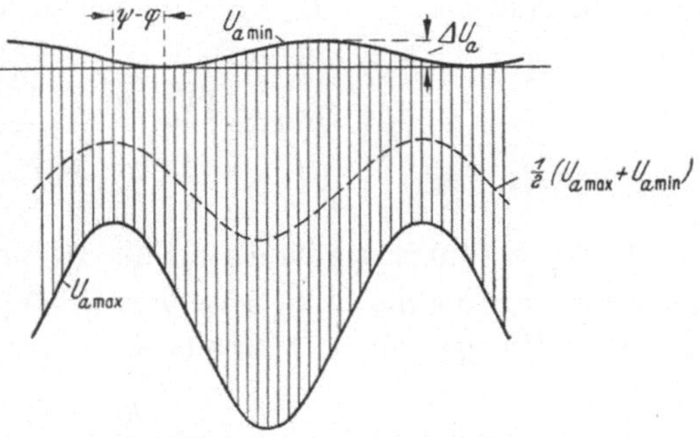

Abb. 42. Ergebnis der Berechnung der Gleichrichtung der sinusförmig modulierten Sinusspannung

Die Bedingung, daß aber wenigstens angenähert die Funktion $U_{a\max}$ der Modulation $U(y)$ entspricht, ist gleichbedeutend mit der Forderung, daß $U_{a\min} \geqq 0$ bleibt. Sonst würde ein „Abreißen" der unteren Begrenzungskurve von der Nullinie stattfinden. Um die Bedingung hierfür festzustellen, ist die Funktion $U_{a\,\min} = U(y) - u_c$ unter Berücksichtigung von Gln. (92) und (93) zu berechnen. Man findet nach einiger Rechnung, sofern man $(R_a - R_i)/(R_a + R_i) \approx 1 - 2\,R_i/R_a$ setzt,

$$U_{a\,\min} = 2\frac{R_i}{R_a}\,U_0(1 + m\cos\psi\sin(y-\psi) + m\,U_0\sin\psi\cos(y-\psi)). \quad (95)$$

Wir nennen diese Funktion, die ja gleichzeitig der Verminderung der Ausgangsmodulation gegenüber der Eingangsmodulation, d. h. den sog. „Kompressionseffekt" der Modulation darstellt, fortan Δu_a. Sie besteht aus dem konstanten Bestandteil $2\,U_0\,R_i/R_a$, dem wir bereits unter Gl. (87b) bei der Gleichrichtung einer Rechteckspannung konstanter Amplitude begegnet sind, und einer überlagerten Sinusspannung

$$m\,U_0\left(2\frac{R_i}{R_a}\cos\psi\sin(y-\psi) + \sin\psi\cos(y-\psi)\right).$$

Der Klammerausdruck läßt sich zu einer einzigen Sinusfunktion zusammenziehen. Tut man dies, so erhält man schließlich

$$\left.\begin{aligned}\frac{\Delta u_a}{U_0} &= 2\frac{R_i}{R_a} + m\sqrt{4\frac{R_i^2}{R_a^2}\cos^2\psi + \sin^2\psi}\;\sin(y-\psi+\varphi),\\ \operatorname{tg}\psi &= \frac{R_i\,\omega C}{1+\frac{R_i}{R_a}},\quad \operatorname{tg}\varphi = \frac{R_a}{2\,R_i}\operatorname{tg}\psi = \frac{R_a\,\omega C}{2\left(1+\frac{R_i}{R_a}\right)}.\end{aligned}\right\} \quad (96)$$

Die obige Bedingung für das „Nichtabreißen" der Ausgangsspannungskurve läuft darauf hinaus, daß $\Delta u_a > 0$ bleibt. Die Amplitude der Sinusfunktion muß also $\leqq 2\,R_i/R_a$ sein, was zu der Vorschrift

$$\sin\psi \leqq \frac{\sqrt{1-m^2}}{m}\;\frac{2\frac{R_i}{R_a}}{\sqrt{1-4\frac{R_i^2}{R_a^2}}} \quad (97)$$

führt. Für $m = 0$ ist sie immer erfüllt, für $m = 1$ ist sie nicht erfüllbar. Schreibt man für die linke Seite von Gl. (97) $\operatorname{tg}\psi/\sqrt{1+\operatorname{tg}^2\psi}$ und setzt den Wert für $\operatorname{tg}\psi$ ein, so wird aus Gl. (97) eine Beziehung

$$R_a\,\omega C\,\frac{\sqrt{1-4\frac{R_i^2}{R_a^2}}}{2\sqrt{\left(1+\frac{R_i}{R_a}\right)^2 + R_i^2\,\omega^2 C^2}} \leqq \frac{\sqrt{1-m^2}}{m}, \quad (97\,\text{a})$$

die für kleine R_i-Werte ($R_i \ll R_a$ und $R_i\,\omega C \ll 1$) in

$$\frac{R_a\,\omega C}{2\left(1+\frac{R_i}{R_a}\right)} \leqq \frac{\sqrt{1-m^2}}{m} \quad (97\,\text{b})$$

übergeht.

Ist in Gl. (97) bzw. in den gleichwertigen Beziehungen das =-Zeichen erfüllt, wird die Gleichung (96) einfach, da der Faktor von sin gleich $2R_i/R_a$ ist. Für diesen Fall wollen wir die Ausgangsspannung u_a an R_a vollständig hinschreiben, sie wird

$$\left.\begin{aligned} u_a &= -U_0(1+m\sin y)(1-\sin x)+\\ &\quad + U_0 2\frac{R_i}{R_a}(1+\sin(y-\psi+\varphi)),\\ x &= \omega t, \qquad y=\omega_0 t. \end{aligned}\right\} \tag{98}$$

Bei Umpolung der Diode kehren sich die beiden vorderen Vorzeichen um. Bei nachfolgender Gleichrichtung („HF-Aussiebung") erscheint eine Modulationsspannung, die sich aus Gl. (98) durch Fortlassen der Funktion $\sin x$ ergibt. Der Kompressionseffekt ist $\Delta U_a = U_0\, 2R_i/R_a$. Die Schwankungsfunktion, deren Höchstwert eben diese Kompression ist, hat zu der Modulationsfunktion $m\sin y$ die Phasenverschiebung $\psi - \varphi$.

Mit Rücksicht darauf, daß wir den Kompressionseffekt für die rechteckförmige Ersatzkurve anstelle der Sinuskurve erhalten haben, müssen wir annehmen, daß der Effekt in Wirklichkeit noch größer zu veranschlagen ist.

21. Anwendung auf die Theorie der Schwarzsteuerung des Fernsehbildsignals. Die Ergebnisse des vorigen Kapitels gestatten unmittelbar die Anwendung auf ein Problem, dessen Behandlung eigentlich den Rahmen dieses Buches überschreitet. Da wir jedoch ohnedies nach den immerhin etwas speziell zugeschnittenen Gleichrichtungsaufgaben der beiden vorangegangenen Kapitel noch allgemeinere Auskünfte schuldig sind, sollen die folgenden Überlegungen an dem anschaulichsten und wichtigsten Beispiel deutlich gemacht werden, nämlich der selbsttätigen „Schwarzsteuerung" eines Fernsehbildsignals. Hier ist der vorhin behandelte Kompressionseffekt besonders augenfällig. Auch bei der Schwarzsteuerung handelt es sich, soweit sie hier behandelt ist, um eine Spitzenspannungsmessung, sie gibt uns insbesondere Anlaß, das dynamische Verhalten der Gleichrichterschaltung zu diskutieren.

Unter der Schwarzsteuerung versteht man in der Fernsehtechnik die selbsttätige Wiederherstellung des „Gleichstrommittelwertes" des Bildsignals am Ende des Videoverstärkers. Der Bildinhalt einer Fernsehsendung wird entsprechend der europäischen Fernsehnorm dem Bildträger zusammen mit den Gleichlaufimpulsen als Amplitudenmodulation aufgeprägt. Ohne auf weitere Einzelheiten, die hier ohne Interesse sind, einzugehen, geben wir in Abb. 43 das Oszillogramm dieser Modulation über zwei aufeinanderfolgende Zeilen wieder. Die Gleichlaufimpulse steuern den Träger bis auf den Maximalwert 100% (Synchronisierpegel) aus. Die zwischen je zwei Zeilenimpulsen, deren Breite 9% der Zeilendauer ausmacht, verlaufende Bildmodulation hat ihren Weißwert (Weißpegel) bei 10% und ihren Schwarzwert (Schwarzpegel) bei 75% der Maximalaussteuerung. Die Bildmodulation setzt jedoch nicht unmittelbar am Ende eines Zeilenimpulses ein, sondern erst am Ende des zugehörigen Austastimpulses des Zeilenrücklaufes. Dazwischen liegt die sog. Schwarzschulter mit der Breite von 8% der Zeilendauer. Sehen wir von diesen Feinheiten ab und nehmen wir einen je Zeile völlig gleichförmigen Bildinhalt an, der zwischen Weiß und Schwarz alle Abschattierungen lang-

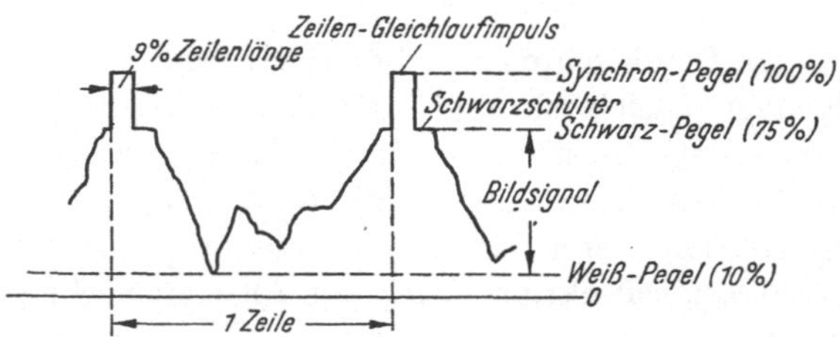

Abb. 43. Ausschnitt aus dem Videosignal (Gemisch von Bildsignal und Gleichlaufimpulsen, sog. Einkanalgemisch), im Zeitbereich einer Zeile, nach der europäischen Fernsehnorm (625 Zeilen je Bildwechsel mit 25 Bildwechsel bzw. 50 Teilbildwechsel je sek)

sam durchläuft, so haben wir es mit einer Rechteckspannung mit veränderlicher Amplitude zu tun, wie Abb. 44 andeutet. Wir haben es also mit einer ähnlichen amplitudenmodulierten „Rechteckspannung" zu tun, wie wir sie ersatzweise in Abb. 41 und 42 zur Beschreibung der Demodulation einer amplitudenmodulierten Sinusspannung angenommen haben, wobei dort die Modulation als periodisch vorausgesetzt wurde.

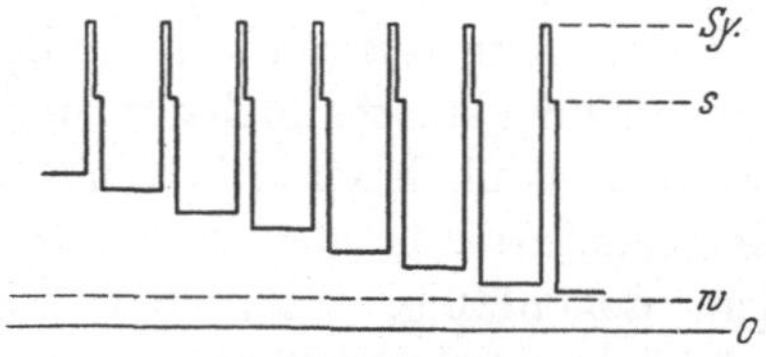

Abb. 44. Oszillogramm des Videosignals bei von Zeile zu Zeile zunehmender Bildhelligkeit

Hier ist die Spannung tatsächlich rechteckförmig, die Modulation verläuft, wenn auch innerhalb jeder Zeile konstant, mit gegen die Zeilenfrequenz langsamer Veränderung willkürlich. Wir können jedoch zur rohen Beschreibung die frühere Rechnung, d. h. Gl. (91), oder gegebenen Falles die folgenden anwenden. Wir müssen nur berücksichtigen, daß hier Aufladezeit und Entladezeit des Kondensators nicht mehr gleich sind, sondern etwa das „Tastverhältnis" 1 : 10 haben, wobei die Zeilendauer 64 μs beträgt.

Ohne eine Schwarzsteuerung würde sich an jedem zweiten Röhrensteuergitter des Videoverstärkers das Fernsehsignal im eingeschwungenen Zustand so einstellen, daß die Spannung Null nicht der wirklichen Nulllinie nach Abb. 43, sondern etwa dem arithmetischen Mittelwert des Signals entspricht. Dies ist in Abb. 45a für den Fall einer konstanten

Bildhelligkeit angedeutet. Die Aufgabe der Schwarzsteuerung ist es, diese Spannung, die einen falschen Helligkeitswert vermitteln würde, in die unter b gezeichnete Spannung zu überführen. Es soll vorweggenommen werden, daß dieses Ziel einwandfrei nur bei der „getasteten Schwarzsteuerung", die eine Nivellierung der vorhin erwähnten Schwarzschulter bewirkt, erreicht wird. Sie wird auf der Senderseite auch angewendet, worauf einzugehen wir keinen Anlaß haben. Zum Unterschied hiervon wirkt die auf der Spitzengleichrichtung beruhende Schwarzsteuerung,

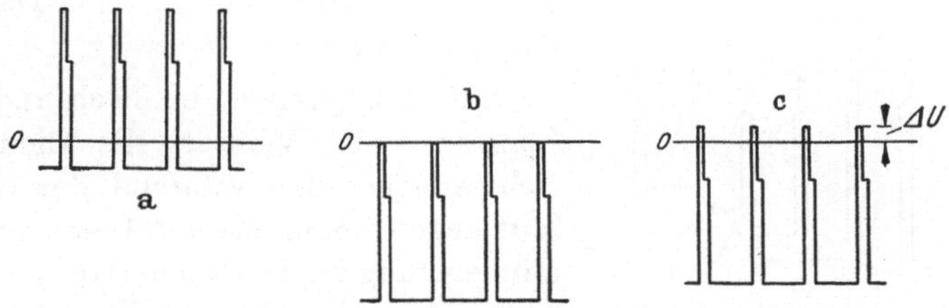

Abb. 45a—c. Erläuterung der Schwarzsteuerung eines Videosignals mit konstanter Bildhelligkeit. a ohne Gleichspannungskomponente, b bei idealer, c bei wirklicher Schwarzsteuerung

wie sie beispielsweise bei Empfängern angewendet wird, auf der Nivellierung des Synchronpegels. Hiervon soll jetzt die Rede sein.

Infolge der Wechselstrombedingung des Kondensators der Gleichrichtungsanordnung, die in Abb. 46 im Anschluß eines angedeuteten Verstärkers noch einmal wiedergegeben ist, taucht indessen der Synchronpegel in der in Abb. 45c gezeigten Weise etwas ins Positive ein.

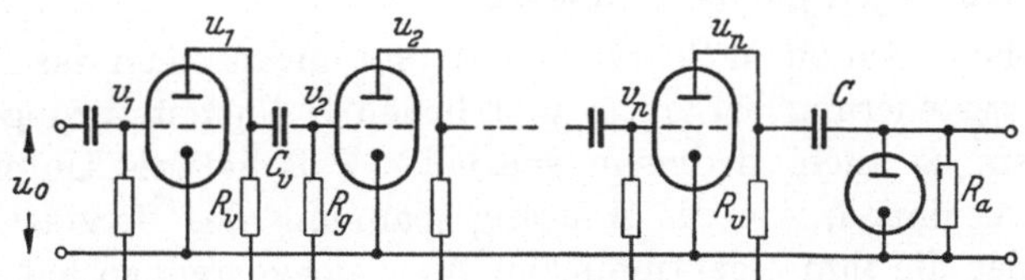

Abb. 46. Mehrstufiger Videoverstärker mit einseitiger Schwarzsteuerung

Es entsteht eine Spannungsverschiebung ΔU_a, die offenbar wieder von R_i/R_a bestimmt ist und die wir sofort hinschreiben können. Wenden wir beispielsweise Gl. (87c) an, mit $h = 0{,}1$ und mit Bezeichnung des Spannungswertes der Bildmodulation mit U, so wird

$$\Delta U_a = 10\,U\,\frac{R_i}{R_a}\,. \tag{99}$$

Ist die Bildhelligkeit und mit ihr U, verglichen mit der Zeilenfrequenz, langsam veränderlich, so ändert sich ΔU_a gleichermaßen. Somit entsteht, wie Abb. 47 deutlich macht, eine Modulation des Schwarzpegels und eine Veränderung aller übrigen Helligkeitswerte, eben die Erscheinung, die man als Kompressionseffekt bezeichnet. Um diesen klein zu machen, muß die Kleinheit von R_i/R_a angestrebt werden. Dies ist u. a. durch Verbindung des Diodengleichrichters mit einem Kathodenverstärker etwa nach Schaltung Abb. 36b möglich.

Bei raschen Veränderungen der Bildhelligkeit ist indessen das dynamische Verhalten von Verstärker und Schwarzsteuerungsstufe von Bedeutung. Damit wird die Frage nach der Größe des Kondensators C, die im vorigen Kapitel anläßlich der Behandlung modulierter Wechselspannungen diskutiert worden ist, wieder interessant.

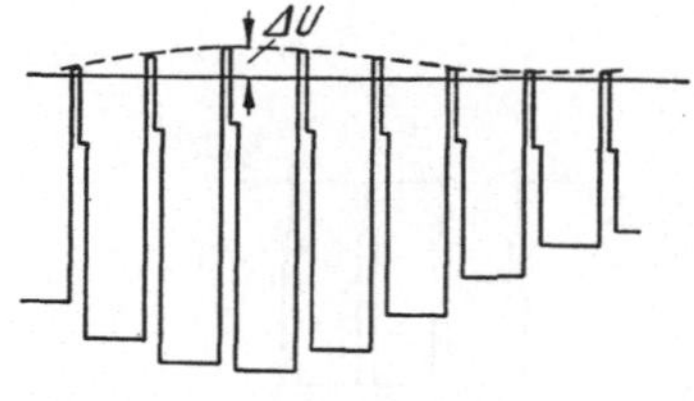

Abb. 47. Kompressionseffekt der Schwarzsteuerung bei langsam veränderlicher Bildhelligkeit

Bei Übergängen in Richtung von Schwarz nach Weiß ist die Diode der Schwarzsteuerung während der Gleichlauflücken immer stromführend und die Einpegelung des Schwarzwertes in jedem Falle sichergestellt. Bei Übergängen in der anderen Richtung von Weiß nach Schwarz hingegen ist es eine Frage der Entlade-Zeitkonstanten $R_a C$ des Kondensators, ob bei der gegebenen Änderungsgeschwindigkeit der Bildhelligkeit die Schwarzsteuerung ohne „Abreißen" zu folgen vermag. In diesem Sinne spricht man deshalb von einer „einseitigen Schwarzsteuerung". Es kommt also nicht nur auf den Wert von R_i/R_a, sondern auch auf die Größe der Kapazität C an, wie wir dies unter Gl. (97) auch bei der Gleichrichtung modulierter Wechselspannungen gefunden hatten.

Wir gehen noch einen Schritt weiter und untersuchen das Verhalten der Schwarzsteuerung bei einem plötzlichen Helligkeitssprung. Wie im allgemeinen, so auch in diesem speziellen Fall hat die Untersuchung damit zu beginnen, wie die Ausgangsspannung des Verstärkers nach Abb. 46, der die ihm eigentümlichen Ausgleichsvorgänge hat, tatsächlich aussieht. Es ist also erst die Ausgangsspannung eines n-stufigen Widerstandsverstärkers (n = gerade) mit der Eingangsspannung $u_0(t)$ anzugeben. Für die vorliegende Aufgabe ist $u_0(t)$ ein Schaltstoß oder Spannungssprung beispielsweise von $u_0 = 0$ auf $u_0 = U = \text{const}$. Mit Rücksicht hierauf wird dies vorliegende Problem meist mittels der Operatorenrechnung bzw. mit der Laplace-Transformation gelöst.

Wir deuten das hier kurz an, geben aber anschließend eine andere Lösung, die durchsichtiger und außerdem allgemeiner, nämlich für beliebige Spannung $u_0(t)$ zugeschnitten ist.

Sind alle Verstärkerstufen gleich, und sind die Kopplungsvierpole wie in Abb. 48 dargestellt, wobei $R_g \gg R_v$ angenommen ist, so gilt für den k-ten Vierpol, wenn u_{k-1} seine Eingangs- und v_k seine Ausgangsspannung bedeutet ($k = 1, \ldots, n$),

$$\frac{v_k}{R_g} = C_v \frac{d}{dt}(u_{k-1} - v_k) \quad \text{und} \quad u_k = -S R_v v_k .$$

Durch die zweite Beziehung ist die dem $k-1$-ten Kopplungsglied folgende Spannungsverstärkung ausgedrückt, wobei der Durchgriff der Verstärkerröhre vernachlässigt ist. Bedeutet

$$\alpha = 1/R_g C_v, \qquad \beta = -S R_v, \tag{100}$$

so lassen sich die obigen Gleichungen zusammenziehen in

$$\frac{du_k}{dt} + \alpha u_k = \beta \frac{du_{k-1}}{dt} . \tag{100a}$$

Hieraus leiten wir zunächst die Operatorgleichung im Unterbereich

$$u_k = \beta \frac{p}{p+\alpha} u_{k-1}$$

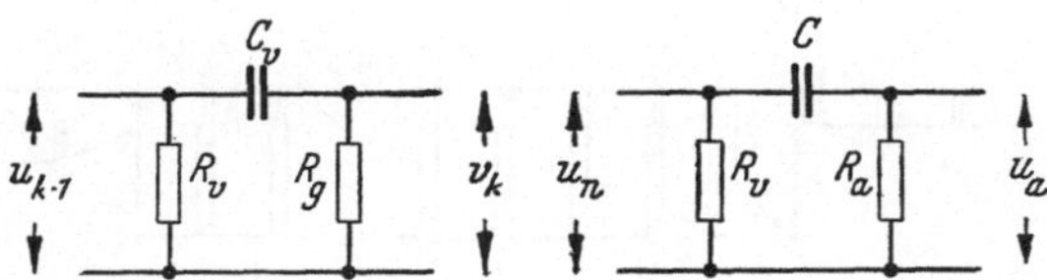

Abb. 48. Kopplungsvierpole des Widerstandsverstärkers und der Schwarzsteuerung bei stromloser Diode

ab. Nach schrittweisem Einsetzen von $k = 1, 2, \ldots, n$ folgert man daraus für u_n als Funktion von u_0

$$u_n = \beta^n \left(\frac{p}{p+\alpha}\right)^n u_0 .$$

Für den vorliegenden Spannungsstoß bei $t = 0$ ist $u_0 = U$ zu setzen, und damit entspricht der obigen Beziehung die Funktion[1]

$$u_n = \beta^n U e^{-\alpha t} L_{n-1}(\alpha t) \quad \text{mit} \quad L_n(x) = \frac{e^x}{n!} \frac{d^n}{dx^n}(x^n e^{-x}) \tag{101}$$

im Oberbereich, worin $L_n(x)$ das sog. LAGUERREsche Polynom bedeutet. Die Ausrechnung der Differentiation entsprechend den Stufen eines 4-stufigen Verstärkers ergibt beispielsweise

$$\left.\begin{aligned} u_1 &= \beta U e^{-\alpha t}, \\ u_2 &= \beta^2 U (1 - \alpha t) e^{-\alpha t}, \\ u_3 &= \beta^3 U \left(1 - 2\alpha t + \frac{\alpha^2 t^2}{2}\right) e^{-\alpha t}, \\ u_4 &= \beta^4 U \left(1 - 3\alpha t + \frac{3}{2}\alpha^2 t^2 - \frac{1}{6}\alpha^3 t^3\right) e^{-\alpha t}. \end{aligned}\right\} \tag{102}$$

[1] Vgl. K. W. WAGNER: Operatorenrechnung, S. 135. Leipzig: Joh. Ambr. Barth 1940.

Entspricht $u_0 = 0$ dem Schwarzwert und $u_0 = U$ dem Weißwert, abgesehen vom Vorzeichen, so beschreibt u_4 die Einhüllende des Videosignals am Eingang der Schwarzsteuerungsstufe, wie Abb. 49a für den Sprung von Schwarz auf Weiß deutlich macht. Entsprechend gilt Abb. 49b für den Sprung von Weiß auf Schwarz.

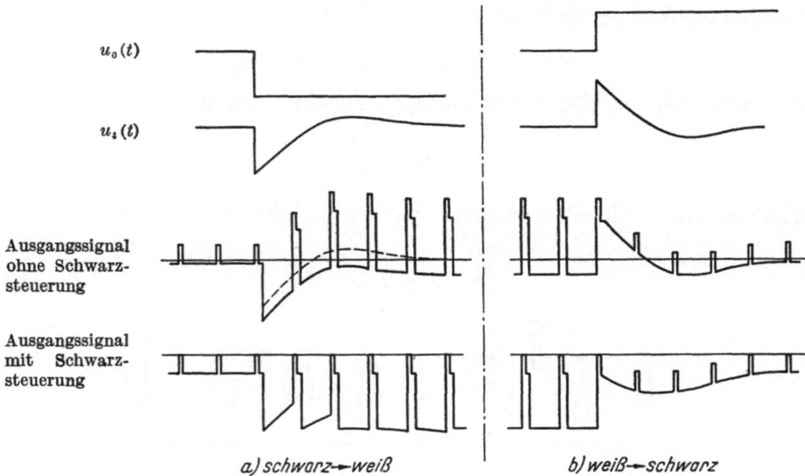

Abb. 49 a u. b. Wirkungsweise der Schwarzsteuerung bei einem Helligkeitssprung (mit übertrieben großen Zeilenlängen gezeichnet), nach R. URTEL, zit. S. 70

Bevor wir auf das dynamische Verhalten der Schwarzsteuerung unter diesen Verhältnissen eingehen, wollen wir anstelle der Lösung Gl. (101) die angekündigte direkte, zum Ziel führende und für beliebige Eingangsspannung gültige Lösung angeben.

Hierzu schreiben wir die Gln. (100a) der Reihe nach

$$\frac{du_1}{dt} + \alpha u_1 = \beta \frac{du_0}{dt},$$
$$\frac{du_2}{dt} + \alpha u_2 = \beta \frac{du_1}{dt},$$
$$\cdots\cdots\cdots$$
$$\frac{du_n}{dt} + \alpha u_n = \beta \frac{du_{n-1}}{dt}.$$

Multipliziert man diese Gleichungen der Reihe nach mit $\beta^{n-1}, \beta^{n-2}, \ldots, 1$ und addiert sie seitenweise, so entsteht

$$\frac{du_n}{dt} + \alpha(\beta^{n-1} u_1 + \beta^{n-2} u_2 + \cdots + u_n) = \frac{du_0}{dt}.$$

Führt man darin

$$u_k = e^{-\alpha t} y_k, \qquad \frac{du_k}{dt} = e^{-\alpha t}\left(-\alpha y_k + \frac{dy_k}{dt}\right)$$

ein, worin y_k neue Funktionen von t bedeuten, so wird aus obiger Gleichung die folgende

$$\frac{d y_n}{d t} + \alpha \left(\beta^{n-1} y_1 + \beta^{n-2} y_2 + \cdots + \beta\, y_{n-1}\right) = \beta^n e^{\alpha t} \frac{d u_0}{d t}\,.$$

Hierin kommt die y_n-Funktion nur noch in ihrer ersten Ableitung vor. Infolgedessen läßt sich die Gleichung direkt integrieren. Geht man schließlich noch auf die ursprünglichen Variablen u_k über, so entsteht

$$u_n = \beta^n e^{-\alpha t} \int_0^t e^{\alpha t} \frac{d u_0}{d t}\, d t -$$

$$- \alpha\, e^{-\alpha t} \int_0^t \left(\beta^{n-1} u_1 + \beta^{n-2} u_2 + \cdots + \beta\, u_{n-1}\right) d t + C_n e^{-\alpha t}, \qquad (103)$$

worin das zweite Integral erst von $n > 1$ existiert und C_n Integrationskonstanten sind, die sich aus den Anfangsbedingungen der u_k ergeben. Die Gl. (103) ist eine Rekursionsformel, die für beliebige $u_0(t)$ mit u_1 beginnend alle u_k von $k = 1, \ldots, n$ zu berechnen gestattet.

Für das vorliegende Beispiel des Spannungsstoßes $u_0 = 0, U$ ist $d u_0/d t = 0$ zu nehmen und

$$C_k = \beta^k U, \qquad k = 1, \ldots, n, \qquad (103\,\mathrm{a})$$

womit sich dann genau die Gln. (102) ergeben. Die in erster Linie interessierende Anfangssteilheit des Spannungsverlaufes u_n ergibt sich aus der obigen Differentialgleichung mit $u_{k(t=0)} = C_k = \beta^k U$ (für $k = 1, \ldots, n$) unmittelbar zu

$$\frac{d u_n}{d t_{(t-0)}} = - n\, \alpha\, \beta^n U = - \frac{n}{R_g C_v} (- S R_v)^n U\,. \qquad (104)$$

Der Verstärker antwortet also auf den eingangsseitigen Spannungsstoß mit einem Ausgleichsvorgang, dessen Anfangstangente in der n-ten Stufe durch Gl. (104) gegeben ist. Die Tatsache, daß dieser Wert nicht unendlich ist, gibt der Schwarzsteuerung die Chance, bei passendem C mit dem Vorgang ohne „Abreißen“ fertig zu werden. Die Bedingung hierfür lautet, daß die Ausgangsspannung u_a der Schwarzsteuerungsstufe mit waagerechter Anfangstangente einsetzen muß, nach dem Schema Abb. 48 rechts also

$$\frac{d u_a}{d t} = \left(\frac{d u_n}{d t} - \frac{1}{R_a C} u_a\right)_{t=0} = 0,$$

woraus mit Gl. (104) und $u_{a(t=0)} = \beta^n U$ die Beziehung $n\,\alpha = 1/R_a C$ oder

$$R_g C_v = n\, R_a C \qquad (105)$$

hervorgeht. Dies ist eine Vorschrift für die Kopplungszeitkonstanten des Verstärkers. Die Zeitkonstante $R_a C$ der Schwarzsteuerung ist außer der Bedingung für R_i/R_a dadurch festgelegt, daß der Helligkeitsabfall längs einer Zeile nicht zu groß wird.

Um zu dem eigentlichen Videosignal zurückzukehren, sei bemerkt, daß man sich unter den Spannungen u_0 und u_n die Gleichspannungskomponente (bzw. Schwerpunktskurve) des Signals vorzustellen hat. Der ganze Vorgang eines Helligkeitssprunges von Schwarz nach Weiß und umgekehrt wird durch die Kurvendarstellung Abb. 49 deutlich gemacht. Bezüglich weiterer Einzelheiten oder Schlußfolgerungen verweisen wir auf das einschlägige Schrifttum[1].

III. Kathodenverstärkerschaltungen zur Gleichspannungsmessung

22. Die Kompensierung der Kathodenruhespannung, die Grundschaltung. Die im ersten Abschnitt aufgeführten und untersuchten besonderen Eigenschaften des Kathodenverstärkers führten, wie bereits gesagt, schon in den dreißiger Jahren zu seiner Anwendung auch in der Meßtechnik, in erster Linie zur Gleichspannungsmessung. Seine Vorzüge, wie die eingangsseitige Hochohmigkeit und die hohe Linearität der Spannungsübersetzung, die von Steilheitsänderungen der Verstärkerröhre weitgehend unabhängig ist, sind so hervorstechend, daß man das Spannungsübersetzungsverhältnis < 1 durchaus in Kauf nimmt. Nur ist dazu eine weitere Bedingung zu erfüllen, die bisher in der allgemeinen Theorie beiseite geblieben ist. Es ist meist erwünscht, daß die Ausgangsspannung bei Eingangsspannung Null gleichfalls Null sein muß. Die Ausgangsspannung muß nicht nur eine lineare Funktion der Eingangsspannung, sondern ihr direkt proportional sein. Dies führt zu Schaltungsmaßnahmen zur Kompensierung der Kathodenruhespannung, d. h. zur Anwendung von Brückenschaltungen. Den einen Brückenzweig bildet die Verstärkerröhre und der Kathodenwiderstand, den anderen eine Spannungsteilerschaltung, beispielsweise aus zwei Widerständen, zur Herstellung der Kathodenruhespannung ist das anzeigende, genügend hochohmige Voltmeter angeschlossen.

Die so gebildete Grundschaltung eines Gleichspannungs-Röhrenvoltmeters mit Kathodenverstärker zeigt Abb. 50. Die der Kathoden-

---

[1] MÖLLER, R.: Schwarzsteuerung bei Niederfrequenzverstärkern. Fernsehen Bd. 6 (1935) S. 7. — F. BELOW: Schwarzsteuerung und Phasenlaufzeit. Hauszeitschrift der Fernseh-GmbH Bd. 2 (1940) S. 12. — J. SCHUNACK: Die Wiedergabe der mittleren Helligkeit eines Fernsehbildes bei Direktverstärkung. Arch. elektr. Übertragung Bd. 1 (1947) S. 127. — W. DILLENBURGER: Die Übertragung des Gleichstromwertes in Bildverstärkern. Funk u. Ton Bd. 5 (1951) S. 505. — R. UETEL: Die Gleichstromkomponente des Fernsehsignals. SEG-Nachrichten Bd. 1 (1953) S. 47.

ruhespannung U_{k0} entsprechende Hilfsspannung sei U_1, sie ist durch Spannungsteilung mittels der Widerstände R_1 und R_2 aus der Gleichspannung U des Netzgerätes der Anordnung gebildet. Das Drehspulvoltmeter V, das zwischen der Kathode und U_1 angeschlossen ist, soll den Eigenwiderstand R_v haben. Die Gittervorspannung $U_0 (U_0 < U_1)$ ist als Teilspannung von U_1 an dem Potentiometer ausgebildeten Widerstand R_1 abgegriffen. U_0 ist so eingestellt, daß $U_{k0} = U_1$, mithin $U_{k0} - U_1 = 0$ wird. Hierbei fließt der Kathodenruhestrom J_{k0}. Bei einer Eingangsspannung $U_e > 0$ steigt der Kathodenstrom um J_k und die Kathodenspannung um U_k. Damit erscheint eine Spannung am Voltmeter, die U_v heißen soll, wobei das Voltmeter von dem Strom $J_v = U_v/R_v$ durchflossen wird.

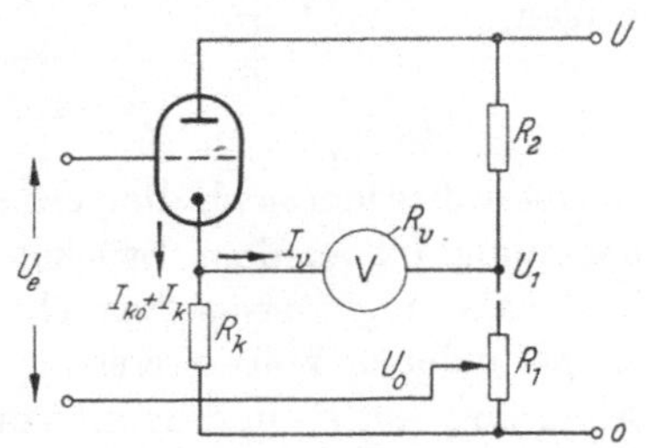

Abb. 50. Grundschaltung eines Gleichspannungs-Röhrenvoltmeters

Ist J_v klein gegen den Querstrom in $R_1 + R_2$, so ist die Spannung U_1 von der Eingangsspannung unabhängig, und es wird $U_k = U_v$. Unter dieser Voraussetzung soll jetzt das Übersetzungsverhältnis U_v/U_e berechnet werden. Indem wir eine ähnliche Überlegung durchführen wie für die Gln. (9), schreiben wir

$$\left.\begin{aligned} J_{k0} + J_k &= S(U_e + U_0 + DU - (1 + D)(U_{k0} + U_k)), \\ J_{k0} &= S(U_0 + DU - (1 + D)\, U_k), \end{aligned}\right\} \qquad (106)$$

woraus sofort

$$J_k = S(U_e - (1 + D)\, U_k) \qquad (106\,\text{a})$$

hervorgeht. Für U_k findet sich

$$U_k = R_k (J_k - J_v) = R_v J_v ,$$

woraus sich J_v eliminieren läßt. Damit ergibt die Rechnung

$$U_k = \frac{J_k}{\dfrac{1}{R_k} + \dfrac{1}{R_v}} = R_c J_k , \qquad (106\,\text{b})$$

worin R_c den Widerstandswert der Parallelschaltung von R_k und R_v vorstellt. Setzt man endlich Gl. (106b) in Gl. (106a) ein, so ergibt sich

$$J_k = \frac{U_e}{(1 + D)\, R_c + \dfrac{1}{S}} \qquad (107)$$

und damit für $U_v = U_k = R_c J_k$ ausführlich geschrieben und mit Verwendung von D bzw. $\mu = 1/D$ ausgedrückt,

$$\frac{U_v}{U_e} = \frac{1}{1 + D + \dfrac{1}{S}\left(\dfrac{1}{R_k} + \dfrac{1}{R_v}\right)} = \frac{\mu}{\mu + 1 + R_i \left(\dfrac{1}{R_k} + \dfrac{1}{R_v}\right)} . \qquad (108)$$

Dabei gilt voraussetzungsgemäß $U_{k0} = U_1$.

Hieraus geht zuerst hervor, daß U_v genau proportional zu U_e wird, sofern man S bzw. R_i wie üblich als in erster Näherung konstant ansieht, und weiter, daß U_v/U_e um so mehr verkleinert ist, je kleiner R_v ist.

Ist es nötig, den Innenwiderstand der Gleichspannungsquelle des Verstärkers, gedacht durch einen in der Anodenzuleitung liegenden Widerstand R_a, zu berücksichtigen, so erhält man statt Gl. (108), wie wir ohne Wiedergabe der leicht durchführbaren Rechnung hinschreiben wollen,

$$\frac{U_v}{U_e} = \frac{\mu}{\mu + 1 + (R_a + R_i)\left(\frac{1}{R_k} + \frac{1}{R_v}\right)}. \tag{109}$$

Ist außerdem noch die geringe Veränderlichkeit der Kompensationsspannung U_1 an dem Brückenzweig R_1, R_2 zu berücksichtigen, kann man näherungsweise so vorgehen, daß man den für eine feste Spannung U_1 gefundenen Voltmeterstrom J_v zugrunde legt und berechnet, welche Änderung von U_1 und damit von U_v dieser in den Brückenwiderständen hervorruft. Ist jedoch noch ein Innenwiderstand der Gleichstromquelle, gedacht als Vorwiderstand R_a in der Anodenzuleitung, in Betracht zu ziehen, so muß man den wirklichen Verhältnissen entsprechend bedenken, daß R_a für gewöhnlich gemeinsamer Vorwiderstand der Röhre und des Brückenzweiges $R_1 + R_2$ ist. Unter dieser Annahme wollen wir die Änderung von U_1 und damit die Verminderung von U_v/U_e berechnen.

Es sei U_1 die Spannung für $U_e = 0$ und U_1' die geänderte Spannung für $U_e > 0$. Im letzteren Falle fließt durch R_a der Strom $J_{k0} + J_k$ und der Querstrom J_q in $R_1 + R_2$, und in R_1 fließt insbesondere der Strom $J_q + J_v$. Somit ist

$$R_1(J_q + J_v) + R_2 J_q = U - R_a(J_{k0} + J_k + J_q).$$

Hieraus bestimmt sich J_q, und man findet

$$U_1' = \frac{R_1}{R_1 + R_2 + R_a}(U - R_a(J_{k0} + J_k)) + \frac{R_1(R_2 + R_a)}{R_1 + R_2 + R_a} J_v.$$

Für $U_e = 0$ ist $J_k = J_v = 0$, also

$$U_1 = \frac{R_1}{R_1 + R_2 + R_a}(U - R_a J_{k0}).$$

Somit beträgt die Änderung von U_1

$$\left.\begin{aligned} U_1' - U_1 &= \frac{R_1}{R_1 + R_2 + R_a}(R_a J_k + (R_2 + R_a) J_v) \\ &\approx \frac{R_1}{R_1 + R_2 + R_a}\left(\frac{R_a}{R_k} + \frac{R_2 + R_a}{R_v}\right) U_e. \end{aligned}\right\} \tag{110}$$

Um diesen Betrag vermindert sich die durch Gl. (109) gegebene Ausgangsspannung U_v. Hierzu tritt strenggenommen noch die dazu proportionale Änderung der Gittervorspannung U_0, die infolge ihres Abgriffes von R_1 eine Teilspannung von U_1' ist.

Abschließend diskutieren wir noch einen weiteren Punkt, der nicht weniger von Bedeutung ist, nämlich die Änderung der Nullpunktseinstellung bei eintretender Netzspannungsänderung, d. h. bei Änderung von U. Wir gehen von der ersten Gleichung von Gl. (106) aus, nehmen $U_e = 0$ und denken uns die Stromzunahme $J_k = \delta J_k$ und die Zunahme $U_k = \delta U_k = R_k \delta J_k$ durch die Zunahme der Spannung U um δU hervorgerufen. Dann ist, wenn wir berücksichtigen, daß $U_0 - (1 + D) U_{k0} = (k - (1 + D)) U_1$ ebenfalls durch $U + \delta U$ bestimmt ist, $(k = U_0/U_1 < 1)$

$$\begin{aligned} J_{k0} + \delta J_k &= S(U_0 - (1 + D) U_{k0} + D(U + \delta U) - (1 + D) \delta U_k) \\ &= S\left(D - (1 + D - k) \frac{R_1}{R_1 + R_2}\right)(U + \delta U) - (1 + D) S \delta U_k \\ &= J_{k0}\left(1 + \frac{\delta U}{U}\right) - (1 + D) S R_k \delta J_k \end{aligned}$$

und damit

$$\frac{\delta J_k}{J_{k0}} = \frac{1}{1 + (1 + D) S R_k} \frac{\delta U}{U}. \qquad (111)$$

Die relative Änderung des Kathodenstromes und damit die Nullpunktswanderung des Voltmeters ist danach um so kleiner, je höher der Kathodenwiderstand und um so größer die Steilheit der Röhre ist.

So liegen die Verhältnisse bei der vorliegenden „unsymmetrischen“ Brückenschaltung. Bei Herstellung der Hilfsspannungen U_0 und U_1 mittels einer weiteren, fest eingestellten Kathodenstufe, also bei Übergang auf zwei Verstärkerröhren in der „symmetrischen“ Brückenschaltung läßt sich die Nullpunktskonstanz weitgehend verbessern. Hierauf kommen wir bei der Besprechung weiterer Schaltungen noch zurück. Die Nullpunktskonstanz ist natürlich nur unumgänglich wichtig, wenn ein Meßgerät über längere Zeit sich selbst überlassen gleichbleibende Meßeigenschaften haben soll.

Ein Schaltungsbeispiel. Zur ersten Orientierung über die Arbeitsweise eines Gleichspannungs-Röhrenvoltmeters in der Grundschaltung, das auch als Trennstufe zum Oszillographieren dienen kann, soll in Abb. 51 wiedergegebene Schaltung an Hand ihrer gemessenen Kennlinien besprochen werden. Sie ist für den Meßbereich 0—150 V ausgelegt, als Verstärkerröhre ist die Triode AC 2, deren Gitter bekanntlich am Glaskolben herausgeführt ist, verwendet. Die Schaltung, deren Ausführung zeitlich zurückliegt, soll keinen Anspruch auf besonders hochgezüchtete Meßeigenschaften erheben.

Der netzgespeiste Gleichrichter liefert die Gleichspannung von etwa $U = 250$ V, der aus dem Widerstand 18 kΩ und dem Potentiometer

2 kΩ bestehende Spannungsteiler erzeugt die Hilfsspannung $U_1 = 25$ V, wobei 12,5 mA Querstrom fließen. Der Kathodenwiderstand beträgt 100 kΩ. Zwischen der Kathoden- und der Hilfsspannung U_1 liegt ein Drehspulvoltmeter, das bei Endanschlag 3 mA führt, sein Widerstand

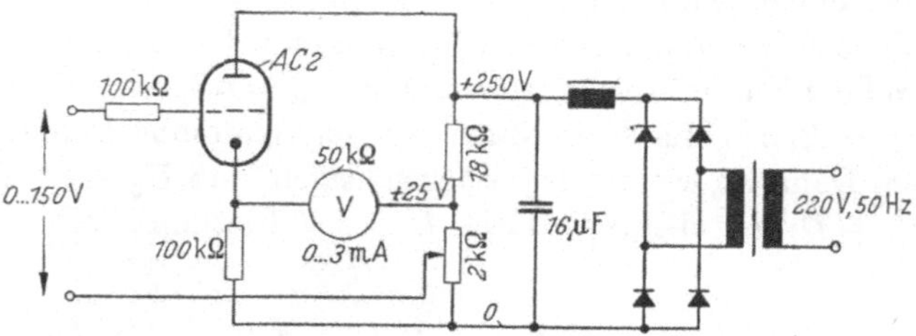

Abb. 51. Beispiel eines ausgeführten Gleichspannungs-Röhrenvoltmeters für Meßbereich 0—150 V

beträgt etwa 50 kΩ. In der Gitterzuleitung liegt der Schutzwiderstand 100 kΩ. Die in diesem Gerät auftretenden Spannungen und Ströme sind in Abb. 52 wiedergegeben. Die Kennlinien lassen folgendes erkennen:

Bei Eingangsspannungen von 0 bis + 150 V bewegt sich der Kathodenstrom von etwa 0,25 mA bis 5,0 mA, während die Gitterkathoden-

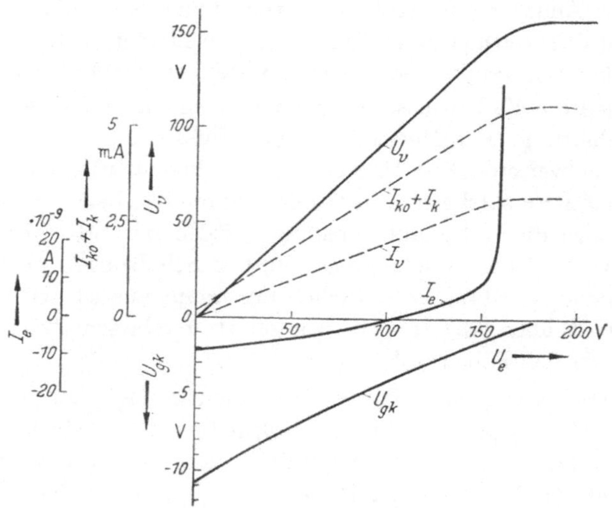

Abb. 52. Kennlinien des Röhrenvoltmeters

spannung etwa die Werte -12 V bis $-1{,}4$ V durchläuft. Der Eingangsstrom J_e durchläuft dabei zuerst negative, dann positive Werte, er beträgt bei $U_e = 0$ etwa $- 8{,}4 \cdot 10^{-9}$ A und bei $U_e = 150$ V etwa $+ 9{,}6 \cdot 10^{-9}$ A, wobei natürlich größere Schwankungen infolge der Unbeständigkeit der Isolationswiderstände in Betracht zu ziehen sind.

Legen wir jedoch diese gemessenen Werte zugrunde, so entspricht dem Rückgang der Gitterkathodenspannung von 10,6 V eine Zunahme des Eingangsstromes von $18 \cdot 10^{-9}$ A. Dies schreiben wir der Auswirkung des Isolationswiderstandes R_{gk} zwischen Gitter und Kathode zu, dieser beläuft sich demnach auf $10{,}6\ \mathrm{V}/18 \cdot 10^{-9}\ \mathrm{A} = 0{,}60 \cdot 10^{9}\,\Omega$, ist also von der Größenordnung 1000 MΩ. Beziehen wir diese Zunahme des Eingangsstromes von $18 \cdot 10^{-9}$ A hingegen auf die Eingangsspannung + 150 V, so resultiert ein Eingangswiderstand des Gerätes von der Größenordnung 10000 MΩ.

Aber dem eben diskutierten Strom ist, wie gesagt, noch ein weiterer, gegenläufiger Eingangsstrom, der mutmaßlich durch Schaltungs-Isolationswiderstände verursacht ist, überlagert, Es ist demnach nicht ohne weiteres dem Gerät ein Ohmscher Eingangswiderstand zuzuschreiben. Nach dem ganzen Verlauf des Eingangsstromes J_e gemäß Abb. 52 könnte man seine Kennlinie etwa schreiben

$$J_e = \frac{U_e + U_0}{R_s} - \frac{U_{gk}}{R_{gk}} + J_A, \tag{112}$$

worin R_s den schaltungsbedingten Isolationswiderstand von schätzungsweise $10-15 \cdot 10^{9}\,\Omega$ vorstellen soll. Mit J_A ist der oberhalb $U_e = 150$ V einsetzende Anlaufgitterstrom bezeichnet. Wegen der Undefiniertheit der Isolationswiderstände ist die J_e-Kennlinie nicht frei von Schwankungen.

Wie schon gesagt, sind dies keineswegs optimale Verhältnisse; mit diesen Zahlen soll nur demonstriert werden, daß man schon mit einfachen Anordnungen sehr hochohmige Meßgeräte erzielen kann.

Zur Abrundung des Bildes von der vorliegenden Verstärkergrundschaltung diskutieren wir jetzt noch seine Spannungsersatzschaltung. Bei reinen Spannungsmeßgeräten ist diese belanglos, sie ist jedoch wichtig, wenn dem Gerät, wie im Falle eines Entkopplungsverstärkers oder einer Trennstufe, stärkere Ströme entnommen werden sollen. Wir gehen dazu von Gl. (109) aus. Sie läßt sich leicht in die Form

$$U_v\left(1 + \frac{1}{\mu+1}(R_a + R_i)\left(\frac{1}{R_k} + \frac{1}{R_v}\right)\right) = \frac{\mu}{\mu+1}\,U_e$$

bringen.

Wir betrachten jetzt R_v als den äußeren Belastungswiderstand, durch ihn fließt der Belastungsstrom $J_v = U_v/R_v$. Mit seiner Einführung schreibt sich die vorige Gleichung

$$U_v\left(1 + \frac{R_a + R_i}{R_k}\,\frac{1}{\mu+1}\right) + \frac{R_a + R_i}{\mu+1}\,J_v = \frac{\mu}{\mu+1}\,U_e.$$

Diese läßt sich schließlich in die folgende, für unsere weiteren Aussagen zweckdienliche Form bringen

$$U_v = \frac{\mu}{\mu + 1 + \dfrac{R_a + R_i}{R_k}}\,U_e - \frac{1}{\dfrac{\mu+1}{R_a + R_i} + \dfrac{1}{R_k}}\,J_v. \tag{113}$$

Aus ihr kann man folgendes ablesen: Der Verstärker liefert eine Urspannung, die durch das erste Glied gegeben ist. Sie ist infolge des Anteiles $(R_a + R_i)/R_k$ im Nenner kleiner als bei dem normalen Verstärker. Von dieser Urspannung zieht sich ein Spannungsabfall infolge des Innenwiderstandes, dem Faktor von J_v, ab. Eine Analyse des betreffenden Nenners ergibt, daß er der Leitwert der Parallelschaltung von R_k und

$$\frac{R_a + R_i}{\mu + 1} = \frac{R_a}{\mu + 1} + \frac{1}{S + \frac{1}{R_i}}$$

ist, welch letztere Größe eine ebenfalls verständliche Bedeutung hat. In Abb. 53a ist dies anschaulich deutlich gemacht: Der Innenwiderstand ist die Parallelschaltung des ursprünglichen Innenwiderstandes nach Abb. 10 und R_k. Mittels letzterem kann man also die Niederohmigkeit der Anordnung weitgehend beeinflussen.

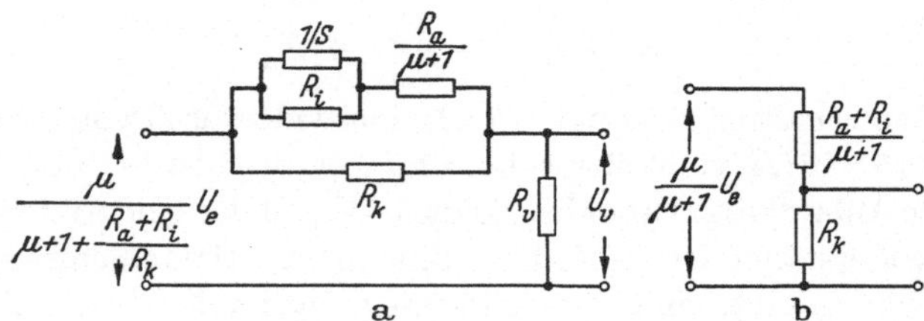

Abb. 53 a u. b. Spannungsersatzschaltung des Röhrenvoltmeters

Der Ausdruck für die Urspannung läßt sich ebenfalls noch analysieren, er läßt sich als Teilspannung einer Widerstandsspannungsteilung deuten, was in Abb. 53b veranschaulicht ist.

23. Unsymmetrische und symmetrische Schaltungen. Es sollen jetzt weitere Schaltungen beschrieben werden. Die meßtechnischen Gesichtspunkte für die Röhrenvoltmeter, die sich aus den bisherigen Betrachtungen auskristallisiert haben, sind nach wie vor die folgenden:

1. Erfassung des gegebenen Spannungsmeßbereiches,
2. genügende eingangsseitige Hochohmigkeit,
3. ausgangsseitige Niederohmigkeit, soweit erforderlich,
4. Nullpunktskonstanz,
5. Unabhängigkeit der Anzeige von geringen Netzspannungsänderungen.

Es erfordert durchaus einige Geschicklichkeit, diese Bedingungen mit dem vertretbaren Aufwand in Einklang zu bringen. Bei reinen Röhrenvoltmetern ist die ausgangsseitige Niederohmigkeit von untergeordneter Bedeutung, da man Spannungsmesser mit genügender Stromempfindlichkeit verwenden kann. Die Grenze ist hier nur durch die mechanische Empfindlichkeit allzu stromempfindlicher Meßgeräte und durch die Einbuße an Anzeigegenauigkeit gegeben. Über allem und in der obigen Aufzählung nicht mehr erwähnt ist die Forderung nach Unabhängigkeit der Meßanordnung von Steilheitsänderungen der Verstärkerröhre bzw. vom Röhrenwechsel. Hierzu muß die Gegenkopplung, die im Prinzip des Kathodenverstärkers liegt, möglichst unvermindert zur Wirkung kommen.

Für die weiteren Rechnungen, die sich auf verschiedenartige Schaltungen beziehen, ist es nützlich, festzustellen, daß man die Gl. (11) für die Kathodenstromänderung J_k, die mit der Kathodenspannungsänderung $U_k = R_k J_k$ verknüpft ist, auf dreierlei Weise schreiben kann, nämlich

$$J_k = S(U_e - (1 + D)\, U_k), \qquad (114\,\text{a})$$

$$J_k = \frac{\mu\,(U_e - U_k)}{R_i + R_k}, \qquad (114\,\text{b})$$

$$J_k = \frac{\mu\, U_e}{R_i + (\mu + 1)\, R_k}, \qquad (114\,\text{c})$$

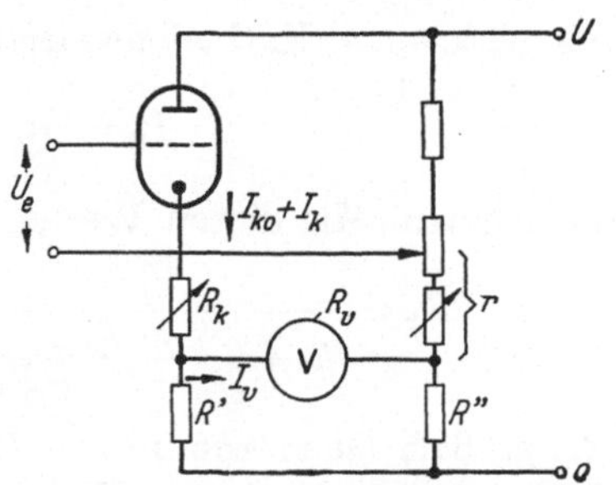

Abb. 54. Gleichspannungs-Röhrenvoltmeter nach W. N. TUTTLE

worin wie immer $\mu = 1/D$ genommen ist. Es sind die entsprechenden Formeln, die für den Anodenverstärker $J_a = S\,(U_e - DU_a)$ bzw. $J_a = \mu\, U_e/(R_i + R_a)$ lauten.

Die beiden folgenden Schaltungen, die noch zur Klasse der unsymmetrischen Brückenschaltungen zählen, sind einer von W. GEYGER gegebenen Übersicht[1], auf die wir im nächsten Kapitel noch einmal zurückkommen, entnommen. Sie setzen sich beide mit den Forderungen nach zweckdienlicher Anpassung der Spannungen und Widerstände an die verschiedenen Meßbereiche des Röhrenvoltmeters auseinander.

Bei der in Abb. 54 gezeigten von W. N. TUTTLE[2] angegebenen Schaltung ist der Kathodenwiderstand R_k der Grundschaltung Abb. 50 in die Widerstände R_k und R' und der Hilfswiderstand R_1 in die Widerstände r und R'' aufgeteilt und das Meßgerät zwischen den Endpunkten von R' und R'' angeschlossen. Die Widerstände R_k und r werden je nach Meßbereich passend verändert, notfalls auch die Betriebsgleichspannung U.

In Abb. 54 findet man die Ströme unter Beiseitelassung der festen Ruheströme eingetragen. Für die folgende Rechnung gehen wir bei-

[1] GEYGER, W.: Gegengekoppelte Gleichspannungs-Röhrenvoltmeter. ATM-Blatt J 8335—5 (1950).

[2] TUTTLE, W. N.: The General Radio Experimenter Bd. 11 (1937) Nr. 12, Type 726 A, Vacuum-Tube Voltmeter. (General Radio Company, Cambridge, Massachusetts.)

spielsweise von Gl. (114b) in der abgewandelten Form

$$J_k = \frac{\mu (U_e - \tilde{U}_k)}{R_i + \tilde{R}_k}$$

aus, worin wir für $\tilde{U}_k$ diejenige Spannung wählen, die für die Gegenkopplung tatsächlich wirksam ist, nämlich die von 0′ aus gemessene Kathodenspannung. Sie errechnet sich aus

$$\tilde{U}_k = R_k J_k + R_v J_v, \qquad R' (J_k - J_v) = (R_v + R'') J_v$$

zu

$$\tilde{U}_k = \left(R_k + \frac{R' R_v}{R' + R'' + R_v}\right) J_k .$$

Als wirksamer Kathodenwiderstand $\tilde{R}_k$ ist hingegen der kombinierte Widerstand

$$\tilde{R}_k = R_k + \frac{R' (R'' + R_v)}{R' + R'' + R_v}$$

zu nehmen. Mit diesen Werten ergibt sich

$$J_k = \frac{\mu U_e}{R_i + \frac{R' R''}{R' + R'' + R_v} + \left(R_k + \frac{R' R_v}{R' + R'' + R_v}\right)(\mu + 1)} . \tag{115}$$

Bei großem Querstrom in $r + R''$ hätte man R' klein gegen die übrigen Widerstände zu nehmen. Vernachlässigt man R' ganz bzw. nimmt man die Spannung an R'' als unveränderlich an, so hat man

$$J_k = \frac{\mu U_e}{R_i + \left(R_k + \frac{R' R_v}{R' + R_v}\right)(\mu + 1)} , \tag{115a}$$

womit ein Vergleich mit Gl. (108) angebahnt ist.

Die Spannung am Meßgerät erhält man durch Multiplizieren mit $R' R_v / (R' + R'' + R_v)$. Rechnet man außerdem mit großer Gegenkopplung ($\mu \gg 1$), so wird schließlich

$$U_v = \frac{U_e}{1 + \left(\frac{1}{R'} + \frac{1}{R_v}\left(1 + \frac{R''}{R'}\right)\right) R_k} , \tag{116}$$

worin die Abhängigkeit der Übersetzung U_v/U_e von R_k erkennbar ist. Gleichfalls ist aber, wie gesagt, für andere U_e-Bereiche auch r und nötigenfalls auch U zu verändern.

Deshalb hat W. Geyger[1] die in Abb. 55 gezeigte Schaltung vorgeschlagen, bei der bei einer festbleibenden Spannung U die Widerstandswerte $R_k + R'$ und $r + R''$ bei allen Meßbereichen (beispielsweise $U_e = 2$ V, 8 V, 40 V, 200 V) konstant bleiben und nur die Widerstandsverhältnisse R_k/R' und r/R'' stufenweise verändert werden.

[1] Zit. S. 77.

Den Vorschlag, den Widerstand des Meßgerätes selbst als Kathodenwiderstand zu wählen, machte J. F. TÖNNIES[1].

Der Vollständigkeit wegen erwähnen wir hier noch einmal, daß sich bei Verwendung einer Pentode anstelle der Triode die bequeme Möglichkeit bietet, statt der Umschaltung der Anodenspannung für andere Meßbereiche nur die Schirmgitterspannung zu verändern.

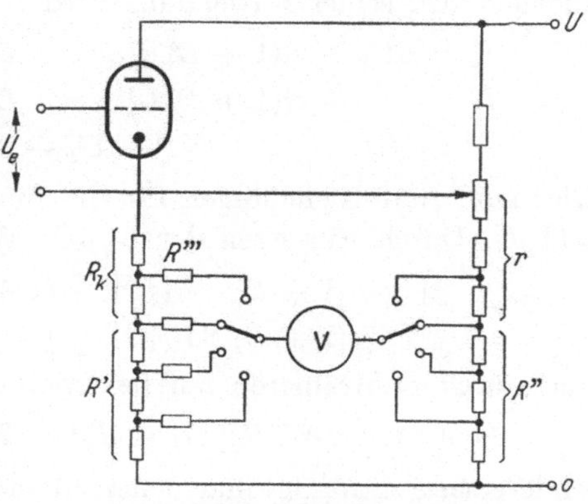

Abb. 55. Gleichspannungs-Röhrenvoltmeter nach W. GEYGER

Nachdem über die unsymmetrischen Schaltungen genug gesagt worden ist, wenden wir uns den symmetrischen Schaltungen zu, die eine hohe Nullpunktskonstanz sicherstellen, dafür aber auch mehr Aufwand erfordern bzw. unter Umständen in dem beherrschbaren Spannungsbereich begrenzt sind. Wir untersuchen die in Abb. 56a wiedergegebene Grundschaltung, die zwei Trioden aufweist. Die Röhren sollen für die Rechnung gleiche Kennlinien haben. In praktisch ausgeführten Schaltungen nimmt man zur Nullpunktseinstellung eine Symmetrierung, beispielsweise durch Zuführung der Anodenleitung über ein Potentiometer, vor.

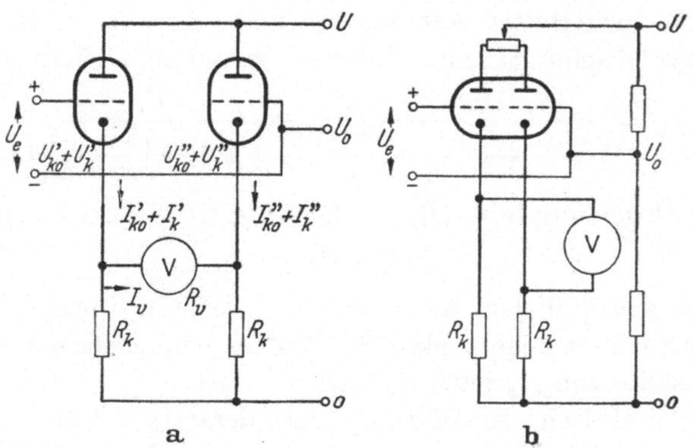

Abb. 56 a u. b. Kathodenverstärker in symmetrischer Brückenschaltung

Das Spannungsmeßgerät liegt zwischen beiden Kathoden der Trioden. Bei $U_e = 0$ ist $U'_{k0} = U''_{k0}$ und $J'_{k0} = J''_{k0}$. Wir verzichten auch

[1] TÖNNIES, J. F.: Röhrenvoltmeter für höhere Spannungen. ETZ Bd. 63 (1942) S. 153.

hier darauf, die im Ruhezustand herrschenden Ströme und Spannungen zu berechnen, vielmehr wenden wir uns direkt der Bestimmung der Stromänderungen J_k', J_k'' bzw. der Spannungsänderungen U_k', U_k'' und des Voltmeterstromes J_v bzw. der Spannung $U_v = R_v J_v$ zu. Es ist im vorliegenden Falle zweckmäßig, von dem Gleichungstyp Gl. (114a) auszugehen. Mit seiner Anwendung wird

$$\left.\begin{aligned} J_k' &= S U_e - S(1+D)\,U_k', & U_k' &= R_k (J_k' - J_v), \\ J_k'' &= - S(1+D)\,U_k'', & U_k'' &= R_k (J_k'' + J_v), \\ & & U_k' - U_k'' &= R_v J_v = U_v. \end{aligned}\right\} \quad (117)$$

Dies sind fünf Gleichungen für die fünf Unbekannten J_k', J_k'', U_k', U_k'' und J_v. Durch Einsetzen der U_k', U_k''-Werte entsteht zunächst

$$[1 + (1+D)\,S R_k]\,J_k' - (1+D)\,S R_k\,J_v = S U_e,$$
$$[1 + (1+D)\,S R_k]\,J_k'' + (1+D)\,S R_k\,J_v = 0$$

und durch Subtrahieren auf beiden Seiten

$$[1 + (1+D)\,S R_k]\,(J_k' - J_k'') - 2(1+D)\,S R_k\,J_v = S U_e.$$

Andererseits entnimmt man den rechts stehenden Beziehungen in Gl. (117)

$$J_k' - J_k'' = \frac{2 R_k + R_v}{R_k} J_v.$$

Die Zusammenfassung beider Gleichungen ergibt die gesuchte Beziehung für J_v

$$J_v = \frac{U_e}{\left(1 + D + \dfrac{1}{S R_k}\right)(2 R_k + R_v) - 2(1+D) R_k}.$$

Sie läßt sich noch weiter vereinfachen und ermöglicht dann das Hinschreiben der Gleichung für die Voltmeterspannung U_v in den folgenden Formen

$$U_v = \frac{U_e}{1 + D + \dfrac{1}{S}\left(\dfrac{1}{R_k} + \dfrac{2}{R_v}\right)} = \frac{\mu U_e}{\mu + 1 + R_i \left(\dfrac{1}{R_k} + \dfrac{2}{R_v}\right)}. \quad (118)$$

Bei großer Gegenkopplung ($R_k \gg R_i$ und $\mu \gg 1$) wird hieraus einfach

$$U_v \to U_e, \quad (118\,\text{a})$$

wie bei dem gewöhnlichen Kathodenverstärker. Im übrigen gleicht die Gl. (118) der früher abgeleiteten für den unsymmetrischen Verstärker, nur daß anstelle von R_v jetzt $R_v/2$ getreten ist.

Für die praktische Ausführung eines derartigen Röhrenvoltmeters verwendet man nach Möglichkeit die handelsüblichen Doppeltrioden, z. B. ECC 40 oder E 80 CC. Die Anpassung an die gewünschten Meßbereiche vollzieht man bei vielen Geräten, von denen an anderer Stelle noch die Rede sein wird, unter Verzicht auf die quasistatische Meßeigenschaft des Gerätes durch Anwendung eines hochohmigen Eingangsspannungsteilers unter möglichst niedriger Auslegung der Anodengleichspannung. Das Prinzipschaltbild zeigt Abb. 56b.

24. Gegengekoppelte Anodenverstärker in symmetrischer Brückenschaltung. Bei reinen Spannungsmeßgeräten ist, wie schon gesagt wurde, die ausgangsseitige Niederohmigkeit des Verstärkers von untergeordneter Bedeutung. Infolgedessen kann man auch gegengekoppelte Anodenverstärker, die ebenfalls gegen Steilheitsänderungen der Röhren unempfindlich sind, anwenden. Als Beispiel dafür wird die in Abb. 57 gezeigte, in der Zusammenstellung von W. GEYGER genannte und von FR. E. TERMAN angegebene Schaltung im folgenden untersucht[1].

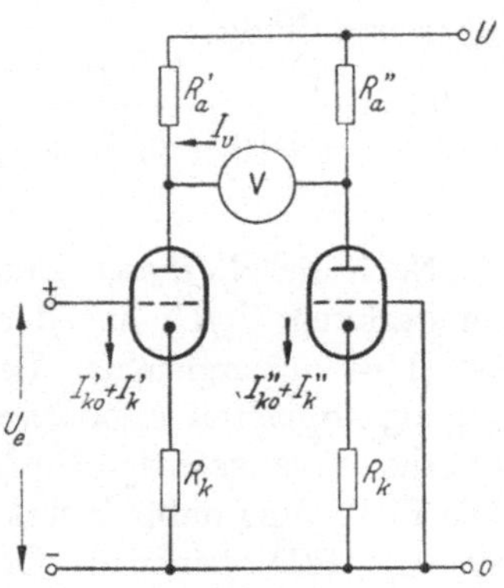

Abb. 57. Gegengekoppelter Anodenverstärker in symmetrischer Brückenschaltung nach FR. E. TERMAN (Symmetrierung weggelassen)

Darin sind R_k die eine Stromgegenkopplung bewirkenden Kathodenwiderstände und R' und R'' die Anodenwiderstände einschließlich der anteiligen Potentiometerwiderstände, die die Symmetrierung zur Nullpunktseinstellung bewerkstelligen. Für die Rechnung nehmen wir wieder die Kennlinien der Röhren als gleich und infolgedessen auch $R' = R'' = R$ an. Unter diesen Umständen ist mit den angegebenen Bezeichnungen

$$\left.\begin{aligned} J'_k &= S\,U_e - S[R_k J'_k + D(R_k + R)\,J'_k - D\,R\,J_v], \\ J''_k &= \qquad\;\; - S[R_k J''_k + D(R_k + R)\,J''_k + D\,R\,J_v], \\ U'_k - U''_k &= -R\,(J'_k - J_v) + R\,(J''_k + J_v), \\ &= -R\,(J'_k - J''_k) + 2\,R\,J_v \quad \text{und} \\ U'_k - U''_k &= -R_v\,J_v. \end{aligned}\right\} \tag{119}$$

Hieraus folgt zunächst

$$\left(\frac{1}{S} + (1 + D)\,R_k + D\,R\right) J'_k - D\,R\,J_v = U_e,$$

$$\left(\frac{1}{S} + (1 + D)\,R_k + D\,R\right) J''_k + D\,R\,J_v = 0,$$

und daraus nach Subtrahieren beider Seiten

$$J'_k - J''_k = \frac{U_e + 2\,D\,R\,J_v}{(1 + D)\,R_k + D\,R + \frac{1}{S}},$$

während sich andererseits

$$J'_k - J''_k = \frac{2\,R + R_v}{R}\,J_v$$

[1] Vgl. J. MILLMANN u. S. SEELY: Electronics, S. 571. McGraw Hill 1941.

ergibt. Damit wird der Voltmeterstrom

$$J_v = \frac{U_e}{(2R + R_v)\left((1+D)\frac{R_k}{R} + D + \frac{1}{SR}\right) - 2DR}, \tag{120}$$

welcher Ausdruck sich noch vereinfachen läßt. Wir gehen jedoch gleich zur Entwicklung der Gleichung für die Voltmeterspannung $U_v = R_v J_v$ über und finden

$$U_v = \frac{U_e}{D + \left((1+D)R_k + \frac{1}{S}\right)\left(\frac{1}{R} + \frac{2}{R_v}\right)} = \frac{\mu U_e}{1 + ((\mu+1)R_k + R_i)\left(\frac{1}{R} + \frac{2}{R_v}\right)}. \tag{121}$$

Nach Erhalt dieses Ergebnisses ist es interessant, die Spannungsverstärkung U_v/U_e mit der bei dem reinen Kathodenverstärker nach Gl. (118) zu vergleichen. Bei letzterem ist U_v/U_e immer < 1, bei dem gegengekoppelten Anodenverstärker lassen sich, freilich unter Verzicht auf die ausgangsseitige Niederohmigkeit, höhere Verstärkungen erzielen. Die Bedingung dafür lautet offenbar, daß der Nenner der rechten Seite von Gl. (121) kleiner als der in Gl. (118), also

$$1 + ((\mu+1)R_k + R_i)\left(\frac{1}{R} + \frac{2}{R_v}\right) < \mu + 1 + R_i\left(\frac{1}{R} + \frac{2}{R_v}\right)$$

wird. Dies ergibt die Bedingung

$$R > \frac{1}{\frac{\mu}{(\mu+1)R_k} - \frac{2}{R_v}}. \tag{122}$$

Bei sehr hochohmigem Voltmeter besagt dies einfach, daß $R > \frac{\mu+1}{\mu} R_k$ sein muß, anderenfalls muß R noch größer gewählt werden. Da andererseits die Gegenkopplung hohe Werte von R_k verlangt, wird man zwangsläufig dazu geführt, genügend stromempfindliche Voltmeter anzuwenden.

Eine weitere Verbesserung der Gegenkopplung wird bei der von I. F. RIDER vorgeschlagenen, in Abb. 58 wiedergegebenen Schaltung erzielt, die einen hinzugefügten gemeinsamen Kathodenwiderstand $\tilde{R}_k$ aufweist[1]. Zur Erreichung eines genügend hohen Kathodenruhestromes in beiden Röhren ist wieder eine Gittervorspannung U_0 vorgesehen, die mittels Spannungsteiler aus der Anodengleichspannung gewonnen wird.

25. Gegentaktschaltungen. Alle bisher genannten Schaltungen sind eingangsmäßig unsymmetrisch, d. h., ein Pol der Eingangsspannung liegt entweder an Masse oder an einer festen Teilspannung der Stromversorgung. Dafür blieb die Möglichkeit gegeben, den Eingangskreis offenzulassen, d. h. einen Gitterableitwiderstand zu entbehren.

[1] RIDER, I. F.: Voltmeter Ohmyst Radio-Corporation of America, Camden, N. J. 1940.

Die Herstellung eines symmetrischen Einganges erfordert bei Gleichspannungsmessung einen eingangsseitigen Ohmschen Spannungsteiler, wodurch natürlich die quasistatische Meßeigenschaft aufgegeben wird. Unter dieser Voraussetzung wird die Schaltung Abb. 59, die ebenfalls in der Zusammenstellung von W. GEYGER aufgeführt ist und die eine Gegentaktschaltung darstellt, verwendbar[1]. Von demselben Autor wurde für die gleiche Schaltung vorgeschlagen, anstelle der Anodengleichspannung zum Betrieb der beiden Trioden eine reine Wechselspannung zu nehmen. Die Trioden fungieren dann als gittergesteuerte Gleichrichterröhren, die Eingangs- und Kathodenwiderstände sind dabei kapazitiv überbrückt. Am Voltmeter treten unterschiedlich große positive Halbwellen der Anodenwechselspannung auf, deren Differenz eine mittlere Gleichspannung für das Instrument abgibt.

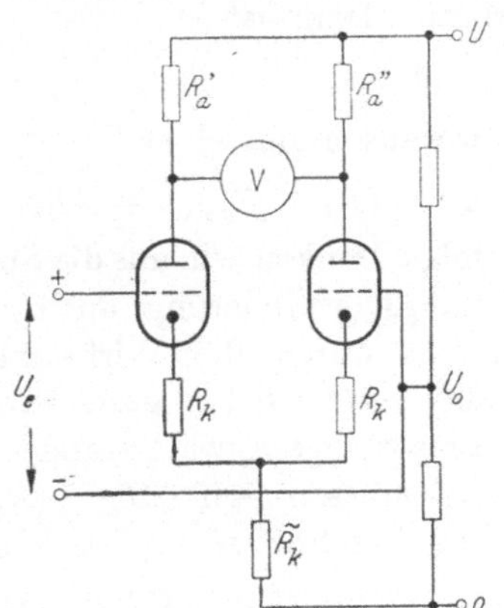

Abb. 58. Modifizierte Brückenschaltung nach I. F. RIDER (Symmetrierung weggelassen)

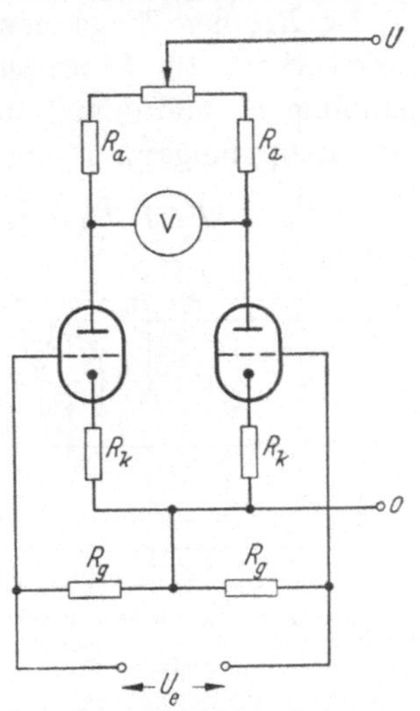

Abb. 59. Gegengekoppelter Anodenverstärker in Gegentaktschaltung

26. Weitere Ausnützung der Gegenkopplung zur Gleichspannungs- und Gleichstrommessung. Die im Kathodenverstärker mehr oder weniger vollständig wirksame Gegenkopplung des Ausgangsstromes mit der Eingangsspannung hat, wenn wir im Augenblick von der Erzielung einer Linearisierung der Arbeitskennlinie und eines niederohmigen Ausganges absehen, die folgenden mehrfach diskutierten Auswirkungen zur Folge, die meßtechnisch ausschlaggebend sind und die hier noch einmal herausgestellt werden sollen. Es sind die Unabhängigkeit der Spannungsübersetzung bzw. der Arbeitssteilheit von der Röhrensteilheit S und die Vergrößerung des wirksamen Eingangswiderstandes. Beides wird allerdings erkauft durch den Verlust der Verstärkung, die Spannungsverstärkung ist $\leqq 1$.

[1] Zit. S. 77.

Um dies nochmals deutlich zu machen und auf die daran anknüpfenden weiteren Überlegungen vorzubereiten, gehen wir von dem Schema Abb. 60 aus, in dem der Vierpol *1, 2, 3, 4* einen reinen Verstärker mit $J_k = S\,U_{12}$ vorstellt. Darin ist J_k die Kathodenstromänderung, die durch die Gitter-Kathodenspannungsänderung U_{12} hervorgerufen wird. Der Anodenspannungsdurchgriff ist vorläufig noch vernachlässigt, wie wir das auch ganz zu Anfang in Kap. 1 getan haben.

Wir wiederholen jetzt bekannte Dinge, nur in etwas anderer Darstellung. Wie schon in Kap. 6 mit der Deklarierung als Isolationswiderstand, ist R_{gk} der Eingangswiderstand zwischen Gitter und Kathode des Verstärkers. Im Eingangskreis liege die Spannungsquelle mit der Urspannung U_e und dem Innenwiderstand R_i, außerdem werde in ihm die Gegenkopplungsspannung $R_k J_k$ wirksam. Dann ist

$$U_e = (R_i + R_{gk})\,J_e + R_k J_k \quad \text{und} \quad J_k = S\,R_{gk} J_e,$$

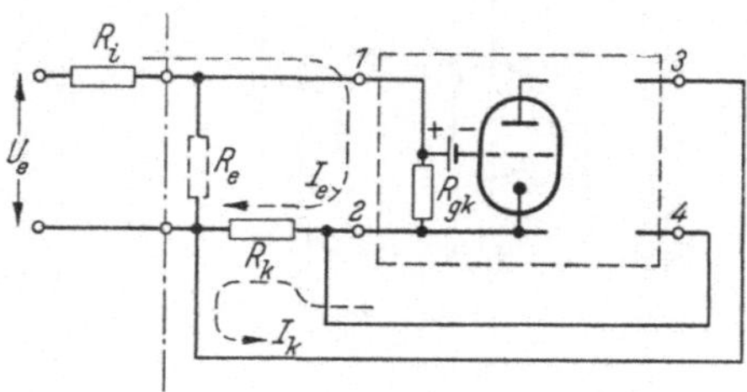

Abb. 60. Allgemeines Schema eines gegengekoppelten Verstärkers zur Messung einer Spannungsquelle mit Innenwiderstand

woraus unmittelbar

$$U_e = (R_i + R_{gk}(1 + S\,R_k))\,J_e$$

folgt. Denken wir uns die Spannungsverminderung an R_i ersetzt durch die Wirksamkeit des gestrichelt gezeichneten Ersatzeingangswiderstandes R_e, so müssen wir $U_e = (R_i + R_e)\,J_e$ schreiben und es folgt

$$R_e = (1 + S\,R_k)\,R_{gk} \quad (123)$$

in Übereinstimmung mit Gl. (33) für $D = 0$. Andererseits folgt aus den obigen Gleichungen nach Eliminieren von J_e

$$J_k = \frac{U_e}{\frac{1}{S} + R_k + \frac{R_i}{S\,R_{gk}}} = \frac{S U_e}{1 + S\,R_k + \frac{R_i}{R_{gk}}}, \quad (124)$$

d. h., bei $R_i \ll R_{gk}$ ist $J_k = S\,U_e/(1 + S\,R_k)$. Das bedeutet, daß durch die Gegenkopplung der Eingangswiderstand R_{gk} um denselben Faktor vergrößert wird wie die Verstärkung S vermindert. Die Erzeugung des hohen Eingangswiderstandes beruht auf der Verkleinerung von U_{12} um den Faktor $1 + S\,R_k$.

Dementsprechend ist die Gegenkopplung notwendig etwas unterhalb 100%, die Restspannung, eben die Spannung U_{12}, ist zur Steuerung des Verstärkers notwendig. Andererseits beruht hierauf die Möglichkeit, den Verstärker mit großen Eingangsspannungen U_e auszusteuern. Man nennt diesen Vorgang die Spannungsmessung nach dem Ausschlagverfahren, denn J_k bewirkt den anzeigenden Ausschlag eines auswertenden Meßgerätes. Demgegenüber steht das Kompensationsverfahren, bei dem mittels einer von J_k betätigten Steuerung die Spannung an R_k der Eingangsspannung U_e gleich gemacht wird. Damit wird $J_e \to 0$ bzw. $R_e \to \infty$ angestrebt, also eine völlig elektrostatische Messung.

Aber auch die Messung nach dem Ausschlagverfahren ist, wie A. EHMERT und R. MÜHLEISEN in zwei interessanten Arbeiten[1] gezeigt haben, noch weitgehend verbesserungsfähig. Bei diesen Untersuchungen handelt es sich sowohl um Spannungsmessungen als auch um Strommessungen. Bei letzteren wird ein definierter Meßwiderstand von dem betreffenden Strom durchflossen und der entstehende Spannungsabfall möglichst stromlos gemessen. Die für die beiden Arten von Messungen angestrebten Meßeigenschaften sind die Kompensation des Eingangs-Leitwertes (d. h. $R_e \to \infty$) bei der Spannungsmessung bzw. die Kompensation des Eingangswiderstandes bei der Strommessung.

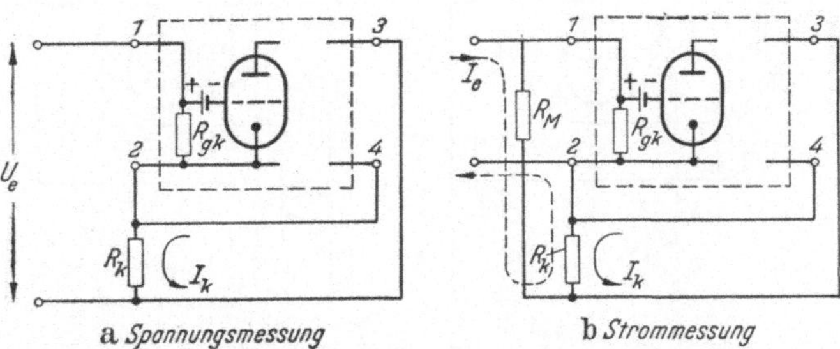

Abb. 61 a u. b. Spannungs- und Strommessung mittels eines gegengekoppelten Verstärkers der Schaltung Abb. 60

Inwieweit dies bei der Ausgangsschaltung gegeben ist, soll im Anschluß an Abb. 61 gezeigt werden, um dann die Maßnahmen zu erläutern, die zu weiteren Verbesserungen dieser Schaltung führen. Abb. 61a zeigt aus Gründen der deutlichen Gegenüberstellung noch einmal die Spannungsmessung wie nach Abb. 60, die Schaltung ist nur etwas anders dargestellt. Um es noch einmal in der anderen Ausdrucksweise auszusprechen, sei wiederholt, daß die Kompensation des Eingangsleitwertes in

$$1/R_e = 1/(1 + SR_k)\,R_{gk} \tag{125a}$$

zum Ausdruck kommt.

Bei der Schaltung Abb. 61a zur Strommessung ist die Kompensation des Eingangswiderstandes angestrebt, was heißen will, daß die Meßanordnung in dem Stromkreis keinen Spannungsabfall einfügt. Der Strom J_e, für den $J_e \ll J_k$ gelten soll, erzeugt in dem Meßwiderstand

[1] EHMERT, A.: Über gegengekoppelte Gleichstromverstärker (aus der Forschungsstelle für Physik der Stratosphäre, Weißenau). Z. angew. Phys. Bd. 5 (1953) S. 24. — A. EHMERT u. R. MÜHLEISEN: Ein hochohmiges Gleichspannungsröhrenvoltmeter mit einem Meßbereich von — 500 bis + 500 V. Z. angew. Phys. Bd. 5 (1953) S. 43.

R_M eine Spannung, die der Eingangsspannung U_e in Abb. 61a entspricht. Aber der „Spannungsabfall“ für den Stromkreis J_e ist die Spannung U_{12}. Unter der Voraussetzung $R_M \ll R_{gk}$ ist $U_{12}/R_M J_e = 1/(1 + SR_k)$ und damit der Eingangswiderstand

$$U_{12}/J_e = R_M/(1 + SR_k). \tag{125b}$$

Für beide Arten von Messungen ist ein großer Wert von SR_k anzustreben. Zur weiteren Steigerung der Kompensation des Eingangsleitwertes bzw. des Eingangswiderstandes haben A. Ehmert und R. Mühleisen Schaltungen nach dem Schema Abb. 62 vorgeschlagen und realisiert.

Bei der Anordnung Abb. 62a zur Spannungsmessung ist ein weiterer Widerstand R_k' in den Stromkreis von J_k eingefügt, der vermöge der in

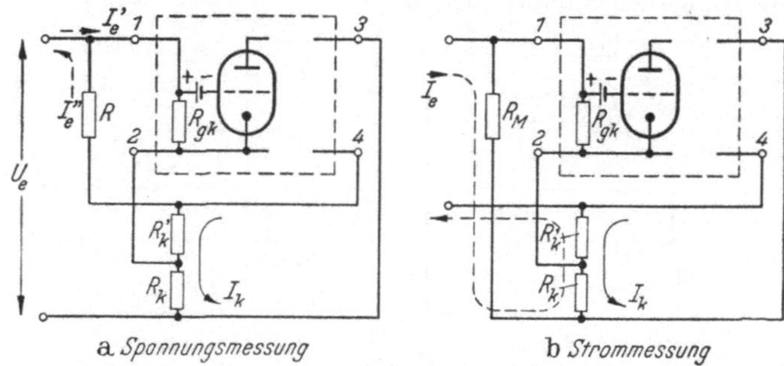

Abb. 62a u. b. Prinzipschaltung eines gegengekoppelten Verstärkers mit weitergehender Kompensation des Eingangsleitwertes bzw. des Eingangswiderstandes (nach A. Ehmert u. R. Mühleisen)

ihm entstehenden Spannung über den weiteren Widerstand R einen gegenläufigen Eingangsstrom J_e' hervorruft, der den Eingangsstrom J_e' über R_{gk} aufhebt. Es ist

$$U_e = R_{gk} J_e' + R_k J_k \quad \text{mit} \quad J_k = SR_{gk} J_e'$$

und

$$U_e = (R_k + R_k') J_k - R J_e'',$$

woraus $(1 - SR_k') R_{gk} J_e' = R J_e'''$ hervorgeht. Volle Kompensation von J_e' durch J_e'' würde danach für

$$SR_k' = 1 - \frac{R}{R_{gk}} \tag{126}$$

eintreten. R ist kleiner, aber immerhin von der Größenordnung von R_{gk} zu wählen. Bei Überschreitung der Kompensation wird die Anordnung instabil.

Bei der Anordnung Abb. 62b zur Strommessung wird der „Spannungsabfall“ U_{12} für den Eingangsstromkreis durch die in dem Widerstand R_k' durch J_k hervorgerufene Spannung $R_k' J_k$ kompensiert. Es ist

$$U_e = U_{12} + SR_k J_k \quad \text{mit} \quad J_k = SU_{12}$$

und

$$U_e = R_M J_e.$$

Daraus folgt $J_k = SU_e/(1 + SR_k)$ bzw. $U_{12} = U_e/(1 + SR_k)$, und der Spannungsabfall für den Eingangsstromkreis wird

$$U_{12} - R'_k J_k = \frac{1 - SR'_k}{1 + SR_k} R_M J_e.$$

Volle Kompensation tritt also für

$$R'_k = 1/S \tag{127}$$

ein. Bei Überschreitung der Kompensation tritt wieder Instabilität ein[1].

Abschließend sei bemerkt, daß eine zu R_{gk} parallel liegende Kapazität vom Verstärkereingang um denselben Faktor $1 + SR_k$ verkleinert gesehen wird, wie R_{gk} vergrößert erscheint, so daß bei zeitlich veränderlichen Spannungen U_e oder Strömen J_e nur geringe Verzögerungen der Anzeige durch die Umladung dieser Kapazität eintreten.

27. Gegengekoppelte Verstärker mit gesteuerter Anodenspannung. Bei allen Überlegungen des vorigen Kapitels wurde die Anodenrückwirkung infolge des Durchgriffes D der Anodenspannung durch das Steuergitter außer acht gelassen. Mit ihrer Wiedereinführung ist $J_k = S(U_{12} - DR_k J_k)$ anstatt SU_{12} zu nehmen, und zur Berechnung des Eingangswiderstandes R_e für die Spannungsmessung gemäß Abb. 61a hat man bei Weglassen des Innenwiderstandes R_i der Spannungsquelle von den Gleichungen

$$U_e = R_{gk} J_e + R_k J_k \quad \text{und} \quad J_k = SR_{gk} J_e - SDR_k J_k$$

auszugehen. Mittels der zweiten Gleichung läßt sich J_k durch J_e ausdrücken und in die erste Gleichung einsetzen. Es entsteht dann

$$\frac{U_e}{J_e} = R_e = \left(1 + \frac{SR_k}{1 + SDR_k}\right) R_{gk},$$

woraus der Eingangsleitwert zu

$$\frac{1}{R_e} = \frac{D + \frac{1}{SR_k}}{1 + D + \frac{1}{SR_k}} \frac{1}{R_{gk}} \approx \left(D + \frac{1}{SR_k}\right) \frac{1}{R_{gk}} \tag{128}$$

hervorgeht, wie wir auch schon unter Gl. (33) gefunden hatten. Der Vergleich mit Gl. (125a), wonach $1/R_e \approx 1/SR_k$ war, zeigt, daß der Durchgriff eine Kompensierung des Eingangsleitwertes unterhalb des Maßes D anschließt. Entsprechendes gilt für die Kompensierung des Eingangswiderstandes bei der Strommessung.

---

[1] Zum weitergehenden Studium der Probleme der Gegenkopplung wird verwiesen auf J. Peters: Einschwingvorgänge, Gegenkopplung, Stabilität, Berlin/Göttingen/Heidelberg: Springer 1954, u. H. Heller: Beiträge zum Problem der Gegenkopplung. Frequenz Bd. 9 (1955) S. 164, 188.

Deshalb haben A. Ehmert und R. Mühleisen[1] mittels einer Anodenstromspeisung über eine zweite Triode nach Abb. 63 eine Mitführung des Anodenpotentials mit dem Kathodenpotential der ersten Triode vorgeschlagen. Die erste Röhre einschließlich R_k ist gewissermaßen der Arbeitswiderstand der als Kathodenverstärker wirksamen zweiten Röhre. Ihr Kathodenpotential ist daher wenig unterhalb ihres Gitterpotentials. Zwischen diesem Gitter und der Kathode der ersten Röhre ist eine Spannungsquelle mit der festen Spannung U_h, die unbelastet ist, eingeschaltet. Infolgedessen ist die Anoden-Kathoden-Spannung der ersten Röhre ständig wenig oberhalb U_h, und der Anodendurchgriff infolge D_1 ist weitgehend ausgeschaltet. Wir wollen hierüber durch Nachrechnen dieser interessanten Verstärkerschaltung genauer Rechenschaft geben. Schreiben wir vorübergehend J_k' für $J_{k0} + J_k$, so ist mit den angegebenen Bezeichnungen

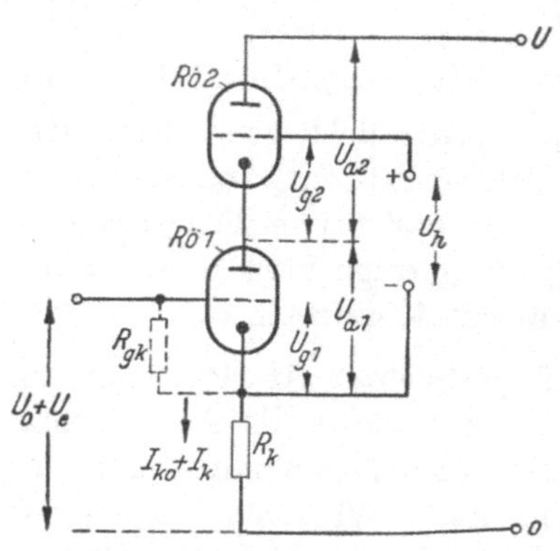

Abb. 63. Kathodenverstärker mit gesteuerter Anodenspannung (nach A. Ehmert u. R. Mühleisen)

$$U_0 + U_e = U_{g1} + R_k J_k', \qquad J_k' = S_1(U_{g1} + D_1 U_{a1}),$$
$$U_h = U_{g2} + U_{a1}, \qquad J_k' = S_2(U_{g2} + D_2 U_{a2}),$$
$$U = U_{a1} + U_{a2} + R_k J_k'.$$

Dies sind fünf Gleichungen für die Unbekannten U_{g1}, U_{g2}, U_{a1}, U_{a2}, J_k'. Multipliziert man die rechts stehenden Gleichungen mit D_2 bzw. D_1 und summiert auf beiden Seiten, so kann man unter Hinzunahme der letzten Gleichung $U_{a1} + U_{a2}$ eliminieren; es entsteht so die Beziehung

$$\left(\frac{D_1}{S_2} + \frac{D_2}{S_1} + D_1 D_2 R_k\right) J_k' = D_2 U_{g1} + D_1 U_{g2} + D_1 D_2 U.$$

Ferner ist nach der ersten Gleichung $U_0 + U_e - R_k J_k' = U_{q1}$ und nach der zweiten unter Mitverwendung der dritten Gleichung $D_1 U_h - J_k'/S_1 = - U_{g1} + D_1 U_{g2}$. In diesen so gewonnenen Gleichungen lassen sich leicht U_{q1} und U_{q2} eliminieren, so daß eine Beziehung für $J_k' = J_{k0} + J_k$ herauskommt. Sie läßt sich schreiben

$$J_{k0} + J_k = \frac{U_0 + U_e + \frac{D_1}{1 + D_2}(U_h + D_2 U)}{\left(1 + \frac{D_1 D_2}{1 + D_2}\right) R_k + \frac{1}{S_1} + \frac{D_1}{1 + D_2}\frac{1}{S_2}}.$$

U_0 bzw. $U_h + D_2 U$ bestimmen offenbar den Ruhestrom J_{k0} bei $U_e = 0$.

[1] Zit. S. 85.

Die Stromänderung J_k infolge der Eingangsspannung U_e allein ist infolgedessen

$$J_k = \frac{U_e}{\left(1 + \frac{D_1 D_2}{1 + D_2}\right) R_k + \frac{1}{S_1} + \frac{D_1}{1 + D_2} \frac{1}{S_2}}. \tag{129}$$

Die Kathodenspannungsänderung U_{k1} an der ersten Röhre ist durch $R_k J_k$ gegeben. Damit läßt sich Gl. (129) in der veränderten Form

$$U_{k1} = \frac{U_e}{1 + \frac{D_1 D_2}{1 + D_2}} - \frac{\frac{1}{S_1} + \frac{D_1}{1 + D_2} \frac{1}{S_2}}{1 + \frac{D_1 D_2}{1 + D_2}} J_k$$

schreiben. Hieraus kann man die Spannungsersatzschaltung der Verstärkeranordnung ablesen. Da D_2 in $1 + D_2$ nur kleine Korrekturen höherer Ordnung hervorruft, kann man angenähert schreiben

$$U_{k1} = \frac{U_e}{1 + D_1 D_2} - \left(\frac{1}{S_1} + \frac{D_1}{S_2}\right) J_k, \tag{130}$$

wobei in dem Faktor von J_k auch noch $1 + D_1 D_2 \approx 1$ gesetzt worden ist, und dies ergibt das vereinfachte Ersatzschaltbild nach Abb. 64.

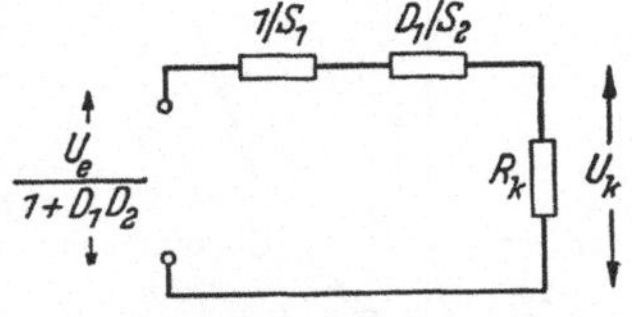

Abb. 64. Spannungsersatzschaltung des Verstärkers mit gesteuerter Anodenspannung

Für die Gitterspannungsänderung der ersten Röhre, die durch $U_e - R_k J_k$ gegeben ist, erhält man unter den gleichen Vereinfachungen

$$U_{g1} = \frac{D_1 D_2 + \frac{1}{R_k}\left(\frac{1}{S_1} + \frac{D_1}{S_2}\right)}{1 + D_1 D_2 + \frac{1}{R_k}\left(\frac{1}{S_1} + \frac{D_1}{S_2}\right)} U_e. \tag{131}$$

Denken wir uns wieder zwischen Gitter und Kathode den Widerstand R_{gk} eingefügt, können wir $U_{g1} = R_{gk} J_e$ annehmen, worin J_e wieder der Eingangsstrom des Verstärkers ist. Denken wir uns hierdurch die linke Seite in Gl. (131) ersetzt, können wir sofort den jetzigen Eingangsleitwert $1/R_e$ ablesen. Setzen wir den Nenner ≈ 1, so wird

$$\frac{1}{R_e} = \left(D_1 D_2 + \frac{1}{R_k}\left(\frac{1}{S_1} + \frac{D_1}{S_2}\right)\right) \frac{1}{R_{gk}}, \tag{132}$$

welchen Ausdruck wir mit Gl. (128) für den gewöhnlichen Verstärker zu vergleichen haben. Wählt man R_k hinreichend groß, wird der Eingangswiderstand also im Faktor $D/D_1 D_2$ im Vergleich zu dem einfachen Verstärker größer.

A. Ehmert und R. Mühleisen haben auf dieser Grundlage einige Meßgeräte mit erstaunlichen Meßeigenschaften entwickelt[1]. Als Röhren

[1] Zit. S. 85.

kommen in erster Linie solche mit am Glaskolben herausgeführten Steuergitter in Betracht. Mit Rücksicht auf die bei diesen vorliegenden hohen Isolationswiderständen muß man den Widerstand, der dem evtl. Gitterstrom entspricht, mit in Betracht ziehen. Wir schreiben demzufolge

$$\frac{1}{R_{gk}} = \frac{1}{R_{gki}} + \frac{\partial J_g}{\partial U_{g1}}, \tag{133}$$

worin R_{gki} den reinen Isolationswiderstand (des Kriechstromes) und J_g den Gitterstrom bedeuten. Über diesen (Elektronen- + Ionenstrom) wird in einem folgenden Kapitel noch die Rede sein. Nun besteht in Röhren mit am Glaskolben herausgeführtem Steuergitter eine nur kleine Auswahl, und unter diesen gibt es nur wenige Trioden, so daß man meist genötigt ist, auf geeignete Pentoden zurückzugreifen. Trotzdem ist bemerkenwert, daß die genannten Autoren vorwiegend die heute nicht mehr handelsübliche Röhre RV 12 P 2000 verwendet haben (bzw. RV 2,4 P 700 und andere). Während die Röhre Rö 1 entsprechend U_h mit niedriger Anodenspannung betrieben werden kann, muß die Röhre Rö 2 die volle Gleichspannung U verarbeiten. Hierfür werden beispielsweise die Röhren LD 5 bzw. LD 15 verwendet. Ihre Anodenbetriebsspannung ist 250 V, dessenungeachtet werden sie in einem Gerät mit 1600 V betrieben. Die Röhren führen allerdings sehr niedrige Kathodenströme von der Größenordnung 100 μA, sie arbeiten also im Zwischengebiet zwischen Anlaufstrom- und Raumladungsstromgebiet.

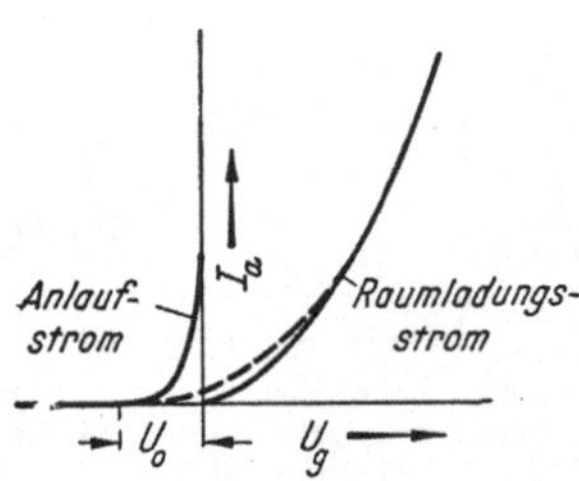

Abb. 65. Erläuterung des Anfangsverlaufes der Röhrenkennlinie bei $U_a = 0$

Wie Abb. 65 erläutert[1], erfordert die bisher durch $J_k = S(U_q + D U_a)$ angenäherte Röhrenkennlinie in dem genannten Übergangsgebiet insofern eine Berichtigung, als für $U_a = 0$ der genäherte Nullwert $J_k = 0$ nicht bei $U_g = 0$, sondern bei einer negativen Spannung $U_g = - U_0$ eintritt. Dieser Spannungswert, der für die Nullpunktseinstellung des Meßgerätes mitbestimmend ist, ist von der Heizspannung der Röhren abhängig. Für eine RV 12 P 2000 wurde beispielsweise die Änderung $\varDelta U_0$ infolge einer Änderung $\varDelta J_H$ des Heizstromes J_H zu

$$\varDelta U_0 = 2{,}0\,\mathrm{V}\,\frac{\varDelta J_H}{J_H} \tag{134}$$

gefunden, was eine logarithmische Abhängigkeit der Spannung U_0 von J_H andeutet.

Um Nullpunktsänderungen eines Röhrenvoltmeters zu vermeiden, insbesondere bei Meßbereichen von einigen Volt oder darunter, muß man

[1] Vgl. H. G. Möller: Zit. S. 40 1. Aufl. S. 83.

daher entweder den Heizstrom konstant halten, beispielsweise durch kleine magnetische Spannungsgleichhalter für die Heizspannung, oder man muß Änderungen von U_0 ausgleichen, wie dies beispielsweise schon BARTH[1] für nicht gegengekoppelte Elektrometer-Röhrengeräte vorgeschlagen hat.

In dem in Abb. 66 gezeigten, von A. EHMERT entwickelten Röhrenvoltmeter mit Elektrometereigenschaften wird die Kompensationsspannung, die zur Herbeiführung von Instrumentenstrom Null bei $U_e = 0$ in einem Widerstand R_1 erzeugt, der vom Heizstrom abhängig ist, wodurch die Spannung U_{01} der ersten Röhre mitgesteuert wird. Das mit 2 Röhren RV 12 P 2000 bestückte, für einen Meßbereich von etwa -1 bis $+2$ V ausgelegte Gerät ist für Batteriebetrieb eingerichtet. Dabei ist U etwa $= 60$ V und $U_h = 10{,}5$ V. Die Spannungen U und U_h sind so eingestellt, daß sich das Potential des freien Gitters der Röhre *1* etwa auf das Potential B einstellt. Der Nullpunkt bei kurzgeschlossenem Eingang wird mittels R_1 eingestellt. Das anzeigende Meßgerät hat etwa 10 μA Meßbereich. Einem Anschlag von 1 Skalenteil $= 10^{-7}$ A entspricht eine Gitterkathodenspannung von 10 mV, so daß Schwankungen durch Schroteffekt und statistische Schwankungen der Gitterströme unter der Ablesegenauigkeit bleiben. Die Arbeitskennlinie des Gerätes mit eingetragenem Gitterstrom zeigt Abb. 67. Bei Vorschaltung eines Widerstandes $R_i = 10^9\,\Omega$ (1000 MΩ) in den Eingangskreis tritt noch keine merkliche Änderung der Anzeige ein.

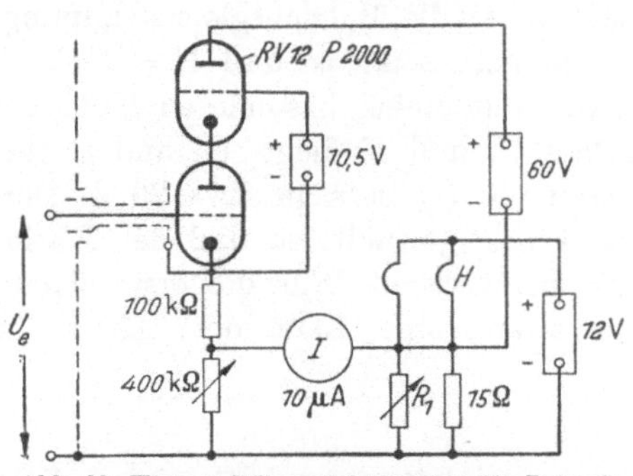

Abb. 66. Kleines Röhrenelektrometer für Batteriebetrieb nach A. EHMERT mit Meßbereich -1 bis $+2$ V

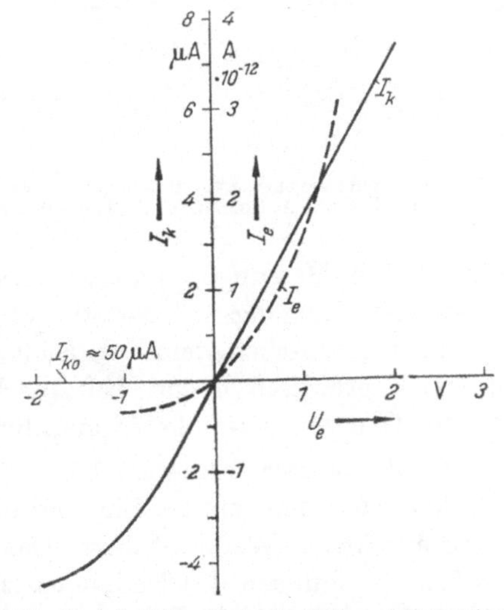

Abb. 67. Arbeitskennlinien des Röhrenelektrometers

Ein weiteres für den Meßbereich -500 bis $+500$ V ausgelegtes

[1] BARTH, G.: Z. Phys. Bd. 87 (1934) S. 399.

Röhrenvoltmeter (für die Messung und Registrierung des luftelektrischen Feldes mittels der radioaktiven Potentialsonde) nach A. EHMERT und R. MÜHLEISEN zeigt Abb. 68. Es ist für Netzstromversorgung eingerichtet, wobei die Betriebsgleichspannung in die Teilspannungen U_1 und U_2 aufgeteilt ist, so daß $U = U_1 + U_2$ ist und das anzeigende Meßgerät, mit einem besonderen Kompensationsstromkreis versehen, zwischen U_1 und U_2 liegt. U_1 und U_2 betragen etwa je 800 V, die Hilfsspannung U_h beträgt etwa 20 V. Der Kathodenwiderstand R_k wurde zu 4 MΩ gewählt, so daß der Kathodenstrom Werte von höchstens 0,4 mA erreicht. Für die erste Röhre wurde eine RV 2,4 P 700, für die zweite eine LD 5 oder LD 15 verwendet.

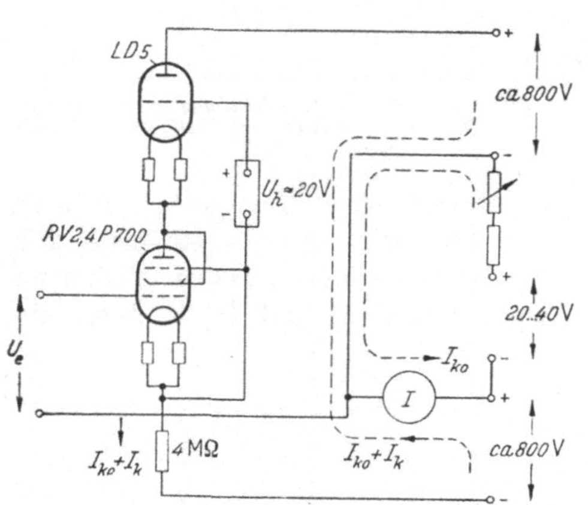

Abb. 68. Röhrenvoltmeter für Meßbereich − 500 bis + 500 V (nach A. EHMERT u. R. MÜHLEISEN)

Für einen Arbeitspunkt der Röhren werden beispielsweise die Werte $S_1 = 3{,}0 \times 10^{-4}$ A/V, $S_2 = 0{,}6 \cdot 10^{-4}$ A/V, $D_1 = 0{,}06$, $D_2 = 0{,}12$ angegeben, so daß

$$\frac{D_1 D_2}{1 + D_2} = 0{,}0064,$$

$$\frac{1}{S_1 R_k} = 0{,}0008,$$

$$\frac{D_1}{S_2 R_k} = 0{,}0003$$

und damit mit großer Genauigkeit $J_k = U_e/R_k$ wird. Der Isolationswiderstand R_{gk} der ersten Röhre ergab nach sorgfältigen Messungen an verschiedenen Röhren Werte, die einem wirksamen Eingangswiderstand von der Größenordnung $10^{13}\,\Omega$ entsprechen. Die Arbeitskennlinie ist über den Bereich $U_e = -500$ V bis $+500$ V praktisch linear, bei Anschluß der Eingangsspannung über $3 \cdot 10^{11}\,\Omega$ ergeben sich keine merklichen Abweichungen der Anzeige.

Es wird weiter vermerkt, daß der Gitterstrom nach zunächst hohen Werten nach dem ersten Einschalten im Laufe einiger Stunden oder Tage auf kleine Werte absinkt. Das gleiche gilt bei vorübergehenden großen Erhöhungen des Emissionsstromes J_k, z. B. bei Kennlinienaufnahmen, oder bei Auslösung von Photoelektronen bei einfallendem Tageslicht auf die Röhren, wobei Gitterstromerhöhungen im Faktor 10^3 auftreten können. Auch in diesen Fällen geht der Gitterstrom im normalen Betrieb wieder auf die günstigen Werte zurück.

28. Steuerung der Schirmgitterspannung bei Pentoden. Die mit den vorigen Schaltungen mit gesteuerter Anodenspannung erzielten günstigen Ergebnisse legen es nahe, eine ähnliche Steuerung in einer einzigen Röhre zu versuchen, d. h. eine Pentode mit gesteuertem Schirmgitter anzuwerden. Eine solche Anordnung zeigt Abb. 69a im Prinzipschaltbild.

Die von A. EHMERT und R. MÜHLEISEN entwickelten Röhrenvoltmeter bzw. Gleichstromverstärker sind Anordnungen mit ausgesprochenen Elektrometereigenschaften, sie sind extrem hochohmig, aber sind ausgangsseitig nicht belastbar, weshalb von diesen Autoren noch zusätzliche Kathodenstufen, z. B. zum Betrieb schreibender Meßgeräte, vorgeschlagen sind. Abgesehen hiervon müßte man noch neuzeitliche handelsübliche Röhren ausfindig machen, die ähnliche Meßeigenschaften zu erzielen versprechen.

Für viele Zwecke dürfte indessen die Anordnung Abb. 69a einen guten Ausweg bieten und die Anwendung leistungsstarker Röhren mit meist ausreichender Hochohmigkeit des Eingangswiderstandes ermöglichen. Wir meinen damit Röhrenvoltmeter, die das Zwischengebiet zwischen Elektrometernachbildungen und Drehspul-Mikroamperemetern ausfüllen und dabei ausgangsseitig belastbare Verstärker mit niederohmigem Ausgang abgeben. Die Spannungsquelle für die Hilfsspannung U_h, die als stabilisierte Spannung angenommen ist, wird zwar mit dem Schirmgitterstrom belastet, doch ist das in Kauf zu nehmen. Die Grundgleichungen der Anordnung sind:

$$U_0 + U_e = U_g + R_k(J_{k0} + J_k), \quad J_{k0} + J_k = S(U_g + D_2 U_h + D_1 D_2 U_a),$$
$$U = U_a + R_k(J_{k0} + J_k),$$

worin D_1 den Anodendurchgriff (ohne Schirmgitter) und D_2 den des Schirmgitters bedeuten. Nach Eliminieren von U_g und U_a findet man

$$J_{k0} + J_k = \frac{U_0 + U_e + D_2(U_h + D_1 U)}{(1 + D_1 D_2)\, R_k + \frac{1}{S}}.$$

Die Änderung J_k als Funktion der Änderung U_e ist also

$$J_k = \frac{U_e}{(1 + D_1 D_2)\, R_k + \frac{1}{S}}, \tag{135}$$

entsprechend ist die Änderung $U_k = R_k J_k$ der Kathodenspannung

$$U_k = \frac{U_e}{1 + D_1 D_2 + \frac{1}{S R_k}}. \tag{136}$$

Hierfür können wir näherungsweise schreiben

$$U_k = \frac{U_e}{1 + D_1 D_2} - \frac{1}{S} J_k, \tag{136a}$$

der Verstärker hat also ähnlich wie in Gl. (130) ausgangsseitig die Urspannung $U_e/(1 + D_1 D_2)$ und den Innenwiderstand $1/S$. Die eintretende Gitterspannungsänderung $U_g = U_e - U_k$ ist

$$U_g = \frac{D_1 D_2 + \frac{1}{S R_k}}{1 + D_1 D_2 + \frac{1}{S R_k}} U_e. \tag{137}$$

Denken wir uns also wieder einen Gitterkathodenwiderstand R_{gk}, sei es als Isolationswiderstand oder zusätzlich durch Gitterstrom bedingt, so haben wir einen Eingangsleitwert von etwa

$$\frac{1}{R_e} = \left(D_1 D_2 + \frac{1}{S R_k}\right) \frac{1}{R_{gk}} \tag{138}$$

anzunehmen, was dem Ergebnis Gl. (132) der vorigen Anordnung mit zwei Röhren ähnlich ist.

Freilich ist dabei zu bedenken, daß der Schaltung, auf die sich Gl. (132) bezieht, und der eben diskutierten Schaltung grundlegend verschiedene Anwendungen zugedacht sind, und daß demzufolge die Größen S, R_k und R_{gk} verschiedene Werte haben.

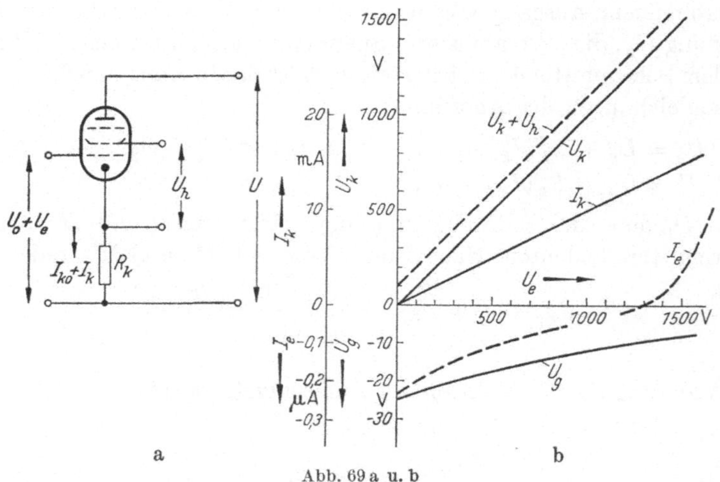

Abb. 69 a u. b

a Kathodenverstärker mit gesteuerter Schirmgitterspannung. b Gemessene Kennlinien für ein Beispiel mit EL 60, $R_k = 100$ kΩ, $U = 2000$ V, $U_h = 100$ V (MÜLLER-LÜBECK)

Das Produkt $D_1 D_2$ ist in beiden Schaltungen klein. Daß darüber hinaus in den Geräten von EHMERT und MÜHLEISEN der ganze Ausdruck für den Eingangsleitwert $1/R_e$ extrem klein wurde, beruhte neben dem hohen Wert von R_{gk} auf der Wahl eines sehr hochohmigen Kathodenwiderstandes, was natürlich eine höhere ausgangsseitige Belastung des Gerätes (ohne eine weitere Röhrenstufe) ausschließt. Im vorliegenden Fall liegt eine Leistungspentode mit Gitterherausführung im Röhrenfuß zugrunde, so daß möglicherweise R_{gk} um 1 bis 2 Zehnerpotenzen kleiner ist, und außerdem ist für einen gedachten Anwendungsfall dieser Schaltung auch R_k um 1 bis 2 Zehnerpotenzen kleiner als bei der obigen Schaltung. Trotzdem lassen sich auch hier noch beachtlich hohe Eingangswiderstände bei guten Übertragungseigenschaften erzielen. Dies soll an einer ausgeführten Schaltung gezeigt werden.

Ihr liegt die Anwendung einer Pentode EL 60 zugrunde. Als Grenzdaten gelten für ihre Schirmgitterspannung 800 V, für ihre Anodenspannung 2000 V, der max. Kathodenstrom bei normalen Betriebsspannungen beträgt 135 mA, die Steilheit der Anodenstromkennlinie max. 11 mA/V. Wie die Schaltung Abb. 69a weiter ausweist, ist der Kathodenwiderstand zu 100 kΩ gewählt worden, die Anodengleichspannung beträgt $U = 2000$ V, die Hilfsspannung für das Schirmgitter $U_h = 100$ V. Mit diesen Werten sind die Kennlinien Abb. 69b gemessen worden. Die Schaltung ermöglicht eine Messung und Übertragung mit niederohmigem Ausgang von $U_e = 1500$ V, der Eingangsstrom bewegt sich in den Grenzen $J_e = -0{,}2$ bis $+0{,}2\,\mu$A, der Ausgang des Verstärkers ist eine Spannungsquelle mit der Urspannung U_e und dem Innenwiderstand 100 Ω.

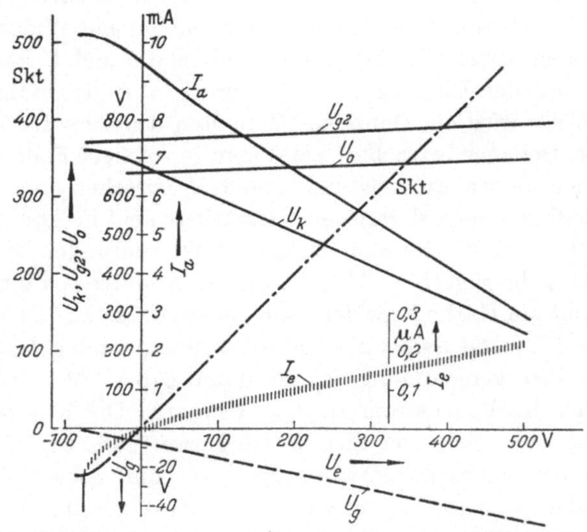

Abb. 70. Kennlinien eines abwärts gesteuerten Verstärkers (MÜLLER-LÜBECK)

29. Der abwärts gesteuerte Kathodenverstärker der Grundschaltung.

Wir kehren abschließend zur Grundschaltung Abb. 50 zurück und diskutieren noch einmal das für sie charakteristische Gitterspannungs- und Eingangsstromverhalten, wie es beispielsweise in Abb. 52 gezeigt ist. Wir wollen diesen Verstärker einen aufwärts gesteuerten nennen, was heißen will, daß bei ihm mit wachsender positiver Eingangsspannung U_e ein Ansteigen des Kathodenstromes stattfindet.

Wie dort deutlich zu erkennen ist und hinreichend bekannt ist, setzt die Gitterspannung bei $U_e = 0$ mit ihrem höchsten negativen Wert ein und nimmt mit steigendem U_e absolut ab. Dieses Verhalten spiegelt sich im wesentlichen in dem Eingangsstrom, der ebenfalls bei $U_e = 0$ mit seinem größten negativen Wert einsetzt. Wir nehmen an, daß wir es im normalen Arbeitsbereich vorwiegend mit Isolationsströmen zu tun haben, denn der Anlaufelektronenstrom nimmt beispielsweise je 0,25 V negativer Gitterspannung um 1 Zehnerpotenz ab, ist also bei einigen Volt völlig unmerklich, und ein Ionenstrom müßte negativ sein und mit wachsendem Kathodenstrom zunehmen.

Der Eingangsstrom wird, soweit er von dem Isolationswiderstand R_{gk} und der Gitterspannung U_g herrührt, positiv und mit wachsendem U_e steigend, wenn der Verstärker abwärts gesteuert wird. Dies geschieht, indem man U_1 und die Vorspannung U_0 so hoch wählt, daß bei $U_e = 0$ der höchste Kathodenstrom $= J_{k0}$ eintritt. Die Eingangsspannung U_e wird umgepolt (mit dem — Pol am Steuergitter) angeschlossen, so daß mit wachsendem U_e eine Abnahme des Kathodenstromes $J_{k0} + J_k$ (J_k negativ) stattfindet. Durch weitere Maßnahmen, beispielsweise durch Verbinden des Gitters über einen sehr hochohmigen Widerstand mit einer passenden festen Gleichspannung zwischen 0 und U kann man es einrichten, daß der Eingangsstrom J_e für $U_e = 0$ gleichfalls Null ist. Auf diese Weise wird ein Ohmsches Verhalten des Verstärkereinganges nachgeahmt. Genauer betrachtet kann man in solchem Falle überhaupt erst von einem festen Eingangswiderstand R_e sprechen.

Die Kennlinien eines derartigen Verstärkers sind in Abb. 70 wiedergegeben. Ihm liegt wieder eine Röhre EL 60 zugrunde. Die Anodengleichspannung beträgt $U = 1100$ V, die Schirmgitterspannung, gegen den Nullpunkt am Kathodenwiderstand gemessen, ist zu 750 V gewählt; die Spannung U_1 und damit die Kathodenruhespannung U_{k0} betragen 675 V, die Gittervorspannung U_0 ist dann 670 V. Mit $R_k = 66$ kΩ stellt sich der Kathodenstrom zu $J_{k0} = 9{,}5$ mA. Die Kathodenstromänderung J_k zieht sich von diesem Höchstwert ab, bei $U_e = 550$ V beträgt der Gesamtkathodenstrom $J_{k0} - J_k$ nur noch 2,9 mA. Die Gitterkathodenspannung U_g bewegt sich bei $U_e = 0 \ldots 500$ V von — 5 V bis zu — 45 V. Der Eingangsstrom J_e steigt dabei von etwa 0 bis auf etwa $200 \cdot 10^{-9}$ A (0,2 μA). Dem entspricht ein Isolationswiderstand $R_{gk} = 40$ V/0,2 μA $= 200$ MΩ. Mit so niedrigen Widerstandswerten der Gitterisolation muß man bei Endpentoden mit Gitterherausführung im Quetschfuß der Röhre rechnen. Bezogen auf die Eingangsspannung 500 V erhält man damit einen Eingangswiderstand von „nur“ $R_e = 500$ V/0,2 μA $= 2500$ MΩ, was 5 MΩ je 1 V gleichkommt. Das ist immerhin noch das Hundertfache eines hochwertigen Zeigermikroamperemeters nach dem Drehspulprinzip.

Diese Anordnung, auf die wir bei der Besprechung der Vielfachmeßgeräte noch zurückkommen, ist der vorigen mit gesteuertem Schirmgitter bezüglich ihres Eingangswiderstandes unterlegen, dafür hat sie aber den Vorteil, daß man mittels verschieden gewählter Schirmgitterspannungen die Anpassung an verschiedene Meßbereiche vornehmen kann. Außerdem hat man gegebenenfalls die Möglichkeit einer Stabilisierung der Schirmgitterspannung, was für die volle Ausnutzung der Niederohmigkeit des Ausganges des Verstärkers wichtig sein kann.

Ein weiterer praktischer Vorteil ist die Verriegelung der Übertragung bei Meßbereichüberschreitung. Bei $U_e < -50$ V erfolgt sie infolge Gitterstromeinsatz, bei $U_e > +700$ V infolge Nullwerden des Kathodenstromes.

30. Analyse des Gitterstromes. Die verschiedentliche Diskussion der Eingangsstromverhältnisse der Verstärker mag es notwendig erscheinen lassen, die physikalisch möglichen Gitterströme wenigstens kurz anzudeuten. Da über das Gitterstromverhalten bei technischen Röhren nur wenige Untersuchungen vorliegen, müssen wir die Berichte über die sog. Elektrometerröhren zu Rate ziehen, die zur Messung von Gleichspannungen bis zur Größenordnung 10^{-5} V und von Strömen bis zur Größenordnung 10^{-16} A entwickelt worden sind. Dies sind Röhren mit der höchstmöglichen Isolation des Steuergitters, die mit extrem niedriger Anodenspannung (< 8 V) betrieben werden und bei denen eine genaue Rechenschaft über die möglichen Gitterströme notwendig ist.

Nach Berichten von H. BARKHAUSEN, von ROTHE, KLEEN und GRAFFENDER gibt es folgende Ursachen für einen Gitterstrom[1]:

a) Positiver Gitterstrom. Dieser kommt nur als Anlaufelektronenstrom der Kathode, der schon auf S. 40 erwähnt wurde, vor. Die Elektronenbewegung erfolgt hierbei gegen das Feld des Gitters mit der Spannung U_g, so daß der Gitterstrom J_g den Wert

$$J_g = J_s\, e^{\frac{e_1 U_g}{kT}} \tag{139}$$

hat. Dabei ist jedoch noch zu berichtigen, daß als wirksame Spannung anstelle von U_g jetzt der Wert $U_g - (\Phi_g - \Phi_k)$ zu nehmen ist, worin Φ_k die Austrittsarbeit der Elektronen aus der Kathode und Φ_g die Austrittsarbeit der Elektronen für das Gitter bedeutet, $\Phi_g - \Phi_k$ entspricht dem sog. Kontaktpotential Gitter—Kathode.

Infolge Änderung des Kontaktpotentials können erhebliche Änderungen des Anlaufgitterstromes eintreten. Es kann z. B. Barium der

[1] Vgl. W. KLEEN u. W. GRAFFENDER, ATM-Blatt J 8334—2 (Juni 1937).

Kathode auf das Gitter aufdampfen, wodurch eine Änderung von Φ_g eintritt.

Eine größenordnungsmäßige Vorstellung von dem Anlaufstrom vermittelt Abb. 32. Bei $U_g = -2$ V ist er bereits von der Größenordnung 10^{-11} bis 10^{-12} A.

b) Negative Gitterströme. Negative Gitterströme sind diejenigen, die als Transport negativer Ladungsträger vom Gitter zur Kathode oder als Bewegung positiver Träger von der Kathode zum Gitter entstehen. Ihre Ursachen können sein[1]:

1. Eine thermische Elektronenemission des Gitters infolge Erwärmung durch Strahlung der Kathode,
2. eine Photoemission des Gitters infolge der optischen Strahlung der Kathode oder infolge Lichteinfalls,
3. Isolationsströme infolge schlechter Isolation der Gitterhalterung oder infolge Oberflächenleitung (letztere kann unter Umständen auch infolge des Entgasungsprozesses bei Herstellung der Röhre oder infolge des Gitters entstehen),
4. Ionenströme. Sie entstehen infolge Stoßionisation von Gasresten, herrührend von unvollkommener Evakuierung der Röhre. Die Ionisation ist um so größer, je höher die Anodenspannung ist, und ist dem Anoden- bzw. dem Kathodenstrom genau proportional. Mit niedrigen Anodenspannungen zu arbeiten und kleine Ströme zu verwenden, sind also wirksame Mittel, die Ionenströme klein zu halten.

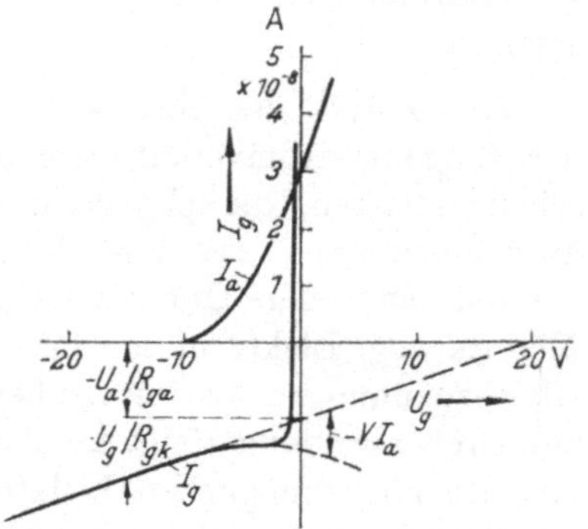

Abb. 71. Zur Analyse der Gitterströme (nach BARKHAUSEN), Beispiel einer schlechten Röhre

Bei Elektrometerröhren legt man zwischen Steuergitter und Kathode das sog. Raumladungsgitter, das die Aufgabe hat, die aus dem Kathodenraum austretenden Ionen vor dem Steuergitter abzufangen.

5. Elektronenemission des Gitters infolge Röntgenstrahleinwirkung (nur bei Raumladegitterröhren, hervorgerufen durch die auf das Raumladungsgitter auftreffenden Elektronen).

Ein charakteristisches Bild von der Aufteilung des Gitterstromes in seine Hauptkomponenten zeigt Abb. 71[2]. Bei einer Röhre mit freiem, nicht angeschlossenen Steuergitter stellt sich ein Gitterpotential ein,

---

[1] Vgl. H. ROTHE u. W. KLEEN: Grundlagen und Kennlinien der Elektronenröhren, 23. Kap. Negative Gitterströme. Akad. Verl.-Anst. 1948.

[2] Vgl. H. BARKHAUSEN: Elektronenröhren, Bd. II, Verstärker, 4. Aufl., S. 270. Leipzig: Hirzel 1938.

bei dem die Summe aller Gitterströme (Elektronen-, Ionen- und Isolationsströme) verschwindet. Dieser Ruhepunkt (engl. „floating-point“) tritt bei einer Gitterkathodenspannung von etwa $U_g = -1$ bis -3 V ein.

Zur Deutung der Ursache gemessener negativer Gitterströme sei auf folgende Merkmale hingewiesen:

Gitterströme infolge thermischer Elektronenemission des Gitters zeigen Sättigungscharakter, sie sind unabhängig von der Gitterspannung und nehmen mit steigender Heizspannung zu.

Gitterströme infolge mangelhafter Isolation verlaufen, sofern die Widerstände ohmisch, also spannungsunabhängig sind, proportional der wirksamen Spannung. Falls sie durch den Isolationswiderstand Gitter—Kathode hervorgerufen werden, folgen sie genau der Gitterspannung $-U_g$, falls sie in dem Isolationswiderstand Anode—Gitter entstehen, sind sie der Spannung $U_a - U_g$ proportional. Von technischen Röhren verlangt man eine Isolationsgüte Gitter—Kathode mindestens in der Größenordnung $10^8\,\Omega$ und für die Strecke Anode—Gitter mindestens $10^9\,\Omega$.

Gitterströme infolge Ionen, die durch Stoßionisation entstehen, verlaufen als Funktion der Gitterspannung etwa spiegelbildlich zu der Anodenstrom-Gitterspannungs-Kennlinie. Alle genannten Gitterstromkennlinien gelten natürlich nur bis zum Einsatz des positiven Anlaufgitterstromes.

IV. Kathodenverstärkerschaltungen zur Wechselspannungsmessung

31. Der Impedanzwandler. Soll ein Kathodenverstärker eine Eingangswechselspannung übertragen, so sind Kathodenruhestrom J_{k0} und Gittervorspannung U_0 so zu wählen, daß für alle Momentanwerte u_w, die die Wechselspannung durchläuft, der Kathodenstrom $J_{k0} + i_k > 0$ ist und kein Gitterstromeinsatz erfolgt, also mit dem nötigen Abstand die Gitterspannung $U_g < 0$ bleibt. Unter dieser Voraussetzung haben wir die Wechselspannungsübertragung, beispielsweise unter Zugrundelegung einer Sinusspannung $u_w = \sqrt{2}\, U_w \sin\omega t$, in den Kap. 10 und 11 rechnerisch untersucht. Bei den dortigen Untersuchungen standen zunächst die Linearität der Übertragung und die Berücksichtigung nichtohmscher Arbeitswiderstände $\mathfrak{R}_k$ im Vordergrund des Interesses.

Die hohe Linearität der Übertragung wurde ein für allemal bewiesen, sie ist eine Auswirkung der Gegenkopplung, sofern der Arbeitswiderstand rein ohmisch ist, was wir weiterhin voraussetzen wollen. Der Frequenzgang des Spannungsübersetzungsverhältnisses wurde für die Verhältnisse eines „Gleichstromverstärkers“, d. h. unter Außerachtlassung von Kopplungskapazitäten unter Berücksichtigung der Gitter-

Anoden-Kapazität (bzw. Gitter-Schirmgitter-Kapazität) und der Kathodenkapazität (Kapazität der Heizrichtung gegen Masse), untersucht, wobei eine Wechselspannungsquelle mit Innenwiderstand angenommen wurde. Wie die in Abb. 22b aufgetragenen Kennlinien zeigen, ist der Eingangswiderstand des dort gezeigten Verstärkers bis zu nach Megahertz zählenden Frequenzen im wesentlichen durch die Impedanz $1/\omega C_{ga}$ (bzw. $1/C_{gg2}$) der Gitterkapazität bestimmt. Dies ist auch in der Vierpoldarstellung Abb. 23 deutlich hervorgehoben. Erst bei höheren Frequenzen macht sich die an sich um etwa eine Zehnerpotenz höhere Kathodenkapazität bemerkbar. Hierin zeigt sich wieder die Niederohmigkeit des Verstärkerausganges, die, wie wir wissen, ebenfalls eine Auswirkung der Gegenkopplung ist. Wie schon in Gl. (57) gezeigt wurde, geht die Impedanz $1/\omega C_k$ der Kathodenkapazität C_k um den Faktor S vergrößert, nämlich als Leitwertverhältnis $\omega C_k/S$, in die Rechnung ein. Für das Gewicht von ωC_k ist die Größe von $\omega C_k/S$ gegenüber 1 maßgebend. Es ist dies eine der Erscheinungen, die berechtigt, den Verstärker einen Impedanzwandler zu nennen.

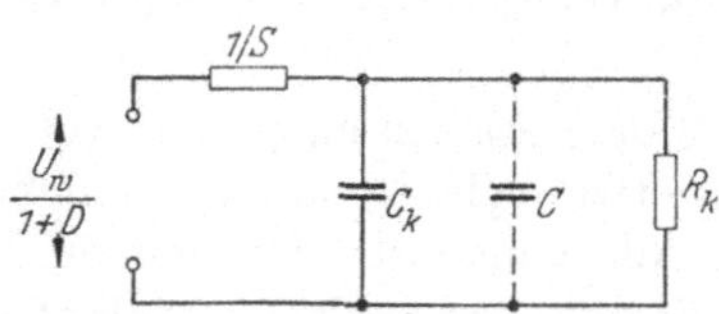

Abb. 72. Ersatzschaltung eines Impedanzwandlers

Sehen wir von der Gitterkapazität ganz ab, so ist die Ersatzschaltung des Verstärkers die in Abb. 72 wiedergegebene. Ausgangsseitig ist der Verstärker eine Spannungsquelle mit der Urspannung $U_w/(1 + D)$ und dem Innenwiderstand $1/S$, die bei Leerlauf ($R_k \to \infty$) mit dem Wechselstromwiderstand $1/\omega C_k$ belastet ist. Treten zu C_k im Ausgang weitere Kapazitäten C (z. B. eine Kabelkapazität), so sind deren Auswirkungen natürlich ebenfalls durch den kleinen Innenwiderstand $1/S$ bestimmt, d. h., auch deren Gewicht geht nur im Verhältnis $\omega C/S$ in die Rechnung ein.

Dies ist der Hauptgrund für die Anwendung des Kathodenverstärkers für die Wechselspannungsübertragung, nämlich als Impedanzwandler bzw. als Trennstufe oder Entkopplungsverstärker. Bei alledem erkennt man aber auch, inwieweit der Übertragung durch den Kathodenverstärker frequenzmäßig Grenzen gesetzt sind.

Die Gitterkapazität C_{ga} (bzw. C_{gg2}) ging als bestimmende Größe des Eingangswiderstandes im vollen Betrag ein. Es besteht indessen die Möglichkeit, ihren Einfluß mit denselben Mitteln zu vermindern, die von Ehmert und Mühleisen für die Verbesserung der Eingangseigenschaften des Gleichspannungsverstärkers angewendet worden sind, nämlich durch Konstantsteuerung der Anoden- bzw. der Schirmgitterspannung ähnlich Abb. 68 bzw. 69. Natürlich wirkt sich die Verbesserung des Frequenzganges nur bis zu den Frequenzen aus, bei denen die Wirksamkeit der Kathodenkapazität in den Vordergrund tritt.

Besitzt nun der Verstärker als reiner Wechselspannungsübertrager eingangs- und ausgangsseitig noch Kopplungskapazitäten, wie das in Abb. 19 von vornherein in Betracht gezogen, aber rechnerisch nicht berücksichtigt worden ist, so ist der Frequenzgang der beiden zugehörigen *RC*-Glieder in der Gesamtbetrachtung mit zu berücksichtigen. Ihre Zeitkonstanten *RC* bestimmen die Übertragungsfähigkeit der tiefen Frequenzen, d.h. den Abfall der Frequenzkennlinie zur Frequenz 0 hin.

Als Beispiel eines kommerziellen Impedanzwandlers zeigt Abb. 73 einen Meßübertrager (Fa. Wandel u. Goltermann) zur Umwandlung eines niederohmigen Einganges eines Meßgerätes (z. B. Pegelmesser, schreibende Geräte u. a.) mit einem Eingangswiderstand 2 MΩ, einer Eingangskapazität $<$ 20 pF und einem Ausgangswiderstand $<$ 120 Ω. Bei Belastungswiderständen 1 kΩ, 10 kΩ, 100 kΩ betragen die maximalen Eingangsspannungen 8 bzw. 18 bzw. 30 V, wobei das Übersetzungsverhältnis 0,84 bis 0,93 beträgt. Bei einem Verstärkungsabfall bis 10% gegenüber Bandmitte reicht das übertragbare Frequenzband von 30 Hz bis 3 MHz.

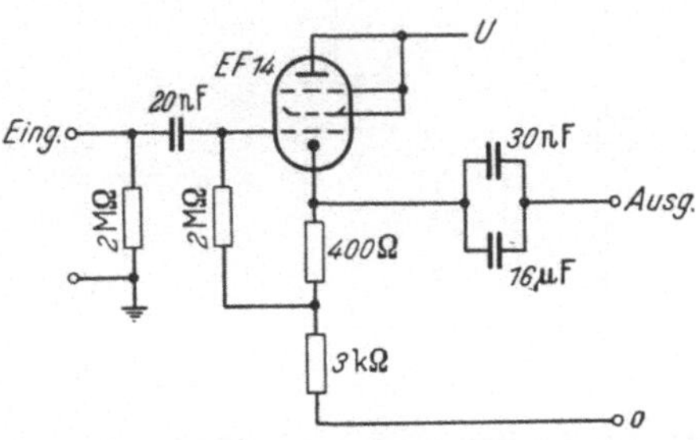

Abb. 73. Impedanzwandler (Wandel u. Goltermann), Netzteil weggelassen

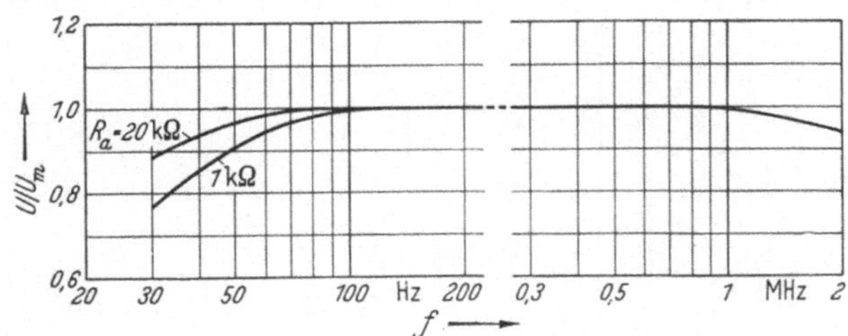

Abb. 73a. Frequenzgang des Impedanzwandlers

Die bei Netzspannungsänderungen von $\pm$ 10% eintretenden Verstärkungsänderungen sind $\leqq$ 0,1%.

Soviel über die Einrichtungen, die zur Übertragung von Wechselspannungen dienen. Mehr darüber wird noch bei der Besprechung der sog. Vielfachmeßgeräte, womit wir Mehrzweckgeräte meinen, gesagt werden. Nächst wichtig sind diejenigen Geräte, die zur Messung der Wechselspannungen, also zu ihrer Auswertung und Wertanzeige dienen. Sie sind Kombinationen von Kathodenstufen und Gleichrichtern, meist Spitzenspannungsgleichrichtern, über die wir im II. Abschnitt schon eingehend berichtet haben.

Zur eben behandelten Kathodenstufe als Impedanzwandler ist nur noch zu erwähnen, daß sie sich vorteilhaft als Regelstufe verwenden läßt, wozu es nur nötig ist, den Kathodenwiderstand mit Potentiometerabgriff zu versehen. Als Beispiel hierfür zeigen wir in Abb. 74 eine End-und Regelstufe des „NF-Bildsignals" einer Bildwandleranlage aus der Anfangszeit des Fernsehrundfunks (Fernseh-GmbH, 1938). Das Schaltbild stellt die letzte Stufe des Bildsignalverstärkers im Anschluß an dessen Schwarzsteuerungsstufe dar. Mit dieser bildet sie eine Kombination, wie sie bereits in Abb. 36b angegeben worden ist. Die Kathodenstufe ist in der unsymmetrischen Brückenschaltung ausgebildet, mittels des Potentiometers *a* läßt sich der Kathodenruhestrom kompensieren, so daß die Spannung an den Potentiometer *b*

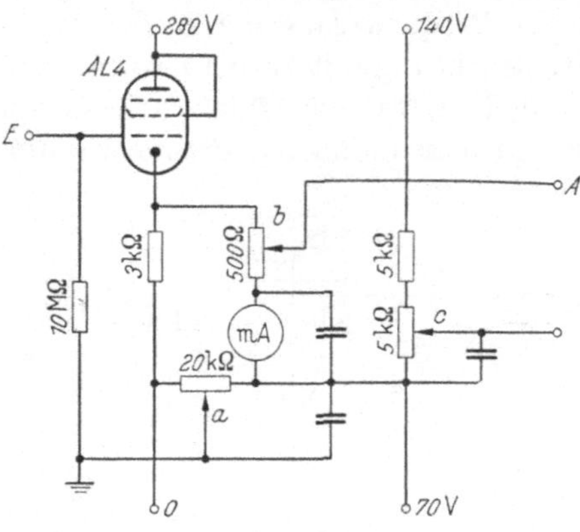

Abb. 74. Endstufe eines Bildsignalverstärkers mit Regelung des Schwarzpegels und der Ausgangsspannung aus der Anfangszeit des Fernsehrundfunks (Fernseh-GmbH, 1938)

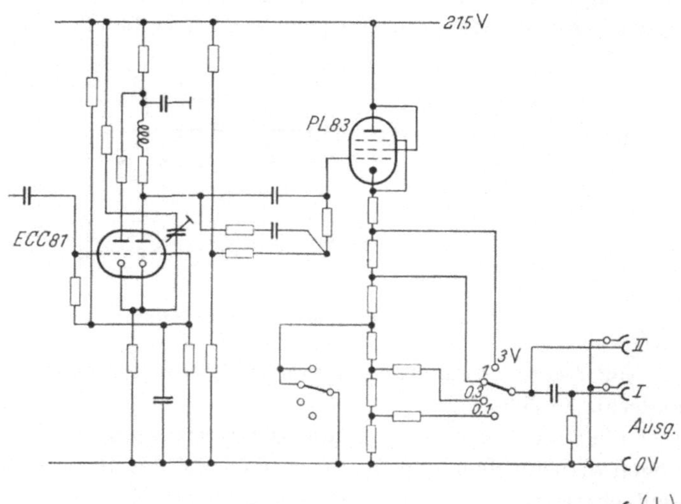

Abb. 75. Abschneide- und Ausgangsstufe eines Rechteckwellengenerators (Rohde u. Schwarz)

bei Bildsignal Null (seinerzeit Schwarzwert) gleichfalls Null ist. An *b* wird die gewünschte Bildsignalspannung eingestellt. Da die Schwarzsteuerung den Schwarzwert nur dann richtig einpegelt, wenn dieser als Bildinhalt auch vorhanden ist, besteht andernfalls die Möglichkeit, mittels des Potentiometers *c* eine Gleichspannung hinzuzufügen, um die dem Augenschein nach richtige mittlere Bildhelligkeit herzustellen. Die weitere Entwicklung der Fernsehtechnik brachte eine Fülle weiterer Schaltungen, auf die wir nicht eingehen wollen.

Dagegen zeigen wir noch ein Beispiel aus der Meßtechnik. Abb. 75 stellt einen Ausschnitt aus einem Rechteckwellengenerator 30 Hz bis 500 kHz (Rohde u. Schwarz), und zwar die letzte Abschneidestufe (Abkapper) und die anschließende Ausgangskathodenstufe mit Teiler dar. Die Kathodenstufe dient der niederohmigen Auskopplung des Signals mit einem $R_i = 150\,\Omega$, wobei an verschiedenen Abzweigen des unterteilten Kathodenwiderstandes die Spannungen 3 V, 1 V, 0,3 V oder 0,1 V entnommen werden können.

32. Praktische Dioden-Gleichrichterschaltungen. Über die Spitzenspannungs-Gleichrichtung, um die es sich bei der Auswertung der Wech-

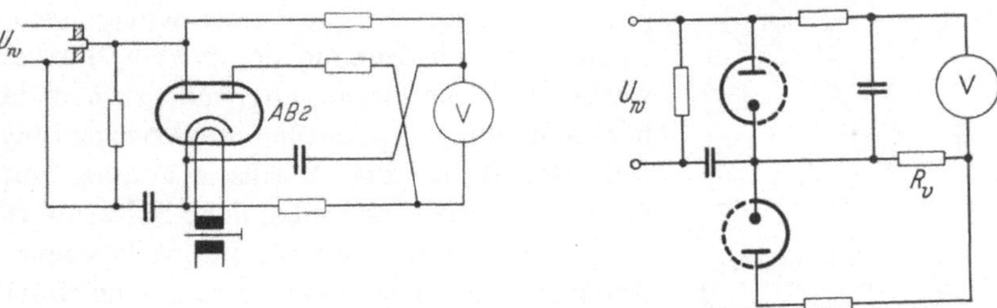

Abb. 76. Spitzenspannungsmesser in Paralleldiodenschaltung mit Kompensation der Heizspannungsschwankungen (Siemens). Daneben eine übersichtlichere Umzeichnung ders. Schaltung. (Das linke Schaltbild ist entnommen aus F. VILBIG, Hochfrequenzmeßtechnik. München: Hauser 1953, S. 120)

selspannungen nahezu ausschließlich handelt, wobei unter stillschweigender Annahme von Sinusspannungen das anzeigende Meßgerät in Beträgen des Effektivwertes geeicht wird, ist im II. Abschnitt so viel gesagt worden, daß jetzt nur noch ergänzende Bemerkungen nötig sind. Nach der ausführlichen Darlegung des Gleichrichtungsvorganges bei verschiedenen Schaltungen, verschiedenen Diodenkennlinien und verschiedenen Spannungsbereichen sollen hier nur noch einige Nebenprobleme gestreift werden.

So zeigt Abb. 76 eine Ergänzung der Paralleldiodenschaltung zur Kompensation der veränderlichen Anlaufspannung bei Heizspannungsschwankungen durch Anwendung einer Doppeldiode (Siemens).

Weiterhin zeigt Abb. 77a ein Beispiel einer symmetrisch ausgeführten Seriendiodenschaltung. Die Kondensatoren der beiden Gleichrichterzweige sind über getrennte Instrumentenvorwiderstände parallel geschaltet.

Eine andere Seriendiodenanordnung, bei der zwei Gleichrichterzweige in Spannungsverdopplerschaltung nach DELON zusammengesetzt sind, zeigt Abb. 77b. Da in den beiden Wechselspannungszuleitungen reiner Wechselstrom fließt, ist ein Anschluß der Meßeinrichtung ausschließlich über Kondensatoren möglich, so daß die Wechselspannungsquelle beliebiges Potential haben kann. Darüber hinaus ist die Schaltung, die für das Beispiel eines weiter unten noch besprochenen Mehrzweckmeßgerätes (Rohde u. Schwarz) wiedergegeben ist, außerordentlich unempfindlich in bezug auf Meßfehler durch Störwechselspannungen gegen Erde. Was die Messung der Eingangswechselspannung selbst anbelangt, ist darauf hinzuweisen, daß positive und negative Halbwellen ausgewertet werden. Angezeigt wird als Summe beider Kondensatorspannungen die Summe der beiden Spitzenwerte der Wechselspannung, man spricht daher von einer Spitze-Spitze-Gleichrichtung. Bei Behaftung der Wechselspannung mit Oberwellen, die verschieden hohe Spitzenwerte der positiven und negativen Halbwelle ergeben, erfolgt bei dieser Summenmessung eine bessere Annäherung an den $\sqrt{2}$ fachen Effektivwert als bei einer einfachen Gleichrichteranordnung.

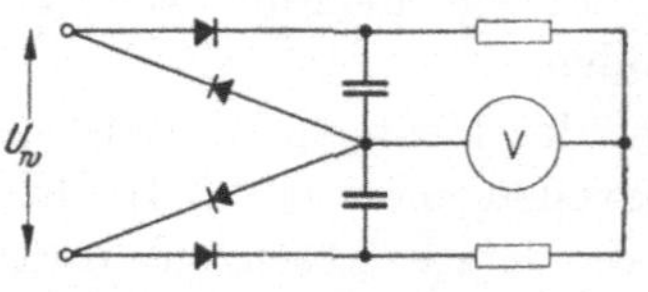

Abb. 77a. Spitzenspannungsmesser in symmetrischer Seriendiodenschaltung mit parallel geschalteten Zweigen

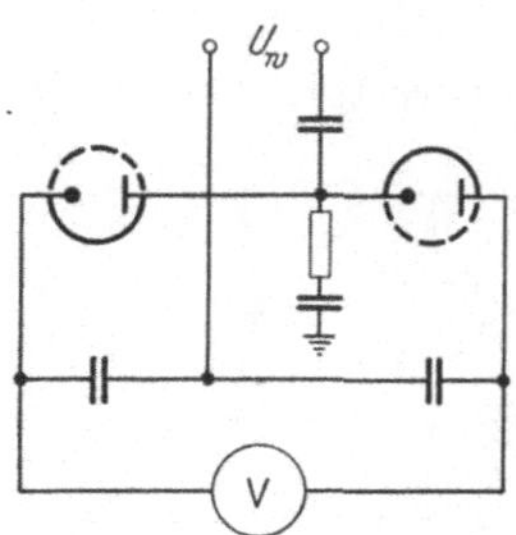

Abb. 77b. Spitzenspannungsmesser („Spitze-Spitze“) in symmetrischer Seriendiodenschaltung mit in Serie geschalteten Zweigen (DELON-Schaltung)

Eine von F. GEISEL[1] angegebene Diodenschaltung zur Messung des arithmetischen Mittelwertes der positiven Halbwelle einer Wechselspannung im Anlaufstromgebiet der Diode mit Kompensation der Anlaufspannung zeigt Abb. 78a. Eine weitere vom Verfasser angegebene[2] Modifizierung dieser Schaltung zur Scheitelwertsmessung ist in Abb. 78b wiedergegeben.

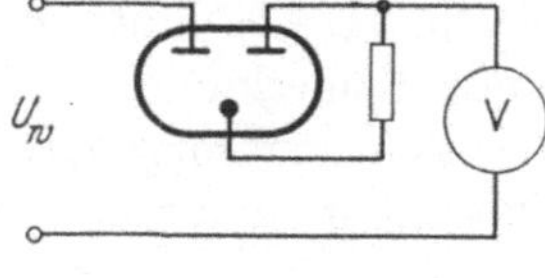

a

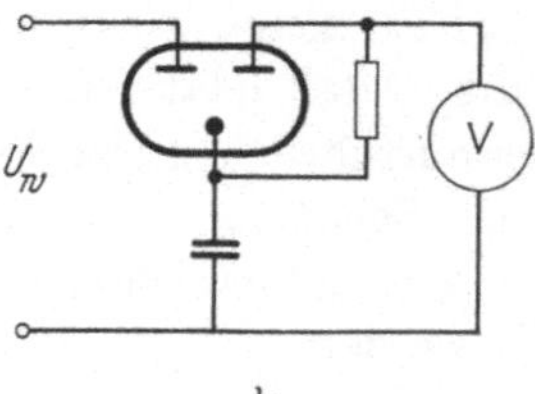

b

Abb. 78a u. b. Diodenschaltung nach F. GEISEL (a) zur Mittelwertsmessung und Modifizierung dieser Schaltung (b) zur Scheitelwertsmessung einer Wechselspannung

[1] Siehe TÖNNIES: Zit. S. 3. — [2] Siehe Abb. 114.

Hinsichtlich ausgeführter Diodenvoltmeter für die verschiedenen Spannungs- und Frequenzbereiche findet sich eine orientierende Übersicht in dem Buch O. ZINKE[1]: Hochfrequenz-Meßtechnik, Abschnitt B, Kap. V „Spannungsmessung durch Gleichrichtung". Hier werden drei Gruppen unterschieden:

1. Röhrenvoltmeter für Frequenzen bis etwa 100 MHz ($\lambda > 3$ m), Spannungen bis zu einigen Hundert V,
Eingangskapazität > 6 pF,
Eingangswiderstand niedrig,
Anschluß der Meßspannung vorwiegend an Klemmen.

2. Röhrenvoltmeter mit oberer Frequenzgrenze über 100 MHz ($\lambda < 3$ m), Spannungen bis zu einigen Hundert V,
Eingangskapazität < 3 pF,
Eingangswiderstand hoch.

3. Röhrenvoltmeter für Hochspannung bis 50 kV und Frequenzen bis 30 MHz, mit verlustarmem Spannungsteiler,
Eingangswiderstand hoch, trotzdem erheblicher Verbrauch an Wirkleistung.

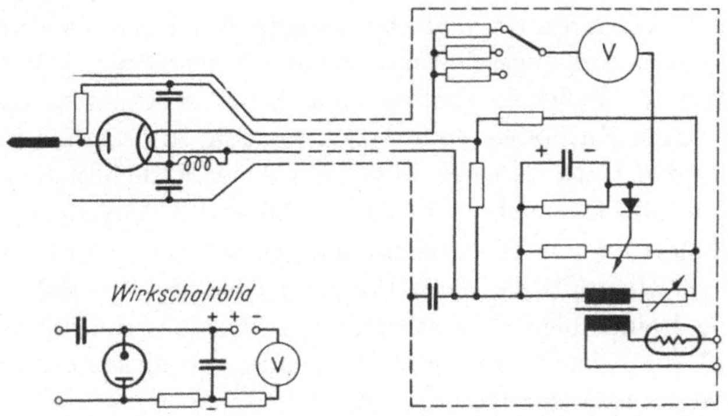

Abb. 79. Diodenvoltmeter in Paralleldiodenschaltung mit Tastkopf mit Dezimeterdiode SA 102 (Rohde u. Schwarz). Aus ZINKE, Hochfrequenz-Meßtechnik. Daneben ein übersichtlicher gezeichnetes Wirkschaltbild

Der späteren Erwähnung wegen ist in Ab. 79b beispielsweise die Schaltung eines Diodenvoltmeters mit Tastkopf oder Meßkopf wiedergegeben. Dieser ist ein zylindrischer, beweglich angeordneter und mit der Gehäusemasse verbundener Abschirmbecher, in dem eine Spezialdiode mit sehr kleiner Anodenkapazität untergebracht ist. Die Anode ist direkt oder über einen Kondensator (entsprechend einer Reihen- oder Paralleldiodenschaltung) so mit der Meßspitze des Kopfes verbunden, daß alle überflüssigen Schaltkapazitäten vermieden sind. Bei der dar-

[1] ZINKE, O.: Hochfrequenz-Meßtechnik. Leipzig: Hirzel 1946.

gestellten Anordnung (Rohde u. Schwarz) ist eine Dezimeterdiode SA 102 mit etwa 1 pF Eingangskapazität angewendet worden, sie gestattet Wechselspannungsmessungen bis 500 MHz, wobei die Meßungenauigkeit bei Sinusform mit 3% angegeben wird. Die in einem flexiblen Rohr vom Tastkopf abgehenden Leitungen führen nur den geregelten Heizstrom und die erzeugte Meßgleichspannung. Die weitere Schaltung läßt noch einen Hilfsgleichrichter erkennen, der den Kompensationsstrom für die Nulleinstellung des anzeigenden Meßgerätes liefert.

Anstelle von Röhren werden für Tastköpfe, sofern spannungsmäßig zulässig, neuerdings auch Germaniumdioden angewendet, wodurch die Heizstromzuleitung entbehrlich wird.

Nach dieser Einschaltung über Diodenanordnungen sollen die kombinierten Anordnungen mit Kathodenverstärkern zur Wechselspannungsmessung besprochen werden.

33. Wechselspannungsmeßgeräte mit Eingangsdioden. Bei Wechselspannungsmessungen mittels Diodengleichrichter zur Spitzenwertsmessung ist die Rückwirkung der Meßeinrichtung auf die Spannungsquelle einerseits bestimmt durch die in der Theorie der Gleichrichtung ausführlich diskutierten Stromstöße zur Aufrechterhaltung des Ladungszustandes des Kondensators und andererseits durch den Verschiebungswechselstrom der Eingangsschaltungskapazität der Diode. Will man zur Verbesserung der Meßeigenschaften eines Röhrenvoltmeters Kombinationen mit einem Kathodenverstärker anwenden, so kann man Diodengleichrichter und Kathodenstufe in verschiedener Reihenfolge anordnen, wie bereits in den Übersichtsabbildungen 36 und 37 angedeutet wurde.

Für die Messung von Wechselspannungen mit geringem Innenwiderstand und vor allem für das obere Frequenzgebiet bis 100 MHz und darüber ist die Reihenfolge Gleichrichter → Kathodenstufe die gegebene. Dabei muß die Gleichrichtungsdiode sperrspannungsmäßig die volle Eingangsspannung aushalten.

Für die Messung von Wechselspannungen mit hohem Innenwiderstand und vor allem für das Niederfrequenz- und Mittelfrequenzgebiet bis 100 kHz oder unter Umständen bis 1 MHz ist die Reihenfolge Kathodenstufe → Gleichrichter vorteilhaft, wobei gegebenenfalls noch die Anwendung eines Eingangsspannungsteilers möglich ist.

Wir wenden uns zunächst der erstgenannten Schaltungsgruppe zu. Ein Beispiel eines auf dieser Grundlage entwickelten Gerätes zeigt in der Gesamtschaltung Abb. 80. Dieses stellt ein Diodenvoltmeter (Philips, Type GM 6004) für Gleich- und Wechselspannung im Bereich von 50 Hz bis 100 MHz dar.

Das Gerät setzt sich aus einem Tastkopf mit einer Diode EA 50 in Paralleldiodenschaltung und dem eigentlichen Gerät mit einem aus

2 Pentoden EF 40 bestehenden Kathodenverstärker in symmetrischer Brückenschaltung zusammen. Die Nullpunktseinstellung erfolgt mittels eines Symmetrierpotentiometers, an das die beiden Schirmgitter angeschlossen sind. Eine Nachregelung des Nullpunktes bei Netzspannungsänderung, soweit dieser nicht schon durch die Brückenschaltung sichergestellt ist, erfolgt durch eine zusätzliche Diodenspannung zu deren Erzeugung eine weitere Röhre EA 50 dient. Die Anpassung des Verstärkers und des anzeigenden Meßgerätes an die Meßbereiche 3, 10, 30, 100 und

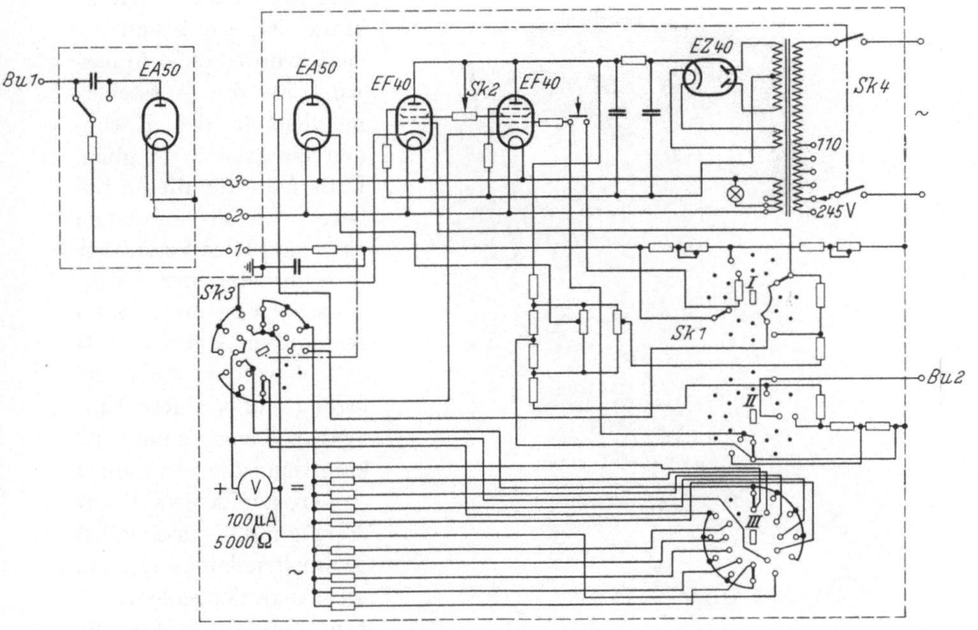

Abb. 80. Gesamtschaltung eines Röhrenvoltmeters für Gleich- und Wechselspannung (Type GM 6004, Philips)

300 V erfolgt durch zwei Abgriffe an den als Gitterableitwiderstand dienenden Eingangswiderstand des Verstärkers und durch umschaltbare Voltmetervorwiderstände. Der Eingangswiderstand bei Gleichspannungsmessung beträgt 15 MΩ, bei Wechselspannungsmessung sind die Eingangswiderstände 2,5 MΩ bei 0,1 MHz, 1,3 MΩ bei 1 MHz, 0,2 MΩ bei 10 MHz und etwa 0,07 MΩ bei 40 MHz. Die Eingangskapazität am Tastkopf beträgt etwa 5 pF. Das anzeigende Voltmeter, dessen Endausschlag bei 100 µA erfolgt, ist linear unterteilt. Die äußere Ansicht des Gerätes zeigt Abb. 81.

Auf dieser und ähnlicher Grundlage sind zahlreiche Meßgeräte entwickelt worden. Für Geräte, die zur Messung von Wechselspannungen bis zu den höchsten Frequenzen ausgelegt sind, wobei die obere Grenze nahe 1000 MHz liegt, ist der eingangsseitige Diodengleichrichter als Tastkopf ausgebildet, womit der Eingang zwangläufig unsymmetrisch ist. Zur Wechselspannungsmessung niederer Frequenzen bis etwa der Größenordnung 10 MHz kann man fest eingebaute Diodengleichrichter mit Klemmen- oder Buchseneingang benutzen, wobei symmetrische Schaltungen anwendbar sind. Der Außenwiderstand des Gleichrichters ist Eingangswiderstand des nachfolgenden Kathodenverstärkers.

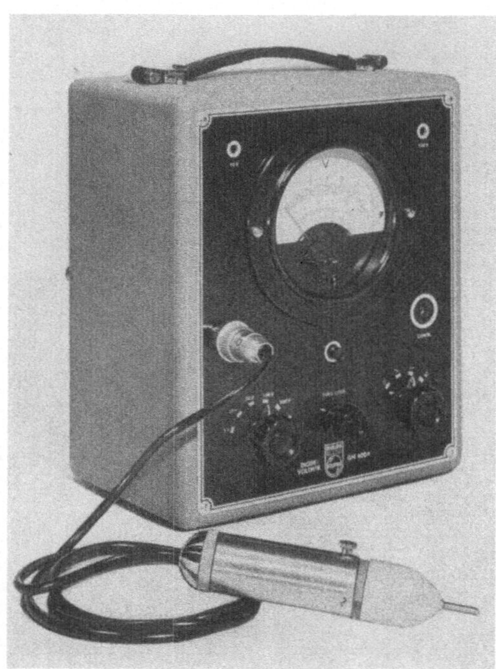

Abb. 81. Außenansicht des Röhrenvoltmeters (Philips)

Durch Spannungsteilung an diesem Widerstand ist, wie schon gesagt wurde, eine Anpassung an die Aussteuermöglichkeit des Kathodenverstärkers möglich. Läßt man für diesen höhere Gleichspannungen zu, so muß der Verstärker in symmetrischer Brükkenschaltung mit zwei getrennten Röhren aufgebaut werden. Bei Festlegung auf kleinere Eingangsgleichspannungen kann man die neuerdings in großer Auswahl zur Verfügung stehenden Doppeltrioden anwenden. Legt man den so bestückten Verstärker für die niedrigste Spannung der vorgesehenen Meßbereiche aus und sieht man für jeden Meßbereich den ihm zukommenden Widerstandsabgriff vor, der die gleiche Verstärkereingangsspannung ergibt, so ist der Meßbereich des anzeigenden Meßgerätes für alle äußeren Meßbereiche der gleiche. Der Kathodenverstärker arbeitet zudem bei der niedrigst möglichen Anodenspannung. Nachteilig ist bei dieser Anordnung die ungünstigere Kompensation der Netzspannungsschwankungen, die um so schwieriger ist, je kleiner der Meßbereich des Verstärkers ist. Als Anhaltspunkt sei eine Angabe für das in Abb. 80 wiedergegebene und vorhin beschriebene Gerät mitgeteilt: Bei 5% Netzspannungsschwankungen beträgt die max. Abweichung für vollen Skalenausschlag im 3-V-Meßbereich 1,6%, im 10-V-Bereich 0,5%, darüber hinaus ist sie vernachlässigbar klein.

Da wir schon bei Genauigkeitsangaben sind, sei zur Orientierung mitgeteilt, daß die Meßgenauigkeit des eben genannten Gerätes bei Gleichspannung günstiger als 2%, bei Wechselspannung im Frequenzbereich 50 Hz bis 30 MHz günstiger als 3% mit Anstieg bei 100 MHz bis zu + 10% angegeben wird. Ähnlich sind die Angaben aller Firmen, überschläglich kann man sagen, daß die Meßgenauigkeit der Geräte, abgesehen von dem Bereich der hohen Frequenzen, $< 5\%$ beträgt.

Weitere Angaben erfolgen noch bei der Besprechung der Mehrzweck- oder Vielfachmeßgeräte.

34. Wechselspannungsmeßgeräte mit ausgangsseitiger Gleichrichtung. Bei Anordnung des Diodengleichrichters in den Ausgang des Kathodenverstärkers wird die Eingangsspannungsquelle von den Stromstößen der periodischen Nachladung des Gleichrichterkondensators entlastet. Für den Gleichrichter ist der Kathodenverstärker eine Wechselspannungsquelle mit niedrigem Innenwiderstand. Der Frequenzgang der Wechselspannungsübertragung durch den Verstärker ist dabei durch die Gitter-Anoden-Kapazität einerseits und durch die Kathodenkapazität andererseits bestimmt. Letztere läßt sich nur wenig beeinflussen, womit die obere Frequenzgrenze beispielsweise in der Größenordnung 1 MHz liegt. Die erstgenannte Eingangskapazität des Verstärkers bestimmt den Frequenzgang als Funktion des Innenwiderstandes der zu messenden Spannungsquelle. Hierfür gab schon Abb. 22b einen Einblick.

a) Kapazitiv angekoppeltes Schirmgitter. Bei Anwendung von Pentoden läßt sich die Gitterkapazität beträchtlich verkleinern durch kapazitive Ankopplung des Schirmgitters an die Kathode („Nachschieben der Schirmgitterspannung"), wie Abb. 82 deutlich macht. Durch diese Maßnahme, die die wechselstrommäßige Nachbildung der Schaltung Abb. 69 für Gleichstrom darstellt, wird die Pentodeneigenschaft der Röhre auch für den Kathodenverstärker sichergestellt. Der Schirmgitterstrom wird über den Widerstand R nachgeliefert, die Kopplungskapazität C ist der tiefsten Frequenz f anzupassen, d. h., die Zeitkonstante RC ist genügend groß gegen $1/f$ zu wählen. Wegen der Bedeutung der Schaltung soll ihr Verhalten rechnerisch genauer untersucht werden.

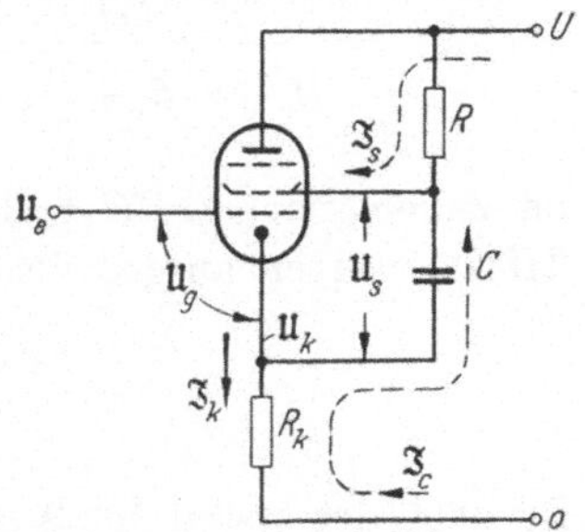

Abb. 82. Kathodenverstärker mit kapazitiv an die Kathode angekoppeltem Schirmgitter

Wir rechnen komplex, die Stromspannungsbezeichnungen gelten für die Wechselanteile der Größen, sie sind den konstanten Strömen und Spannungen, die den Ruhepunkten J_{k0}, U_{k0} usw. entsprechen, überlagert. Den Kathoden- oder Emissionsstrom der Röhre nennen wir wieder $\mathfrak{J}_k$, der darin enthaltene Schirmgitterstrom ist zu $\mathfrak{J}_s = \alpha \mathfrak{J}_k$ angenommen, worin α ein konstanter Zahlenfaktor < 1 ist. Dann ist

$$\left.\begin{aligned} \mathfrak{J}_k &= S(\mathfrak{U}_g - D_2 \mathfrak{U}_s), & \mathfrak{U}_g &= \mathfrak{U}_e - \mathfrak{U}_k, \\ \mathfrak{U}_k - \mathfrak{U}_s + R(\mathfrak{J}_s - \mathfrak{J}_c) &= 0, & \mathfrak{U}_k &= R_k(\mathfrak{J}_k - \mathfrak{J}_c), \\ & & \mathfrak{U}_s &= \frac{1}{j\omega C}\mathfrak{J}_c, \end{aligned}\right\} \tag{140}$$

wobei der Anodendurchgriff $D_1 D_2$ vernachlässigt ist. Eliminiert man zuerst $\mathfrak{U}_g$, $\mathfrak{U}_s$, $\mathfrak{U}_k$ und $\mathfrak{J}_s$, so entstehen zwei Gleichungen für die Ströme $\mathfrak{J}_k$ und $\mathfrak{J}_c$, nämlich

$$\left(R_k + \frac{1}{S}\right)\mathfrak{J}_k - \left(R_k + j\frac{D_2}{\omega C}\right)\mathfrak{J}_c = \mathfrak{U}_e,$$

$$(R_k + \alpha R)\mathfrak{J}_k - \left(R_k + R - j\frac{1}{\omega C}\right)\mathfrak{J}_c = 0.$$

Durch seitenweises Multiplizieren der ersten Gleichung mit $(R_k + \alpha R)$ und der zweiten Gleichung mit $\left(R_k + \frac{1}{S}\right)$ und Subtrahieren beider Gleichungen voneinander findet man

$$\mathfrak{J}_c = \frac{\left(1 + \alpha\frac{R}{R_k}\right)\mathfrak{U}_e}{\left(1 - \alpha + \frac{1 + \frac{R_k}{R}}{R_k S}\right)R - j\left[1 + \left(1 + \alpha\frac{R}{R_k}\right)D_2 + \frac{1}{R_k S}\right]\frac{1}{\omega C}} \tag{141}$$

Als erste Vereinfachung vernachlässigen wir $1/R_k S$ und D_2 gegen 1 und erhalten

$$\mathfrak{J}_c = \frac{\left(1 + \alpha\frac{R}{R_k}\right)\mathfrak{U}_e}{(1-\alpha)R - \frac{j}{\omega C}} = \frac{\left(1 + \alpha\frac{R}{R_k}\right)\mathfrak{U}_e}{(1-\alpha)^2 R^2 + \frac{1}{\omega^2 C^2}}\left((1-\alpha)R + \frac{j}{\omega C}\right).$$

Ist zudem noch $\omega RC \gg 1$, so ist $\mathfrak{J}_c$ in Phase zu $\mathfrak{U}_e$, und es wird, in Effektivwerten ausgedrückt,

$$J_c = \frac{\frac{1}{R} + \frac{\alpha}{R_k}}{1 - \alpha} U_e. \tag{142}$$

Da nach der ersten der Ausgangsgleichung unter Vernachlässigung von $D_2/\omega C$ gegen R_k

$$\left(1 + \frac{1}{R_k S}\right)\mathfrak{J}_k - \mathfrak{J}_c = \frac{\mathfrak{U}_e}{R_k}$$

wird, ergibt sich mit Einsetzen von $\mathfrak{J}_c$ für $\mathfrak{J}_k$ in Effektivwerten ausgedrückt

$$J_k = \frac{\frac{1}{R_k} + \frac{1}{R}}{(1-\alpha)\left(1 + \frac{1}{R_k S}\right)} U_e, \tag{143}$$

woraus die Spannung $U_k = R_k (J_k - J_c)$ zu

$$U_k = \frac{U_e}{1 + \frac{1}{R_k S}} \left(1 - \frac{\alpha + \frac{R_k}{R}}{1 - \alpha} \frac{1}{R_k S} \right) \tag{144}$$

hervorgeht. Für die Schirmgitterspannung ergibt sich

$$\mathfrak{U}_s = -\frac{j}{\omega C} \mathfrak{J}_c = -j \frac{\frac{1}{R} + \frac{\alpha}{R_k}}{(1-\alpha)\,\omega C} \mathfrak{U}_e .$$

Damit können wir die anstelle von C_{gg2} jetzt wirksame Gitterkapazität C'_{gg2} angeben. Da beide den gleichen Eingangsstrom $\mathfrak{J}_e$ ergeben müssen, muß $C'_{gg2}/C_{gg2} = \mathfrak{U}_s/\mathfrak{U}_e$ sein oder

$$C'_{gg2} = \frac{\frac{1}{R} + \frac{\alpha}{R_k}}{(1-\alpha)\,\omega C} C_{gg2} . \tag{145}$$

Damit ist das Wesentliche angedeutet.

b) Wechselspannungsmessung bei fester Schirmgitterspannung. Ein Beispiel. Die Anordnung Kathodenstufe → Gleichrichter ermöglicht die Anwendung eines sehr hochohmigen Eingangsspannungsteilers. Mit diesem ist wieder die Anpassung des Verstärkers an den Meßbereich möglich. Insbesondere ist es aber auch möglich, bei hinreichend bemessener Spannungsteilung eine Hochspannungs-Wechselspannungsmessung im Niederfrequenzbereich durchzuführen.

Bei unmittelbarer Anpassung des Verstärkers an die Eingangswechselspannung läßt sich die eingangsseitige Hochohmigkeit des Kathodenverstärkers ohne Gitterableitwiderstand voll ausnutzen. Hierfür zeigt Abb. 83 ein Schaltungsbeispiel. Die Anordnung, die mit einer Pentode EL 60 und einer Gleichrichterröhre EZ 40 bestückt ist, gestattet die Messung einer Wechselspannung von 250 V eff., wobei Eingangsströme von der Größenordnung 0,1 μA entnommen werden. Wird dieser Eingangsstrom spannungsproportional, was unter Umständen angenähert werden kann, so hat man einen Eingangswiderstand von der Größenordnung 1000 MΩ bei Niederfrequenz. Die Eingangskapazität ist bei fest eingestellter Schirmgitterspannung im wesentlichen die Gitter-Schirmgitter-Kapazität.

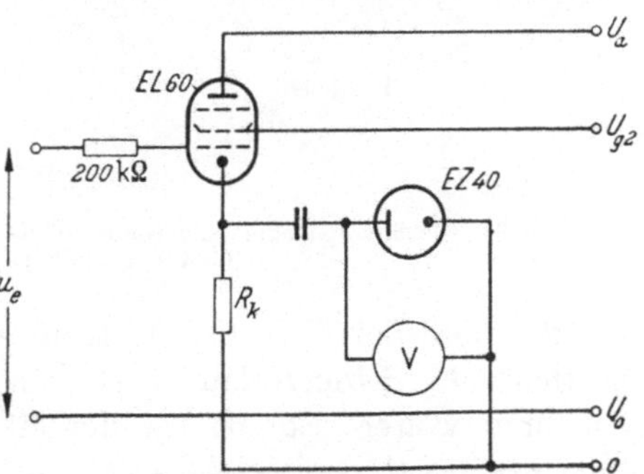

Abb. 83. Kathodenverstärker mit fester Schirmgitterspannung mit nachfolgender Diodengleichrichtung zur Wechselspannungsmessung im Bereich 0 bis 250 V eff.

Die Anodengleichspannung der Stromversorgung beträgt etwa 1100 V, die Schirmgitterspannung etwa 800 V, die Gittervorspannung ist auf $U_0 = 400$ V eingestellt. Unter diesen Verhältnissen verlaufen die statischen Kennlinien des Verstärkers bei Gleichspannungseingang von $U_e = \pm 400$ V, wie in Abb. 84 wiedergegeben. Der Verlauf des Eingangsstromes J_e, den wir hier wieder im wesentlichen als Isolationsstrom, bedingt durch das Ansteigen der negativen Gitter-Kathoden-Spannung U_g, deuten, läßt sich unter Umständen durch einen zusätzlichen hochohmigen Widerstand zwischen Gitter und einer Festspannung

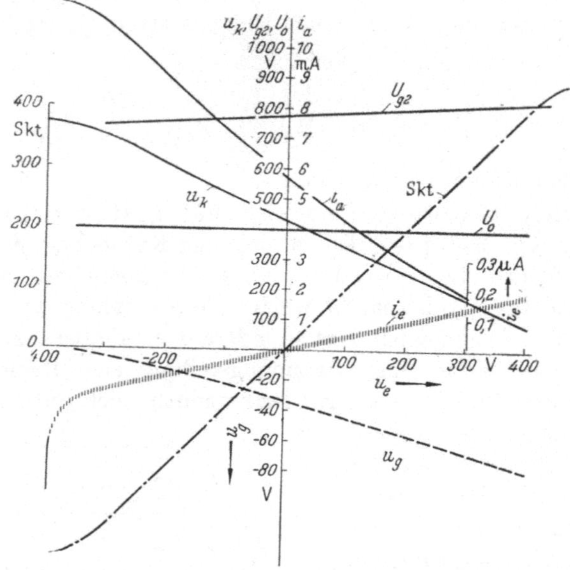

Abb. 84. Gleichstrommäßig aufgenommene Kennlinien der Kathodenstufe im Bereich − 400 bis + 400 V (Müller-Lübeck)

so legen, daß bei $U_e = 0$ der Strom J_e Null wird. Wegen der Undefiniertheit des Stromverlaufes ist sein Verlauf gestrichelt eingetragen. Wie man weiter erkennt, ist die gitterstromfreie Aussteuerung aller Momentanwerte im Bereich $U_e = \pm \sqrt{2} \cdot 250 \text{ V} = \pm 353$ V sichergestellt. Der gleichstrommäßige Eingangswiderstand beträgt unter diesen Umständen etwa 2000 MΩ. Das Spannungsübersetzungsverhältnis ist etwa $U_k/U_e = 0{,}9$.

Bei Eingangswechselspannung ist der Verstärker ausgangsseitig eine Spannungsquelle mit der Urspannung etwa gleich $u_e = \sqrt{2} \cdot 0{,}9 \cdot U_e \sin \omega t$, wenn U_e die effektive Eingangsspannung bedeutet, und dem Innenwiderstand $R_i \approx 1/S$. Dabei ist $\omega = 2\pi f$, die Frequenz soll vorläufig so niedrig sein, daß der Einfluß der Schaltungskapazitäten auf die Spannungsübersetzung vernachlässigbar ist.

Die Auswertung der Wechselspannung erfolgt durch die an die Kathode angeschlossene Diodengleichrichteranordnung in Paralleldiodenschaltung. Die Diode EZ 40 ist so gepolt, daß die Stromstöße für die Nachladung des Kondensators jeweils dann eintreten, wenn die Kathodenstufe den höchsten Strom führt, also auch die Röhrensteilheit S den höchsten Wert und damit der Innenwiderstand $R_i = 1/S$ den niedrigsten Wert hat. Diese Polung sichert damit eine lineare Teilung der Skala des anzeigenden Voltmeters. Seine Spannung U_v beträgt $\sqrt{2}\,U_k$, wenn U_k die effektive Kathodenwechselspannung $(\approx 0{,}9 \cdot \sqrt{2}\,U_e)$ bedeutet, abzüglich eines Spannungsabfalles ΔU_v, den wir in der Gleichrichtertheorie schon verschiedentlich untersucht haben. Mit Anwendung der Gl. (75) unter Einsetzen von $R_i = 1/S$ wird dieser

$$\frac{\Delta U_v}{\sqrt{2}\,U_k} = \frac{1}{2}\left(\frac{3\pi}{S R_v}\right)^{\frac{2}{3}} + \frac{1}{8(\omega R_v C)^2}\left(\frac{3\pi}{S R_v}\right)^{-\frac{2}{3}}, \tag{146}$$

sofern der Innenwiderstand der Diode gegen $1/S$ vernachlässigt wird. R_v ist der Widerstand des Voltmeters. Mit $S = 10$ mA/V und $R_v =$ 600 kΩ wird der erste rechte Anteil in Gl. (146) beispielsweise $= 0{,}007$ $(= 0{,}7\%)$. Der zweite Anteil ist frequenzabhängig, er legt den Wert C der Kapazität fest, der bei der tiefsten Frequenz den Meßfehler unter der verlangten Fehlergrenze hält. Nehmen wir den zweiten Anteil auch zu 0,007 an, so daß also der Gesamtfehler 0,014 $(= 1{,}4\%)$ wird, so muß

$$\frac{1}{8(\omega R_v C)^2} = 0{,}07\left(\frac{3\pi}{S R_v}\right)^{\frac{2}{3}} = 2 \cdot 0{,}07^2$$

werden. Damit wird

$$4\,\omega R_v C = \frac{1}{0{,}007}$$

oder mit $\omega = 2\pi f$

$$R_v C = \frac{1}{8\pi \cdot 0{,}007 \cdot f} = \frac{5{,}7}{f}. \tag{147}$$

Nehmen wir die tiefste Frequenz zu $f = 10$ Hz an, wird für $R_v = 0{,}6$ MΩ die Kapazität $C = \frac{0{,}57}{0{,}6}\mu\text{F} \approx 1\,\mu$F.

Der Frequenzgang der Spannungsübersetzung der Kathodenstufe ist bei einem Innenwiderstand R_e der Meßspannungsquelle durch den folgenden Ausdruck gegeben, der sich aus der Vereinigung von Gl. (57) und (62) ergibt und der auch schon für das Kennlinienbeispiel Abb. 22b bestimmend gewesen ist,

$$\frac{U_k}{U_e} = \frac{1}{\sqrt{(1 + (\omega R_e C_{gg2})^2)\left(1 + D_2 + \frac{1}{S R_k}\right)^2 + \left(\frac{\omega C_k}{S}\right)^2}}. \tag{148}$$

Darin ist C_{gg2} die Gitter-Schirmgitter-Kapazität und D_2 der Schirmgitterdurchgriff. C_k ist die Kathodenkapazität einschließlich der Kapazität der mit der Kathode galvanisch verbundenen Heizwicklung des Netztransformators.

Die zweite Klammer in Gl. (148) enthält diejenige Frequenzabhängigkeit, die sich nur wenig beeinflussen läßt und die die obere Frequenzgrenze beispielsweise zu 1 MHz festlegt. Die erste Klammer bestimmt, bei wie hoher Frequenz welcher Innenwiderstand der Meßspannungsquelle bei gegebenem C_{gg2}-Wert zulässig ist. In der Rechnung für Abb. 22b haben wir $C_k = 200$ pF, $C_{gg2} = 20$ pF, $D_2 = 9\%$, $S = 10$ mA/V und $R_k = 10\ \mathrm{k}\Omega$ angenommen. Die ersten vier Werte können wir für den vorliegenden Fall etwa übernehmen, R_k ist hier $= 70\ \mathrm{k}\Omega$, jedoch ist die Abweichung, die bei Einsetzen in die Größe $1 + D_2 + 1/S R_k$ entsteht, so gering, daß Abb. 22b den Frequenzgang auch für dieses Beispiel, jedenfalls für die höheren Frequenzen, genügend genau wiedergibt. Für die tiefen Frequenzen ist gegebenenfalls noch die frequenzabhängige Teilung der Eingangsspannung durch das aus dem Kondensator C_e und dem Ableitwiderstand R_g bestehende RC-Glied in Rechnung zu setzen. Ist U_e die effektive Meßeingangsspannung und U'_e die an R_g auftretende Verstärkereingangsspannung, so ist

$$U'_e = \frac{\omega R_g C_e}{\sqrt{1 \quad (\omega R_g C_e)^2}} U_e. \tag{149}$$

Für die tiefen Frequenzen ist es zulässig, diese Formel mit dem Gleichstromanteil von Gl. (148) zu kombinieren, womit

$$\frac{U_k}{U_e} = \frac{\omega R_g C_e}{\sqrt{1 + (\omega R_g C_e)^2}} \frac{1}{1 + D_2 + \frac{1}{S R_k}} \tag{150}$$

wird. Hiernach steigt U_k/U_e mit dem Wert 0, bei der Frequenz 0 beginnend, zuerst linear an, um mit weiter wachsender Frequenz zunächst gegen den Gleichstromwert zu konvergieren. Bei genügend großen $\omega R_g C_e$ ist der frequenzabhängige Faktor in Gl. (150) angenähert

$$1 - \frac{1}{2 (\omega R_g C_e)^2},$$

wonach sich $R_g C_e$ abschätzen läßt. Soll bei der tiefsten Frequenz der Meßfehler gleich $\Delta U_e/U_e$ sein, muß

$$f R_g C_e = \frac{1}{2 \sqrt{2} \pi \sqrt{\Delta U_e/U_e}}. \tag{150a}$$

Nehmen wir beispielsweise $\Delta U_e/U_e$ zu 1% an, wird $R_g C_e = 1{,}13/f$, d. h., für $f = 10$ Hz wird $R_g C_e = 0{,}113\ \mathrm{s}^{-1}$. Dies ergibt beispielsweise für $R_g = 10\ \mathrm{M}\Omega$ eine Kapazität $C_e = 0{,}01\ \mu\mathrm{F}$. Durch das RC-Glied ist der Eingangswiderstand der Anordnung für tiefste Frequenzen natürlich auf den Wert R_g festgelegt, der kapazitive Eingang bedingt also eine Einbuße an Hochohmigkeit.

Eine Verbesserung des durch die Gitterkapazität C_{gg2} bedingten Frequenzganges ist durch die kapazitive Ankopplung des Schirmgitters an die Kathode, die wir oben beschrieben haben, möglich, jedoch ist es hierbei naturgemäß schwieriger, für verschiedene Meßbereiche den Ruhewert der Schirmgitterspannung genügend definiert festzulegen.

Wir kommen auf die eben behandelte Schaltung bei der Besprechung der Mehrzweckmeßgeräte noch einmal zurück.

V. Vielfachmeßgeräte

35. Die Grundschaltungen mit Eingangsspannungsteiler. Unter Vielfachmeßgeräten verstehen wir Röhrenvoltmeter der beschriebenen Art zur Gleich- und Wechselspannungsmessung für mehrere Meßbereiche und darüber hinaus Geräte zur Spannungs-, Strom-, Widerstands- und Kapazitätsmessung, wobei an der direkten Anzeige der Meßgröße festgehalten sein soll. Schon mit Anbeginn der Entwicklung hochohmiger Meßgeräte ist es das Bestreben gewesen, sie mehreren Meßzwecken zugänglich zu machen.

Es ist in mehrfacher Beziehung vorteilhaft und bequem, den Eingangswiderstand des Gerätes auf Werte von beispielsweise 10 MΩ bis 100 MΩ zu begrenzen und festzulegen, was durch einen Ohmschen Widerstand im Eingang geschieht, und die Meßbereichanpassung durch Spannungsteilung an diesen Widerstand vorzunehmen. Bei Schaltungen mit Eingangsdiode ist dieser Widerstand sowieso gegeben. Dieser Verzicht auf extreme Hochohmigkeit bringt den Vorteil, die Kathodenstufe mit niedriger Anodenspannung und für alle Meßbereiche im gleichen Arbeitsbereich zu betreiben.

Indem wir der Übersichtlichkeit wegen die früheren Ausführungen über die Anordnungsmöglichkeiten von Gleichrichter und Kathodenstufe noch einmal zusammenfassen, geben wir in Abb. 85 eine Gegenüberstellung der beiden Grundformen der Schaltungen mit Ohmschem Eingangsspannungsteiler mit der Umschaltmöglichkeit auf Gleich- und Wechselspannungsmessung. Hierbei kann jedem Spannungsbereich ein eigener Abgriff am Spannungsteiler zugeordnet sein, so daß der Aussteuerbereich der Kathodenstufe umgeändert bleibt und das anzeigende Voltmeter einen festen Vorwiderstand hat. Es kann aber auch vorgezogen werden, nur eine Grobunterteilung der Abgriffe des Spannungsteilers vorzunehmen und die weitere Anpassung des Voltmeters an den Spannungsmeßbereich durch Umschaltung der Voltmetervorwiderstände durchzuführen.

Abb. 85a zeigt die Anordnung Gleichrichter → Kathodenstufe, die in der Hochfrequenztechnik wegen der Beherrschung der hohen Frequenzen bevorzugt wird, Abb. 85b zeigt die Anordnung Kathodenstufe → Gleichrichter, die im Bereich tiefer und mittlerer Frequenz wegen der geringen Rückwirkung auf das Meßobjekt überlegen ist und sogar die

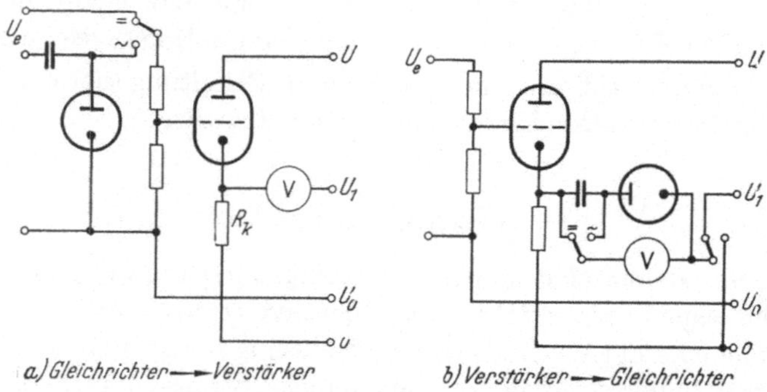

Abb. 85 a u. b. Die Grundschaltungen von Gleich-Wechselspannungs-Meßgeräten mit Eingangsspannungsteiler

Hochspannungs-Wechselspannungsmessung im Niederfrequenzbereich bei extremer Hochohmigkeit ermöglicht.

36. Einige Beispiele ausgeführter Vielfachmeßgeräte. Die nachfolgend beschriebenen Geräte sind in jedem Hochfrequenz- oder sonstigem

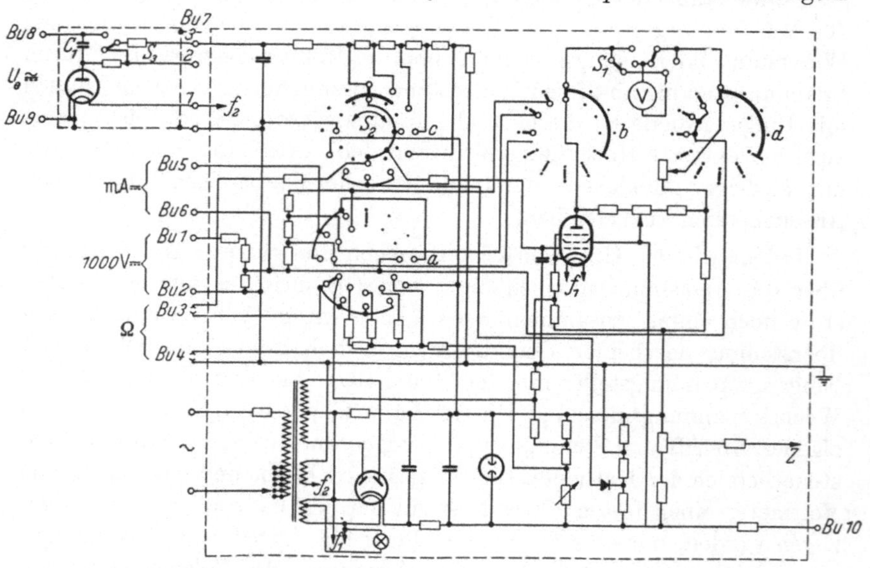

Abb. 86. Gesamtschaltung eines Spannungs-, Strom-, Widerstandsmeßgerätes (Type GM 7635, Philips) Röhrenbestückung EA 50, EF 6, EZ 40, 4687

Labor vielseitig verwendbar, jedoch vorzugsweise für den Radioservice für Rundfunk- und Fernsehempfänger bestimmt. Dies beweist ihre Handlichkeit und die Auswahl ihrer Meßbereiche, in die auch die Möglichkeit einer Gleichspannungs-Hochspannungsmessung mit eingeschlossen ist. Aus der großen Zahl ausgeführter Geräte seien die folgenden als Beispiele herausgegriffen.

Abb. 86 zeigt das Gesamtschaltbild eines kombinierten Spannungs-, Strom- und Widerstandsmeßgerätes mit eingangsseitigem Diodengleichrichter als Tastkopf und nachfolgendem gegengekoppelten Anodenverstärker in unsymmetrischer Brückenschaltung (Fa. Philips „Elektronischer Volt-Ohm-mA-Meter", Type GM 7635/01).

Abb. 87. Innenaufbau des Meßgerätes (Philips)

Der äußere Aufbau ist dem in Abb. 81 ähnlich, einen Einblick in die Innenbauweise gewährt Abb. 87. Das Gerät ermöglicht folgende Messungen:

Gleichspannungen in den Bereichen 3, 10, 30, ... bis 1000 V bei gleichbleibendem Eingangswiderstand von 9 MΩ bei Anwendung eines weiteren Spannungsteilers als Meßkopf bis 30 kV, alles bei beiderlei Polung,

Wechselspannungen in den Bereichen 3, 10, ... bis 300 V im Frequenzgebiet 50 Hz bis 50 MHz bei Eingangswiderständen 2,5 MΩ bei

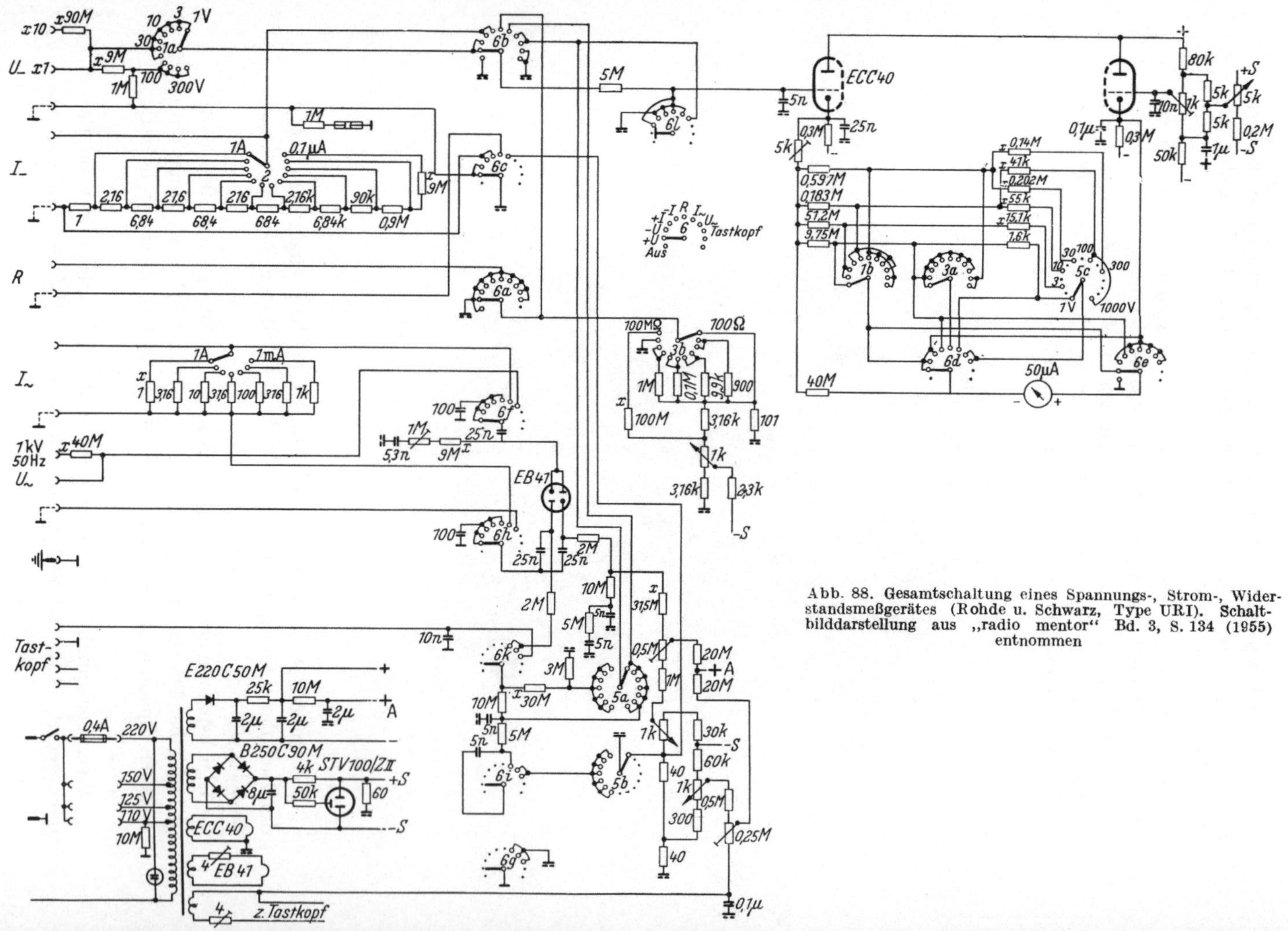

Abb. 88. Gesamtschaltung eines Spannungs-, Strom-, Widerstandsmeßgerätes (Rohde u. Schwarz, Type URI). Schaltbilddarstellung aus „radio mentor“ Bd. 3, S. 134 (1955) entnommen

1000 Hz, 0,7 MΩ bei 1 MHz, 130 kΩ bei 10 MHz und 20 kΩ bei 40 MHz (Eingangskapazität des Meßkopfes 10 pF),

Gleichströme in den Bereichen 3 bis 300 mA, Widerstände in den Bereichen 1000 Ω bis 10 MΩ. Die Meßgenauigkeit bei Spannungsmessung ist $<5\%$ angegeben. Die Widerstandsmessung erfolgt durch Anschluß des zu messenden Widerstandes in Serie mit einem bekannten Widerstand an eine feste Gleichspannung und Messung der geteilten Spannung am Prüfwiderstand. Bei Gleichspannungsmessung arbeitet der Verstärker bei beiden Polungen der Meßspannung, es ist gegebenenfalls nur nötig, eine Polwendung am anzeigenden Meßgerät mittels eines dazu vorgesehenen Schalters vorzunehmen.

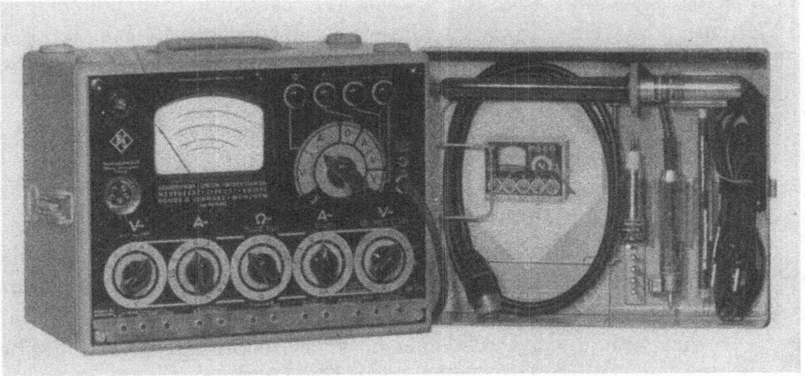

Abb. 89. Außenansicht des Meßgerätes (Rohde u. Schwarz) mit rechts daneben gestelltem Deckel mit Zubehörteilen

Abb. 88 zeigt das Gesamtschaltbild eines kombinierten Spannungs-, Strom- und Widerstandsmeßgerätes mit eingangsseitigem Diodengleichrichter alternativ als Tastkopf bzw. als symmetrischer Spitze-Spitze-Gleichrichter und nachfolgendem Kathodenverstärker in symmetrischer Brückenschaltung (Fa. Rohde u. Schwarz „Spannungs-Strom-Widerstands-Meßgerät Type URI")[1]. Seine äußere Ansicht zeigt Abb. 89. Als Mehrkanalmeßgerät bietet es die Möglichkeit, mehrere Meßgrößen, z. B. Gleichspannung, Gleichstrom, Wechselspannung und Wechselstrom, gleichzeitig anzuschließen, die jeweiligen Meßbereiche unabhängig voneinander einzustellen und mittels eines Meßkanalumschalters die Größen nacheinander zur Messung einzuwählen. Dies ermöglicht interessante Meßkombinationen. Hierbei können Gleich- und Wechselspannungen auch symmetrisch gemessen werden, erstere können wieder beliebig gepolt sein, Gleich- und Wechselstromkreise können gegen Erde spannungsführend sein. Das Gerät ermöglicht folgende Messungen:

---

[1] Vgl. M. Preisinger: Das Universalröhrenvoltmeter URI. Rohde u. Schwarz-Mitt. Nr. 1/52 (1952).

Gleichspannungen in den Bereichen 1, 3, . . ., 100, 300 V bei gleichbleibendem Eingangswiderstand 10 MΩ bzw. unter Anschluß eines Spannungsteilers 1 : 10 in den Bereichen 10, 30, . . ., 1000 V bei gleichbleibendem Eingangswiderstand 100 MΩ mit Anwendung eines zusätzlichen, als Meßkopf ausgebildeten Spannungsteilers bis 30 kV, alles bei beiderlei Polung,

Wechselspannungen in den Bereichen 1, 3, ... , 300 V bei symmetrischem Eingang und Messung mittels Spitze-Spitze-Gleichrichter, Frequenzbereich 30 Hz bis 20 MHz, Eingangswiderstand 5 MΩ bei 30 Hz bis 3 kHz, 1 MΩ bei 300 kHz, 300 kΩ bei 3 MHz, 30 kΩ bei 20 MHz.

Wechselspannungen in den Bereichen 1, 3, . . ., 300 V bei unsymmetrischem Eingang und Messung mittels HF-Tastkopf, Frequenzbereich 10 kHz bis 250 MHz, Eingangswiderstand etwa 900 kΩ bis 100 kHz fallend bis etwa 6 kΩ bei 250 MHz, verzehnfachte Meßbereiche bei Anwendung eines Vorsteckspannungsteilers des Tastkopfes,

Gleichströme in den Bereichen 0,1 μA bis 300 μA, 1, 3, . . ., 1000 mA bei erdfreiem Eingang,

Wechselströme in den Bereichen 1, 3, . . ., 1000 mA im Frequenzbereich 30 Hz bis 2 MHz,

Widerstände in den Bereichen 100 Ω, 1 kΩ, . . ., 1 MΩ, 100 MΩ bei Messung mittels Gleichstrom, bei erdfreier Messung und Belastung < 3 mW.

Über den Spitze-Spitze-Gleichrichter ist schon unter Abb. 78 berichtet worden. Die dabei geschilderte Unabhängigkeit der Effektivwertsanzeige von Spannungsoberwellen kommt in der Angabe zum Ausdruck, daß der Meßfehler bei geradzahligen Oberwellen $< 0{,}1 \times$ Klirrfaktor, bei ungeradzahligen Oberwellen $<$ Klirrfaktor ist. Im übrigen wird der Anzeigefehler $< \pm 3\%$ angegeben. Bei Anschluß an einen Spannungsteiler wird der Spannungsbereich auf 1000 V im Frequenzbereich 40 bis 100 Hz erweitert, der Eingangswiderstand beträgt dann 40 MΩ, wobei aber infolge Erdung des einen Poles keine Eingangssymmetrie mehr besteht.

Der mit einer Doppeltriode ECC 40 bestückte Kathodenverstärker ist so bemessen, daß die Anzeige von Netzspannungsschwankungen, Röhrenalterung und Röhrenwechsel weitgehend unabhängig ist, die Anzeigeänderung bei 10% Netzspannungsänderung wird für den empfindlichsten Spannungsbereich zu $\pm 1\%$ vom Endwert angegeben. Die Meßbereichanpassung erfolgt bis 30 V Eingangsspannung durch Änderung des Voltmeterwiderstandes, der mit 50 μA bei Endausschlag 20 kΩ/V beträgt, darüber hinaus durch Abgriff am Eingangsspannungsteiler.

Bei der Wechselspannungsmeßschaltung, die wie alle diese Schaltungen eine Scheitelwerts- bzw. in der symmetrischen Gleichrichteranordnung eine Spitze-Spitze-Messung vollzieht, ist es natürlich auch möglich, Rechteckimpuls- oder sonstige Impulsspannungen zu messen. Über die bei der letzteren Meßschaltung auftretenden Anzeigeabweichungen vom wahren Wert gibt Abb. 90 Auskunft, darin ist für verschiedene Meßfehler δ die minimale Impulsdauer T_i als Funktion der Impulsfolgefrequenz f_i aufgetragen.

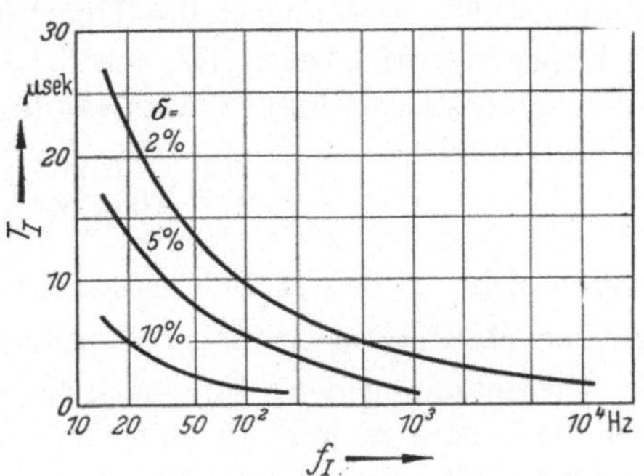

Abb. 90. Anzeigefehler bei Impulsmessung (Rohde u. Schwarz)

Der Frequenzgang der beiden Wechselspannungsmeßschaltungen bei Sinusspannung ist in Abb. 91 gezeigt. Der Anstieg des positiven Meßfehlers bei hohen Frequenzen entspricht der Eigenresonanz der Gleichrichteranordnung, die bei dem Tastkopf bei etwa 600 MHz liegt, bei etwa 1000 MHz ist die Resonanzkurve wieder auf niedrigere Werte abgesunken, so daß die bloße Wahrnehmung von Spannungen auch in diesem höheren Frequenzbereich möglich ist. Dies ist für alle derartige Meßschaltungen typisch. Abschließend ist nur noch zu vermerken, daß das anzeigende Instrument neben der Voltskala für Wechselspannungsmessung noch eine db-Skala hat.

Wir nehmen dies zum Anlaß, für Fernerstehende eine Erklärung des Dezibelmaßes (dB oder db abgekürzt) bzw. des Neper-Maßes (N abgekürzt) einzuschalten. Beide unterscheiden sich um einen Zahlenfaktor, es ist

$$1\,\mathrm{dB} = 0{,}115\,\mathrm{N}.$$

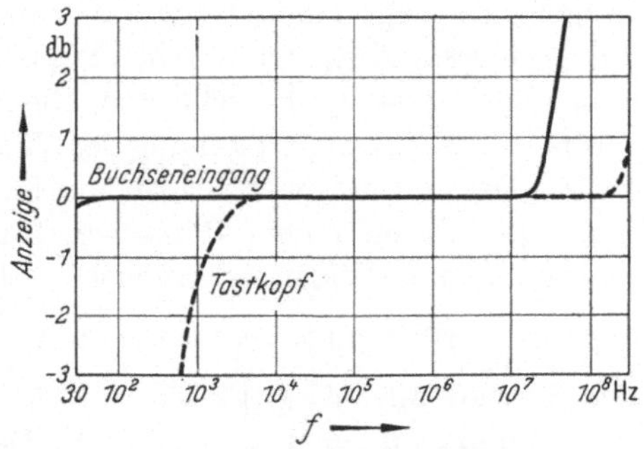

Abb. 91. Frequenzgang der Wechselspannungsanzeige (Rohde u. Schwarz)

Beide dienen im Grunde nur dazu, vermittels der Einführung des Logarithmus bei der Bewertung der Meßgrößen wie Spannungen und Leistungen das Rechnen mit Dezimalen zu vermeiden bzw. Produktbildungen auf bloße Additionen zurückzuführen. Begrifflich sind die Maße aus der Vierpoltheorie abgeleitet, nämlich aus dem dortigen Dämpfungsmaß b. Ist $\mathfrak{U}_1$ die Eingangs- und $\mathfrak{U}_2$ die Ausgangsspannung eines Vierpols, so ist die Dämpfung

$$b = \ln \frac{|\mathfrak{U}_1|}{|\mathfrak{U}_2|}, \tag{151a}$$

was aus $|\mathfrak{U}_2| = |\mathfrak{U}_1| e^{-b}$ hervorgeht. Das Dämpfungsmaß mehrerer aufeinanderfolgender Vierpole erhält man danach durch Addieren der Übertragungsmaße der einzelnen Vierpole.

Das nach Gl. (151a) auf den natürlichen Logarithmus eines Spannungsverhältnisses abgestellte Übertragungsmaß ergibt sich in Neper (1 Neper entspricht also $|\mathfrak{U}_1| = e|\mathfrak{U}_2| = 2{,}72\,|\mathfrak{U}_2|$). Ein anderes auf den BRIGGschen Logarithmus eines Leistungsverhältnisses abgestelltes Übertragungsmaß

$$b = \log\frac{|\mathfrak{U}_1|^2}{|\mathfrak{U}_2|^2} = 2\log\frac{|\mathfrak{U}_1|}{|\mathfrak{U}_2|} \tag{151b}$$

ergibt sich in Bel (1 Bel entspricht $|\mathfrak{U}_1|^2 = 10\,|\mathfrak{U}_2|^2$). Das zehnmal kleinere Maß ist das Dezibel. 1 dB bedeutet also $|\mathfrak{U}_1|/|\mathfrak{U}_2| = \sqrt{10^{0,1}} = 1{,}122$.

Die Spannungsbewertung nach Neper oder Dezibel ergibt sich ebenso wie die Leistungs- und Strombewertung aus dem Pegelbegriff der Fernmeldetechnik, dieser leitet sich aus dem durch Übereinkunft festgelegten

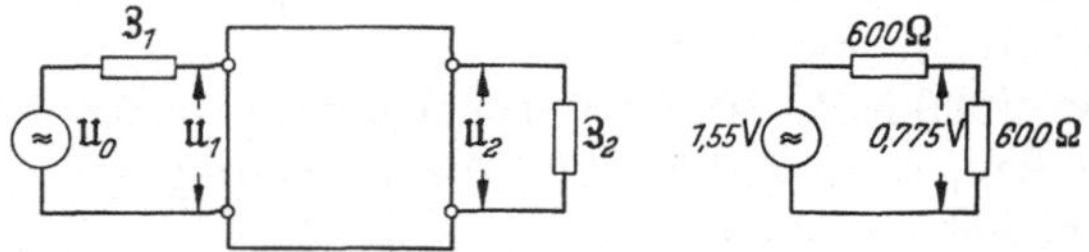

Abb. 92. Zur Erklärung des Pegelbegriffs und des Normalgenerators

„Normalgenerator" ab. Hierzu gibt Abb. 92 die nötigen Begriffserklärungen. Es zeigt einen Generator mit der Urspannung $\mathfrak{U}_0$ und dem Innenwiderstand $\mathfrak{Z}_1$, an der ein Vierpol angeschlossen ist. Dieser ist mit dem Widerstand $\mathfrak{Z}_2$ abgeschlossen. Die Klemmenspannung $\mathfrak{U}_1$ des Generators ist die Eingangsspannung des Vierpols, dessen Ausgangsspannung ist $\mathfrak{U}_2$. Der Normalgenerator ist nun festgelegt durch diejenige Urspannung $\mathfrak{U}_0$, die bei einem Ohmschen Innenwiderstand $\mathfrak{Z}_1 = 600\,\Omega$ und einem äußeren Widerstand gleicher Größe in diesem die Leistungsabgabe 1 mW ergibt. Danach ist mit $\left(\frac{\mathfrak{U}_0}{2}\right)^2\Big/600\,\Omega = 10^{-3}$ W der Wert der Urspannung $\mathfrak{U}_0 = \sqrt{2{,}4}$ V $= 1{,}55$ V, der Normalwert der Klemmenspannung $\mathfrak{U}_1 = \mathfrak{U}_0/2 = 0{,}775$ V. Der in dem Widerstand fließende Strom hat den Normalwert 0,775 V/600 Ω = 1,29 mA. Durch diese Werte sind „Spannungs-, Strom- und Leistungspegel Null" festgelegt, es bedeutet also

0 Neper = 0 Dezibel: 0,775 V bzw. 1,29 mA bzw. 1 mW.

Der Pegelwert p_s einer beliebigen Spannung $\mathfrak{U}_2$ leitet sich danach für die beiden Maße nach

$$p_s = \ln\frac{\mathfrak{U}_2}{0{,}775\text{ V}}\text{ Neper} = 20\log\frac{\mathfrak{U}_2}{0{,}775\text{ V}}\text{ Dezibel} \tag{152}$$

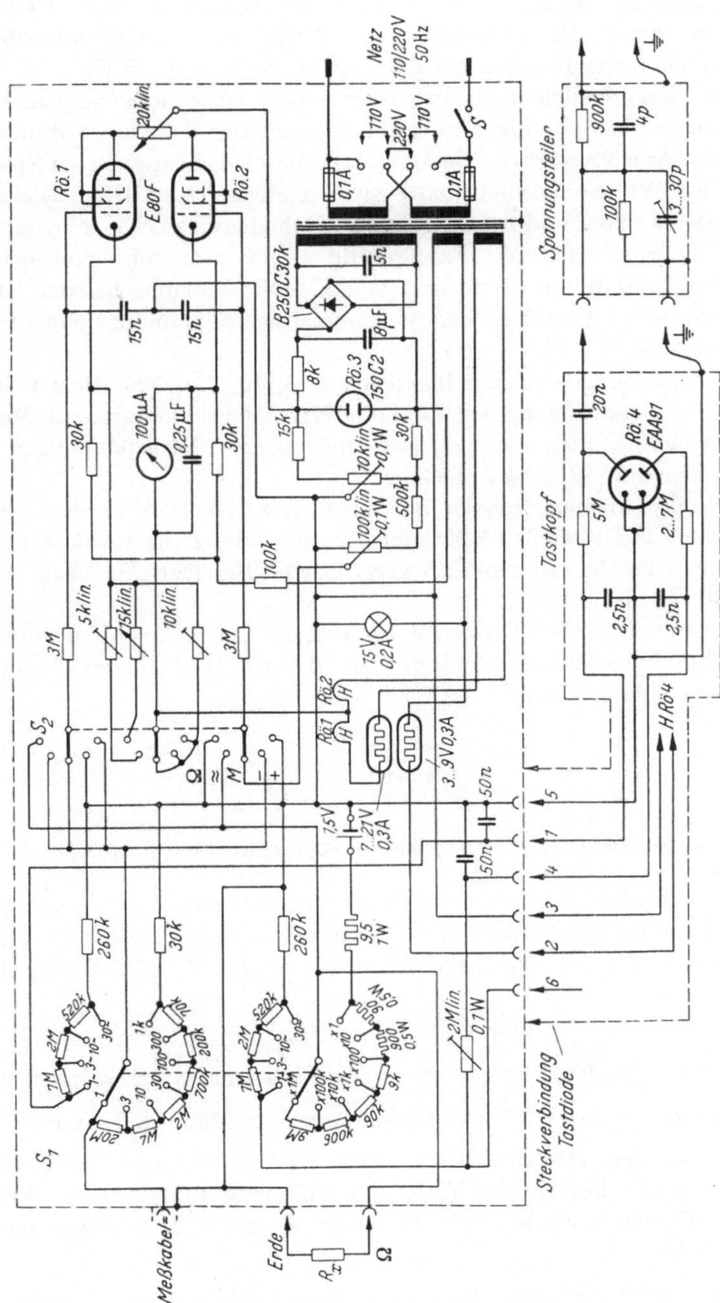

Abb. 93. Gesamtschaltung eines Spannungs-, Strom- und Widerstandsmeßgerätes (Grundig, Type 159)

ab, die Pegelmaße für $\mathfrak{U}_2 < 0,775$ V werden also negativ, für $\mathfrak{U}_2 > 0,775$ V positiv gerechnet. Da weiterhin $\ln x = 2,302 \log x$ ist, folgt die oben vorweggenommene Beziehung 1 dB = 2,302/10 N = 0,115 N.

Nach dieser vielleicht etwas ausführlichen, aber notwendigen Abschweifung wollen wir die Besprechung ausgeführter Röhrenvoltmeter fortsetzen. Abb. 93 zeigt das Gesamtschaltbild eines kombinierten Spannungs- und Widerstandsmeßgerätes mit eingangsseitigem Diodengleichrichter als Tastkopf und nachfolgendem Kathodenverstärker in symmetrischer Brückenschaltung (Fa. Grundig, „Universal-Röhrenvoltmeter Type 159"). Bei diesem Gerät erfolgt die Meßbrückenumschaltung ausschließlich durch Abgriff an dem eingangsseitigen Spannungsteiler. Das Gerät mißt:

Gleichspannungen in den Bereichen 1, 3, 10, ..., 300, 1000 V bei gleichbleibendem Eingangswiderstand 30 MΩ mittels separaten, als Meßkopf ausgebildeten Spannungsteilern sind höhere Gleichspannungen in den Bereichen 3, 10, 30 kV meßbar,

Wechselspannungen in den Bereichen 1, 3, 10, 30 V in dem Frequenzgebiet 30 Hz bis 300 MHz und bei Anwendung eines Aufschraubspannungsteilers in den zehnfach vergrößerten Bereichen im Frequenzgebiet 30 Hz bis 50 MHz,

Widerstände in den Bereichen 10, 100, ..., 1 MΩ, wobei wie bei den vorhin besprochenen Geräten etwa 0,1 bis 10 $\times$ Vergleichswiderstandswert ablesbar sind.

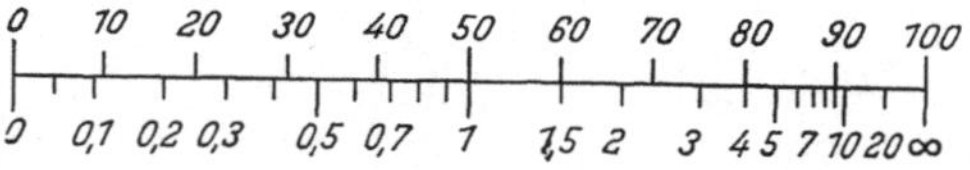

0 10 20 30 40 50 60 70 80 90 100
0 0,1 0,2 0,3 0,5 0,7 1 1,5 2 3 4 5 7 10 20 ∞

Abb. 94. Verhältnisteilung $1/(1 + 1/x)$ unterhalb einer gleichmäßigen Teilung 0 bis 100

Das allgemeine Schema einer Widerstandsmessung durch Anlegen einer bekannten Spannung U an die Serienschaltung des unbekannten Widerstandes R_x mit dem bekannten Widerstand R und Messung der Teilspannung

$$\frac{R_x}{R + R_x} U = \frac{1}{1 + R/R_x} U$$

an R_x zeigt Abb. 95. Nennen wir x das Verhältnis R_x/R, so wird die Teilspannung $\frac{1}{1 + 1/x} U$. Richtet man es so ein, daß die Spannung U den Endausschlag macht, so trägt dieser die Bezeichnung $x = \infty$. Der Teilstrich $x = 1$ liegt in der Mitte, der Nullpunkt fällt mit $x = 0$ zusammen. Die ganze Skala zeigt Abb. 94 im Vergleich zu einer normalen Teilung 0 bis 100.

37. Kapazitätsmessung. Man kann dieses Verfahren unter gewissen Bedingungen auf Kapazitätsmessungen übertragen. Sei U der Effektivwert einer Sinuswechselspannung der Kreisfrequenz $\omega = 2\pi f$, so wird die effektive Teilspannung an der unbekannten Kapazität C_x

$$\frac{1/\omega C}{1/\omega C + 1/\omega C_x} U = \frac{1}{1 + C_x/C} U,$$

an der bekannten Kapazität C hingegen

$$\frac{1/\omega C_x}{1/\omega C + 1/\omega C_x} U = \frac{1}{1 + C/C_x} U.$$

Bei Anwendung desselben Meßabgriffes wie bei der Widerstandsmessung wird also die Verhältnisteilung entsprechend $\frac{1}{1+x} U$ seitenvertauscht zu der vorigen Teilung $\frac{1}{1+1/x} U$ (d. h. im Nullpunkt liegt $x = \infty$, bei Endausschlag $x = 0$).

Deshalb wurde vom Verfasser vorgeschlagen, bei einem Vielfachmeßgerät zur Spannungs-, Widerstands- und Kapazitätsmessung in der in Abb. 95 gezeigten Weise drei Eingangsklemmen vorzusehen, die es ermöglichen, durch die unterschiedliche Anschlußweise von Widerstand und Kapazität eine Vertauschung der Reihenfolge von bekannten und unbekannten Meßobjekten herbeizuführen[1]. Dadurch bleibt die Verhältnisteilung nach der Funktion $\frac{1}{1+1/x}$ bei Widerstands- und bei Kapazitätsmessung dieselbe. Man kann die Kapazitätsmessung in gewissen Bereichgrenzen sogar mit Meßgleichspannung durchführen. Dies geschieht durch Aufschaltung der Gleichspannung auf die in Serie geschalteten spannungslosen Kondensatoren. Sie laden sich dann innerhalb einer kurzen Aufladezeit auf die elektrostatischen Teilspannungen auf, deren eine wieder $\frac{1}{1+C/C_x} U$ ist. Dieser Spannungszustand verbleibt nicht stationär, jedoch genügt sein mehr oder weniger flüchtiges Bestehen durchaus zur Ablesung des Meßwertes, sofern die Kapazitätswerte nicht zu klein sind ($>$ 500 pF). Die danach eintretende Veränderung der Spannungsverteilung ist durch die Isolationswiderstände der Kondensatoren verursacht, sie geschieht also nach Maßgabe der inneren Zeitkonstanten der Kondensatoren. Schließlich verbleibt die Spannungsaufteilung, die den Ohmschen Spannungsabfällen allein entspricht. Die Meßmethode, die in den Bereichen 1000 pF bis 10 μF anwendbar ist, ermöglicht neben der mitunter erwünschten Prüfung mit Gleichspannung einen sofortigen Einblick in die Isolationsgüte des Kondensators.

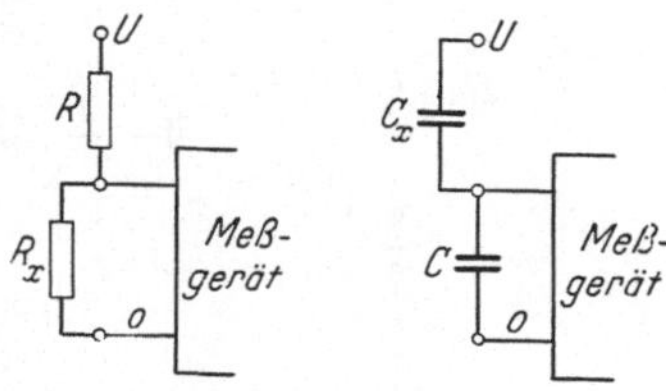

Abb. 95. Drei-Klemmen-Anordnung zur Widerstands- und Kapazitätsmessung

[1] Vgl. Radio mentor 1951, Heft 10.

Ein ebenfalls auf der Messung der Teilspannungen beruhendes, jedoch mit einer Wechselspannung als Prüfspannung arbeitendes Kapazitätsmeßgerät wurde von OTTO SCHMID entwickelt[1]. Das Prinzipschaltbild des Gerätes, das bei direkter Anzeige des Meßwertes Kapazitäten im Bereich von einigen pF bis 6000 pF zu messen gestattet, zeigt Abb. 96. Die Wechselspannung, deren Frequenz zu 400 Hz gewählt ist, wird in einer Oszillatorstufe in der normalen MEISSNER-Rückkopplungsschaltung erzeugt, wobei als Röhre der eine Triodenteil einer ECC 40 dient. Die Stufe liefert 1,5 V eff. an das Gitter einer folgenden, mit einer EF 14 bestückten Trennstufe, die eine 4fache Spannungsverstärkung liefert, im übrigen aber dazu dient, den Eingangsschwingkreis von dem eigentlichen Meßkreis der Vergleichskapazitäten $C_m = C_1, C_2, C_3$ und der unbekannten Kapazität C_x unabhängig zu machen.

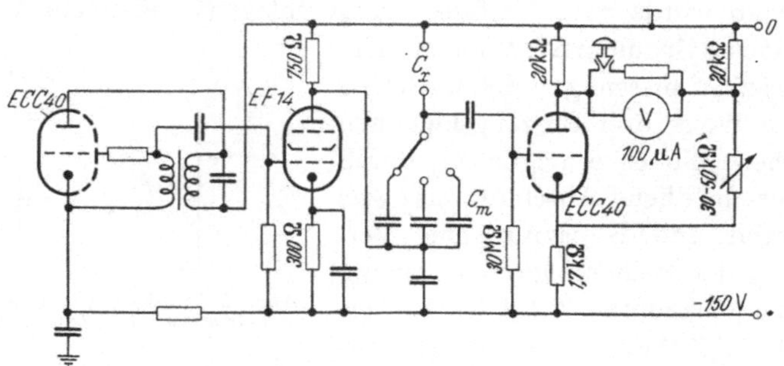

Abb. 96. Direktanzeigender Kapazitätsmesser nach O. SCHMID

Die Auswertung erfolgt durch Messung der Teilspannung an den Vergleichskapazitäten C_m, so daß der Nullpunkt der Verhältnisteilung der Voltmeterskala nach $\frac{1}{1 + 1/x}$ mit $x = C_x/C$ links zu liegen kommt. Zur Messung dient ein Audion-Röhrenvoltmeter, wobei als Röhre der zweite Triodenteil der ECC 40 dient. Der Gitterableitwiderstand beträgt $R_g = 30\,\text{M}\Omega$. An diesem Widerstand, der zu C_m parallel liegt, knüpft die folgende Fehlerberechnung an: Der Wechselstromwiderstand der Parallelschaltung ist

$$\frac{R_g}{\omega\, C_m} \Big/ \sqrt{R_g^2 + \frac{1}{\omega^2\, C_m^2}} \quad \text{statt} \quad \frac{1}{\omega\, C_m}$$

bei $R_g = \infty$. Das Verhältnis beider Spannungen ist

$$1 \Big/ \sqrt{1 + \frac{1}{(\omega\, R_g\, C_m)^2}} \approx 1 - \frac{1}{2\,(\omega\, R_g\, C_m)^2}.$$

Der von 1 abgezogene Bestandteil ist der relative Fehler infolge R_g.

---

[1] SCHMID, O.: Ein direktanzeigender Kapazitätsmesser. Funk-Technik Bd. 6 (1951) S. 542.

Soll dieser höchstens 1% werden, muß $(\omega R_g C_m)^2 = 50$ oder $\omega R_g C_m = 7{,}1$ werden. Mit $\omega = 2\pi f$ und $R_g = 25\ \mathrm{M}\Omega$ und $C_1 = 120$ pF als kleinster Wert von C_m für den Meßbereich bis 60 pF folgt

$$f = \frac{7{,}1 \cdot 10^{-12}}{2\pi \cdot 25 \cdot 10^6\ \Omega \cdot 120\ \mathrm{F}} = 380\ \mathrm{Hz},$$

womit die Wahl von 400 Hz begründet ist[1].

38. Ein Vielfachmeßgerät zur Spannungs-, Widerstands- und Kapazitätsmessung. In dem Betreben, im Bereich mittlerer Spannungen ohne jeden Eingangsspannungsteiler oder sonstigen Ohmschen Eingangs-

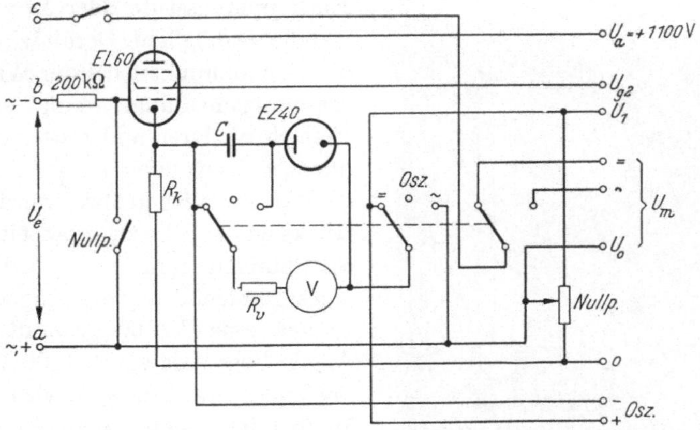

Abb. 97. Prinzipschaltung eines Vielfachmeßgerätes zur Spannungs-, Widerstands- und Kapazitätsmessung (MÜLLER-LÜBECK)

widerstand auszukommen und im Rahmen eines technischen Laborgerätes eine weitestgehende Rückwirkungsfreiheit des Meßvorganges zu erzielen, wurde vom Verfasser das nachfolgend beschriebene Gerät entwickelt[2]. Es dient zur Gleich- und Wechselspannungsmessung sowie zur Widerstands- und Kapazitätsmessung mittels Gleich- und Wechselspannung. Seine Prinzipschaltung zeigt Abb. 97. Um anzudeuten, daß hier die elektrostatische Steuerung eines Stromes in der Elektronenröhre zu erhalten angestrebt worden ist, ist die Anordnung ein „quasistatisches Vielfachmeßgerät" genannt worden. Es besteht im wesentlichen aus einem Kathodenverstärker in der unsymmetrischen Brückenschaltung und einem nachfolgenden Diodengleichrichter, wobei das anzeigende Drehspulvoltmeter für Gleich- und Wechselspannungsmessung

[1] Ein anderes Prinzip der Kapazitätsmessung, nämlich die Serienschaltung der Kapazität mit Ohmschen Vergleichswiderständen, wurde in einem neuen Vielfach-Meßgerät (Fa. Philips, Type GM 6008, 1955) gewählt.

[2] MÜLLER-LÜBECK, K.: Ein quasistatisches Vielfach-Meßgerät für Gleich- und Wechselspannungsmessung. ATM-Blatt J 8335—8 (1955).

passend umgeschaltet wird. Ein Foto einer Labormusterausführung des Gerätes zeigt Abb. 98.

Der Kathodenverstärker wird mit der vollen Eingangsgleichspannung bzw. mit allen Momentanwerten der Eingangswechselspannung ausgesteuert, er verarbeitet auch die Wechselspannung als „Gleichstromverstärker". Das bringt Unbequemlichkeiten in der Meßbereichumschaltung mit sich, aber es wird der Vorteil gewonnen, daß das Gerät nicht nur Spannungsmesser ist, sondern auch die Oszillographierübertragung im Übersetzungsverhältnis wenig unter 1:1 und für alle Frequenzen bis herunter zur Frequenz 0 oder sonstige Übertragungen als Entkopplungsstufe oder Impedanzwandler ermöglicht. Damit wird auch die Hochohmigkeit bei der Wechselspannungsmessung, wenigstens im Bereich niederer und mittlerer Frequenzen, gewonnen.

Abb. 98. Ansicht einer Labormusterausführung des Gerätes

Als Verstärkerröhre wurde mit Rücksicht auf die zu verarbeitenden Spannungen und zur Gewinnung eines genügend niederohmigen Ausganges eine EL 60 gewählt. Ihre Anode liegt fest an + 1100 V, ihre Schirmgitterspannung wird dem Meßbereich entsprechend umgeschaltet, wozu noch eine Grobanpassung des Kathodenwiderstandes hinzukommt. Damit das Steuergitter bei nichtangeschlossenem Gerät nicht „in der Luft hängt", wird es mit dem Schalter, der zur Nullpunkteinstellung des Voltmeters sowieso zu schließen ist, an U_0 gelegt und erst nach Anschließen der Meßspannungsquelle, die dann vorläufig an 200 kΩ liegt, freigegeben.

Der Verstärker wird bei positiver Eingangsspannung abwärts gesteuert, d.h., bei Gleichspannungsmessung tritt bei Spannung Null der höchste Kathodenstrom ein, bei Wechselspannungsmessung tritt der höchste Kathodenstrom bei dem negativen Höchstwert der Spannung ein. Dadurch verläuft die Gitterkathodenspannung mit der Eingangsspannung gleichsinnig, und man kann die Isolationsströme, auf die es für den Eingangsstrom überwiegend ankommt, unter Umständen so abgleichen, daß ein Ohmscher Eingangswiderstand von der Größenordnung 1000 MΩ nachgeahmt wird. Der Eingangsstrom ist maximal von der Größenordnung 0,1 μA.

Das Gerät dient

1. einer Gleichspannungsmessung in den Bereichen 25, 100, 250, 500 V,

2. einer Wechselspannungsmessung in den Bereichen 25, 100, 250 V im Nieder- und Mittelfrequenzgebiet,

3. einer Oszillographierübertragung in den Bereichen -40 bis $+40$ V, -140 bis $+140$ V, -350 bis $+350$ V und -25 bis $+600$ V,

4. einer Widerstandsmessung mittels Gleichspannung 100 V und Wechselspannung 100 V, 50 Hz im Bereich von etwa 500 Ω bis 200 MΩ als anzeigbare Werte,

5. einer Kapazitätsmessung mittels Gleichspannung 100 V im Bereich von etwa 1000 pF bis 20 μF,

6. einer Kapazitätsmessung mittels Wechselspannung 100 V, 50 Hz im Bereich von etwa 50 pF bis 20 μF, wobei in beiden Fällen die anzeigbaren Werte gemeint sind, wobei die obere Grenze mittels einer zusätzlichen Vergleichskapazität noch auf 100 μF erweitert werden kann,

7. einer Gleich- und Wechselspannungs-Hochspannungsmessung, wobei unter Verzicht auf die quasistatische Meßeigenschaft ein Spannungsteiler angewendet werden muß, der für einen Querstrom von etwa 0,05 mA (50 μA) bemessen werden kann.

Die Arbeitsweise für die Gleichspannungsmessung 0 bis 500 V wurde unter Abb. 70, die Arbeitsweise für die Wechselspannungsmessung 0 bis 250 V unter Abb. 83 und 84 bereits besprochen, so daß sich weitere Erläuterungen erübrigen. Die Schirmgitterspannung U_{g2} wird dem jeweiligen Meßbereich entsprechend auf Werte zwischen 90 V und 800 V eingestellt, die Hilfsspannung U_1, die der Kathodenruhespannung bei Eingangsspannung $U_e = 0$ entspricht, hat Werte zwischen 45 V und 700 V. Der Kathodenwiderstand beträgt für den 25-V-Meßbereich 10 kΩ, für die höheren Bereiche 70 kΩ. Die Skala ist für Gleich- und Wechselspannung dieselbe und genau linear unterteilt.

Bei Anwendung einer Mitsteuerung des Schirmgitters bei Gleichspannungsmessung auf bereits besprochene Weise bzw. bei kapazitiver Ankopplung an die Kathode bei Wechselspannungsmessung lassen sich Hochohmigkeit und Eingangskapazität noch weiter verbessern, was hier nur angedeutet sein soll. Weiterhin ist die Güte der Nullpunktskonstanz, die hier nicht besonders angestrebt worden ist, eine Frage des vertretbaren Aufwandes. Ihre Erreichung bedeutet die Herstellung der Spannung U_1 mittels einer zweiten Kathodenstufe, also den Übergang auf eine symmetrische Brückenschaltung. Die Vergleichswiderstände betragen 10000 Ω, 100 kΩ, 1 MΩ, 10 MΩ, die Vergleichskapazitäten 1000 pF, 10 nF, 0,1 μF, 1 μF. Die Kapazitätsmessung mit Gleichspannung setzt Kondensatoren hoher Isolationsgüte voraus, andererseits macht sie eben diese Isolationsgüte erkennbar. Bei Kapazitäten unter 500 pF wird der elektrostatische Aufladezustand zu flüchtig, um noch genügend genau erkennbar zu sein. Bei Messung mit Wechselspannung bestehen diese Bedenken natürlich nicht, es kommt dann nur darauf an, daß der Querstrom in den Kondensatoren bei 50 Hz genügend groß gegenüber dem Eingangsstrom der Kathodenstufe ist. Die Wechselhochspannungsmessung ist natürlich auf Niederfrequenz beschränkt. Auf die Eignung des Gerätes zur Messung flüchtiger Überspannungen kommen wir noch zurück.

VI. Geräte der Stromrichtermeßtechnik

39. Einleitende Übersicht. Die größere Hochohmigkeit und die sonstigen interessanten Meßeigenschaften der beschriebenen Geräte erschließen nicht nur für die Hochfrequenz- und sonstige Fernmeldetechnik, sondern auch für die Starkstromtechnik weite Anwendungsgebiete, die sich noch gar nicht völlig übersehen lassen. Deshalb können die folgenden Ausführungen nur einige Einblicke gewähren, wobei dem Stromrichtergebiet vorerst Vorrang gegeben wurde.

Die Bezeichnung Stromrichter ist bekanntlich der Sammelbegriff für alle Einrichtungen, die dazu dienen, eine Stromart, z. B. Wechselstrom oder Drehstrom, in eine andere Stromart, z. B. Gleichstrom, nur auf dem Wege über ungesteuerte oder gesteuerte Ventile umzuwandeln. Als Ventile kommen sogenannte Gasentladungsventile mit Quecksilberdampf- oder Edelgasfüllung oder Hochvakuumröhren oder die jetzt vorzugsweise verwendeten Selengleichrichter in Betracht. Die Anordnungen für die beispielsweise genannte Umformung sind bekanntlich die Gleichrichter, von den bei ihnen auftretenden Meßproblemen soll jetzt die Rede sein. Die Kontaktgleichrichter lassen wir hier beiseite.

Auf die Messung der Betriebsspannungen und Betriebsströme, die bekannt ist und für die es Meßgeräte aller Art gibt, gehen wir hier nicht ein. Erwähnenswert ist allenfalls die Messung von Gleichspannungsoberwellen, für die es zwar Diodenvoltmeter mit Kondensator zur Abtrennung der Gleichspannung gibt, für die aber auch die Anwendung eines hochohmigeren und rückwirkungsfreien Meßgerätes vorteilhaft sein kann. Die Messung erfolgt ja über ein RC-Glied, dessen Zeitkonstante groß gegen die tiefste Oberwellenfrequenz sein muß. Kann man nun R groß, z. B. 100 MΩ wählen, so darf C klein sein, z. B. bei $RC = 1\,s$ zu 0,01 μF gewählt werden. Bei Hochspannungsgleichrichtern kommt man damit auch bei der Forderung genügender Spannungsfestigkeit des Kondensators zu sehr handlichen Meßeinrichtungen. Daß die Anwendung des in Kap. 37 beschriebenen Gerätes außerdem ein bequemes Oszillographieren der Oberwellenspannung ermöglicht, erwähnen wir nebenbei. Bei einer solchen Oberwellenuntersuchung ist nicht nur der Effektivwert der Spannung über alle Harmonischen wichtig, sondern es ist auch interessant, ob beispielsweise ein Sechsphasengleichrichter tatsächlich sechsphasig symmetrisch arbeitet, da in der für Sechsphasen-

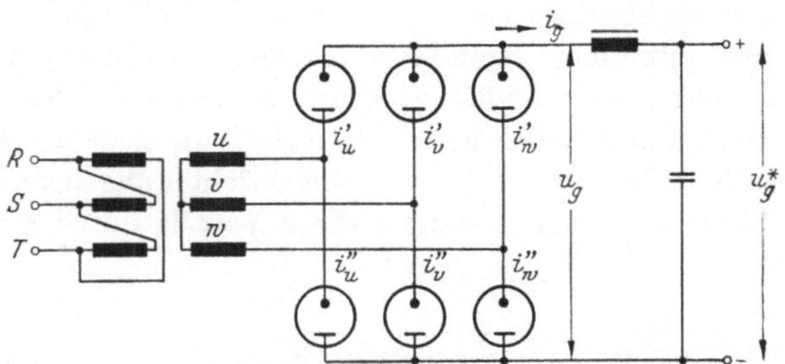

Abb. 99 a. Gleichrichter in Sechsphasen-Brückenschaltung („Dreiphasen-Graetzschaltung") mit einfachem Siebkreis

Oberwellen ausgelegten Siebkette eine etwa durchkommende niedere Unterharmonische die Siebkette unvermindert durchlaufen kann.

Es ist aber an der Zeit, aus der Fülle der Gleichrichterschaltungen wenigstens eine herauszustellen, um die weiteren Ausführungen verständlich zu machen. Hierzu gibt Abb. 99a einen Gleichrichter in der Sechsphasen-Brückenschaltung mit einem einfachen Siebkreis, eine Schaltung, wie sie beispielsweise zur Senderstromversorgung verwendet wird. Die Ventile können Gasentladungsröhren oder Selengleichrichtersäulen sein. Der Gleichspannungsverlauf am Eingang der Siebkette wird durch Abb. 99b verständlich gemacht. Die Stromflußdauer jedes Ventils oder, wie wir in Anlehnung an den Lichtbogen in den Gasentladungsgefäßen sagen wollen, die „Brenndauer", ist $^1/_3$ der Periodendauer der Netzspannungen, also $2\pi/3$ oder 120 el. Grade. Die Siebkette ist ein Tiefpaß oder, anders ausgedrückt, ein Schwingkreis, der mit einer Wechselspannung erregt wird, deren tiefste Frequenz hoch gegen die Eigenfrequenz des Kreises ist.

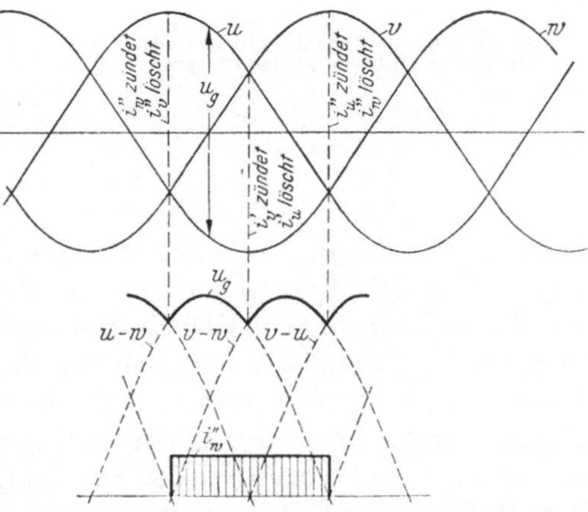

Abb. 99 b. Strom-Spannungsverläufe des ungesteuerten Gleichrichters bei vernachlässigter Kommutierung

Für uns sind nun vorerst zwei Vorgänge meßtechnisch interessant. Der eine ist die Ersteinschaltung des Gleichrichters. Hierbei spielen sich zwei Ausgleichvorgänge ab. Der eine ist das Einspielen des stationären Betriebes des Transformators, das je nach dem Einschaltaugenblick mit einem mehr oder weniger großen rasch abklingenden primären Stromstoß und mit einer damit verbundenen Einschaltüberspannung verknüpft ist. Der andere ist der Einschwingvorgang der Siebkette. Er wird durch Abb. 100 deutlich gemacht. Abb. 100a zeigt das angenommene Ersatzschaltbild, in dem die vom Gleichrichter angelieferte Gleichspannung als konstant angenommen, die 6 Ventile durch ein einziges

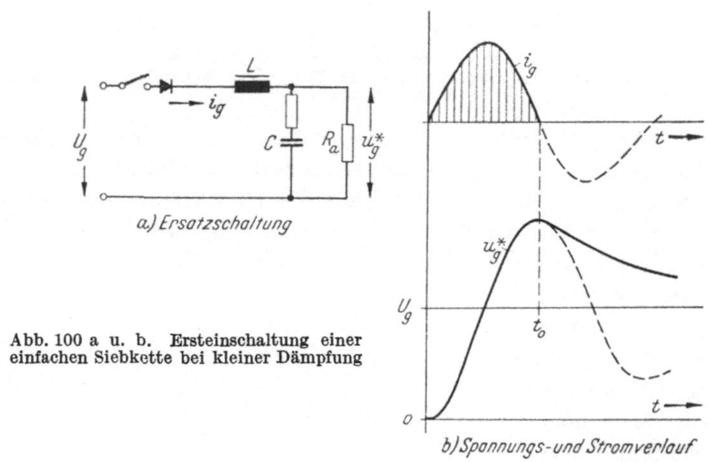

Abb. 100 a u. b. Ersteinschaltung einer einfachen Siebkette bei kleiner Dämpfung

ersetzt gedacht sind. Der Einschaltvorgang verläuft bei kleiner Dämpfung, wie in Abb. 100b gezeichnet. Bei Fehlen des Ventils hätten wir es mit dem Übergang von Gleichspannung 0 zur Gleichspannung U_g in Form einer gedämpft abklingenden Schwingung zu tun. Da das Ventil jedoch negative Ströme nicht zuläßt, wird die Schwingung bei Spannungsmaximum bzw. Stromnulldurchgang unterbrochen und es erfolgt ein exponentielles Abklingen der Spannung auf den stationären Wert nach Maßgabe der Zeitkonstante $R_a C$, wobei R_a der Belastungswiderstand des Gleichrichters ist. Man kann dieses „Überschwingen" der Kondensatorspannung durch Bedämpfung verkleinern, beispielsweise kann man in Reihe mit dem Kondensator einen Widerstand legen, womit man erforderlichenfalls den Kreis sogar aperiodisch machen kann. Jedenfalls muß man dies prüfen können. Aus diesem und aus vielen anderen Gründen muß man also Einrichtungen haben, um flüchtige Überspannungen zu untersuchen. Man entschuldige die vielleicht zu ausführlichen Erläuterungen, die nur den Begriff von Überspannung erklären sollen. In der Starkstromtechnik gibt es zahllose Beispiele von Überspannungen, wie hinlänglich bekannt ist.

Der zweite Vorgang, der bei Gleichrichtern meßtechnisch interessant ist, ist der Stromspannungsverlauf der Ventile im stationären Betrieb. Dieser wird durch Abb. 101 veranschaulicht. In jedem Ventil lösen sich Stromführung und Stromsperrung nach Stromnulldurchgang in regelmäßigem Turnus ab. Während der Stromführungsphase, die bei ungesteuerten Gleichrichtern nach dem Nulldurchgang der Spannung am stromlosen Ventil einsetzt, entsteht am Ventil der „Spannungsabfall", d. h. die Ventilspannung bei Vorwärtsstrom, bei Gasentladungsgefäßen die „Brennspannung" oder Lichtbogenspannung.

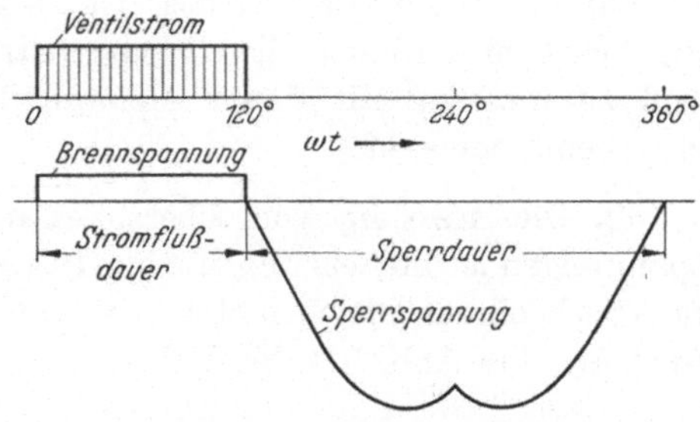

Abb. 101. Stromspannungsverlauf einer Ventilstrecke eines Sechsphasengleichrichters mit 120° Stromflußdauer bei vernachlässigter Kommutierungsdauer

Während der nachfolgenden Sperrphase liegt am Ventil die Transformatorspannung oder irgendeine Kombination einiger Wicklungsspannungen des Transformators, die sog. „Sperrspannung". Bei Gasentladungsgefäßen und Hochvakuumröhren, bei denen der Stromfluß ausschließlich durch Elektronen entsteht, sind die Ventile in der Sperrphase stromlos; bei Selengleichrichtern fließt während der Sperrphase ein „Rückstrom".

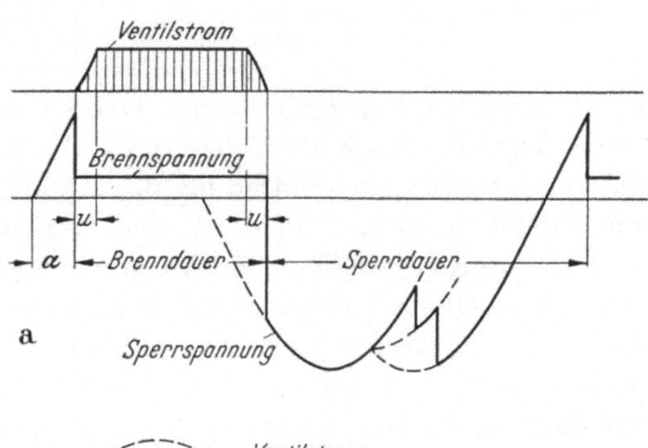

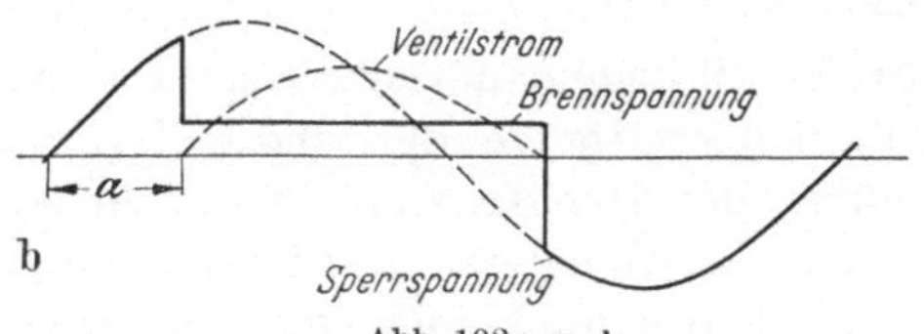

Abb. 102a u. b.
a Stromspannungsverlauf einer Ventilstrecke eines gesteuerten Sechsphasengleichrichters (α = Steuerwinkel, u = Kommutierung). b Stromspannungsverlauf eines Ignitrons bei induktiver Belastung

Bei gittergesteuerten Gleichrichtern mit Thyratron-Röhren oder Mehranodengefäßen mit Steuergitter wie bei zündstiftgesteuerten Ignitrons erfolgt der Einsatz des Vorwärtsstromes um den Zünd- oder Aussteuerwinkel α nach dem Nulldurchgang der negativen Sperrspannung, es gibt dann in der in Abb. 102 veranschaulichten Weise noch eine positive Sperrspannung[1]. Abb. 102a zeigt den Verlauf der Ventilspannung beispielsweise für einen gittergesteuerten Sechsphasengleichrichter, Abb. 102b den Verlauf für ein zündstiftgesteuertes Ignitron.

Für alle diese Gleichrichter ist es interessant, die Ventilspannung möglichst im normalen Gleichrichterbetrieb oszillographisch zu verfolgen und zu messen. Mit dieser Meßaufgabe wollen wir uns ab Kap. 41 eingehend befassen.

40. Die Messung von Überspannungen. Die Messung von Überspannungen ist mittels der in Abb. 103 wiedergegebenen Anordnung, die praktisch einem Gleichrichter mit Ladekondensator entspricht, durchführbar. Wie Abb. 104 deutlich macht, folgt die Kondensatorspannung

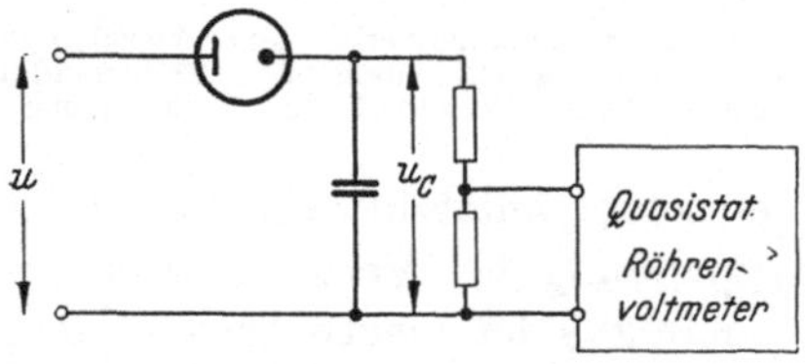

Abb. 103. Schaltung zur Messung flüchtiger Überspannungen

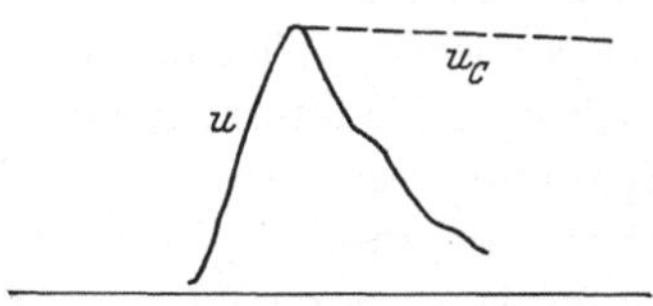

Abb. 104. Spannungsverlauf für ein Beispiel

u_c der willkürlich angenommenen Überspannung u während ihres positiven Anstiegs. Nach Erreichen ihres Maximums U_{max} wird das Ventil sperrend, so daß eine Entladung des Kondensators nur über den Spannungsteilerwiderstand $R_1 + R_2$ eintreten kann. Diese geschieht aber wegen der groß gewählten Zeitkonstanten $(R_1 + R_2)C$ so langsam, daß man die meßbare Teilspannung an R_1 ablesen kann. Man muß also die Aufladezeitkonstante klein, also C klein, und die Entladezeitkonstante groß, also $R_1 + R_2$ groß machen. Das Ventil muß sperrspannungsmäßig für die höchste Überspannung U_{max} ausgelegt werden.

Als Ventil kommt nur eine Gasentladungs-Gleichrichterröhre in Betracht, da deren Innenwiderstand Null ist und ihre Lichtbogenspannung gegenüber der Hochspannung vernachlässigbar ist. Wählt man z. B. $C = 0{,}01\,\mu\text{F}$, wobei der Kondensator die entsprechende Spannungsfestigkeit haben muß, und $(R_1 + R_2)\,C = 5\,s$, was ein sehr brauchbarer Wert ist, macht man ferner beispielsweise $R_1/(R_1 + R_2) = {}^1/_{40}$, so wird die Spannung an R_1 gleich 250 V bei $U_{max} = 10$ kV (dem entspricht bei $R_1 + R_2 = 500\ \text{M}\Omega$ der Wert $R_1 = 12{,}5\ \text{M}\Omega$). Zur

[1] Vgl. K. MÜLLER-LÜBECK: Theorie der Stromrichter, Bd. 1. Berlin: Springer 1935. — H. ANSCHÜTZ: Stromrichteranlagen in der Starkstromtechnik. Berlin: Springer 1951. — Ferner sei verwiesen auf das Buch „Hütte“, 28. Aufl., Bd. IVa, Abschn. 7 „Stromrichter“, Kap. d., F. HÖLTERS: Strom- und Spannungsverhältnisse. Berlin: Ernst & Sohn 1956.

Messung der Spannung an R_1 kommen das in Kap. 37 beschriebene Gerät oder die in Kap. 36 aufgeführten Geräte mit eigenem Spannungsteiler in Betracht.

41. Einleitendes zur Messung von Selengleichrichtern. Die Messung der Ventilspannung bei Vorwärtsstrom wollen wir zuerst für das Beispiel der Selengleichrichter besprechen. Sie ist hier interessant, da die „dynamische Kennlinie“, womit wir den Spannungs-Vorwärtsstrom-Zusammenhang im normalen Gleichrichterbetrieb meinen, bei Selengleichrichtern stark verschieden von der gleichstrommäßig gemessenen „statischen Kennlinie“ sein kann und andererseits die Messung dieser Kennlinie besonders einfach ist. Es ist hier nur die positive Ventilspannung während der Stromflußdauer zu vermessen, wobei meist die Messung des Oberstrichwertes genügt.

Hierzu ist aber in erster Linie die meßtechnische Ausschaltung der negativen Sperrspannung nötig. Bei niedrigen Spannungen, also auch niedriger Sperrspannung, wird es genügen, ein hochohmiges Drehspulvoltmeter über eine Germaniumdiode oder über eine Elektronenröhre an eine einzelne Selensäule anzuschließen. Bei definierter Stromflußdauer läßt sich aus der Voltmeteranzeige der Mittelwert der Ventil-Vorwärtsspannung entnehmen. Ist der Ventilstrom, z. B. infolge eines Siebkreises oder einer Stromglättung, über die Stromflußdauer konstant und angebbar, so hat man einen Punkt der dynamischen Kennlinie. Weitere erhält man bei Einstellung verschiedener Gleichstromwerte. Schaltet man parallel zum Voltmeter einen Kondensator, so zeigt das Voltmeter mit einer Genauigkeit, deren Diskussion verschiedene Kapitel des Abschnittes über die Theorie der Gleichrichtung gewesen ist, den Oberstrichwert der Ventilspannung. Meist liegt der Unterschied zwischen Mittelwert und Höchstwert, wie wir den Oberstrichwert nennen wollen, innerhalb der Meßgenauigkeit.

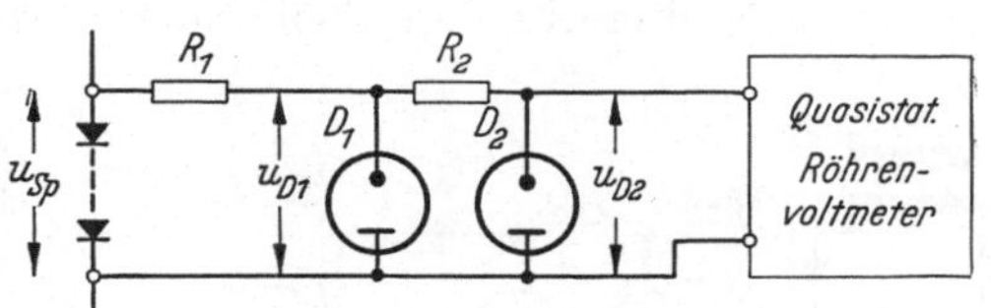

Abb. 105. Diodenanordnung zum Abschneiden der Sperrspannung einer Ventilstrecke eines Gleichrichters

Bei höheren Betriebsspannungen des Gleichrichters ist die geschilderte einfache Meßmethode nicht anwendbar, also eine meßtechnische Abtrennung der negativen Sperrspannung von der eigentlichen Meßeinrichtung nötig. Dies ist mittels der in Abb. 105 gezeigten Diodenschaltung möglich, sofern die weitere Messung mit einem sehr hochohmigen Röhrenvoltmeter, d. h. mit Geräten der in Kap. 36 und 37 beschriebenen Art, erfolgt.

Als Dioden sind Gleichrichterröhren EZ 11 verwendet. Die erste Röhre D_1 ist über einen Widerstand $R_1 = 50\ \mathrm{k}\Omega$ an die zu messende

Selengleichrichtersäule so angeschlossen, daß sie bei negativer Sperrspannung an der Säule stromführend wird. Da ihr Innenwiderstand klein gegen R_1 ist, liegt die Sperrspannung bis auf eine Restspannung, nämlich der kleinen Anodenspannung u_{D1} der Röhre, an R_1. Um auch diese Restspannung, die als Meßfehler eingehen würde, auszuschalten, ist an

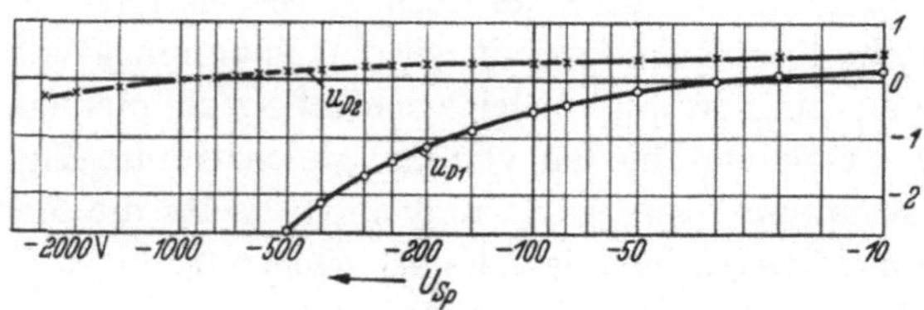

Abb. 106. Restspannungen u_{D1} und u_{D2} der Dioden

die erste Diode über einen kleineren Widerstand R_2 eine zweite Diode D_2 angeschlossen. Der zweite Widerstand ist so bemessen, daß bei einer mittleren Sperrspannung der über ihn fließende Strom gerade die Diodenspannung Null ergibt. Bei allen anderen Sperrspannungswerten bewegt sich die zweite Anodenspannung u_{D2} wie Abb. 106 deutlich macht, etwa in den Grenzen $\pm$ 0,3 V.

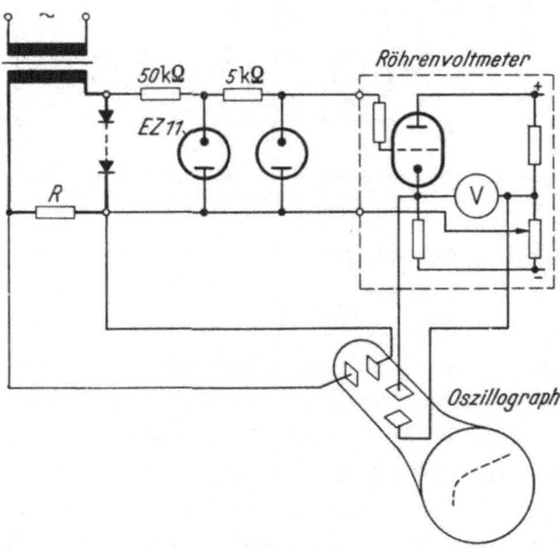

Abb. 107. Meßanordnung zur oszillographischen Aufnahme der dynamischen Kennlinie einer Selengleichrichtersäule

Während der Sperrphase der Selensäule ist also die Diodenspannung u_{D2} praktisch Null. In der Stromflußphase sind die Dioden hingegen stromlos, so daß die Vorwärtsspannung der Säule ungefälscht am Eingang des an u_{D2} angeschlossenen Röhrenvoltmeters liegt. Ist dieses ein Gerät der in Kap. 37 beschriebenen Art, so ermöglicht es eine praktisch stromlose Messung und zwecks Oszillographieren eine Übertragung wenig unterhalb 1 : 1 mit niederohmigem Ausgang.

Bei Gleichrichtern mit geglättetem Gleichstrom kann man durch Einstellung verschiedener Gleichstromwerte die diesem zugeordneten Ventilspannungen ermitteln und damit die ganze dynamische Kennlinie vermessen. Hierauf werden wir in Kap. 43 ausführlich eingehen.

Mittels der in Abb. 107 wiedergegebenen Schaltung kann man aber auch eine dynamische Kennlinie mittels des Braunschen Rohres als

Oszillogramm aufnehmen. Die Schaltung enthält einen Versuchsgleichrichter, der in Einwegschaltung mit Ohmscher Belastung einen Sinushalbwellenstrom erzeugt. Der Strom durchläuft also alle Werte von 0 bis Maximum. Entsprechend überträgt die an die Selensäule angeschlossene Meßschaltung alle zugehörigen Ventilspannungswerte. Sie erzeugen im Braunschen Rohr die vertikale Strahlablenkung. Die horizontale Ablenkung geschieht nun mit der stromproportionalen „Gleichspannung“. Der so geschriebene Linienzug ist die Kennlinie der Selensäule. Eine so gewonnene Kennlinie zeigt das in Abb. 108 wiedergegebene Foto.

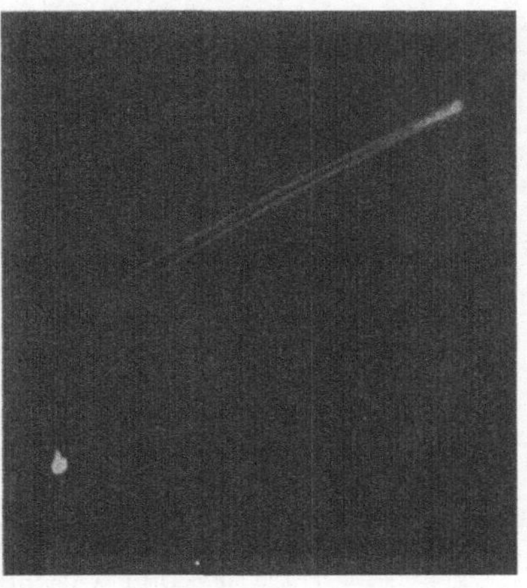

Abb. 108. Foto einer oszillographisch aufgenommenen Kennlinie

Mittels einer anderen Schaltung ist es möglich, auch den Rückstrom eines Selengleichrichters messend zu verfolgen und zu oszillographieren, worauf wir in Kap. 43 noch zurückkommen.

42. Ein direktanzeigendes Brennspannungsmeßgerät für Stromrichter. Die im vorigen Kapitel beschriebenen Meßverfahren zur Ventilspannungsmessung in Betrieb befindlicher Selengleichrichter sind die Grundbestandteile einer weiterentwickelten Meßschaltung, die zur Vermessung aller Arten von Gleichrichtern, Selen- wie Röhrengleichrichter mit Hochvakuum- und Gasentladungsgefäßen ohne und mit Gittersteuerung sowie zündstiftgesteuerte Ignitrons, geeignet ist. Sie ist für weitestgehende Ansprüche als großes Labor- und Prüffeldgerät und in vereinfachter Form als handliches Montagegerät ausgebildet worden und hat den Namen „Brennspannungsmeßgerät für Stromrichter“ erhalten[1].

Es hat den Zweck, unter beliebigen Bedingungen die Ventilspannung zu messen und ihre Sichtbarmachung im Oszillogramm zu ermöglichen. Seine Anschlußweise ist als Spannungsmeßgerät äußerst einfach, außerdem ist der Eingang des Gerätes durch den Längswiderstand 100 kΩ der Abschneidedioden der Sperrspannung so hochohmig, daß Störungen am Meßobjekt unmöglich sind.

Neben der Abschneidung der negativen Sperrspannung war dabei die nächstschwierige Aufgabe zu lösen, die bei gittergesteuerten Gleich-

[1] MÜLLER-LÜBECK, K.: Direktanzeigende Brennspannungs-Meßgeräte für Großgleichrichter. ETZ Bd. 72 (1951) S. 47.

richtern auftretende positive Sperrspannung meßtechnisch auszuschalten. Um dies deutlich zu machen, zeigt Abb. 109 ein Oszillogramm der Spannung Anode—Kathode eines gesteuerten pumpenlosen Eisengleichrichters von 1000 A Nenngleichstrom (AEG) bei abgeschnittener negativer Sperrspannung. Hierin ist die Brennspannung nach dem Zündeinsatz der Anode meßtechnisch zu erfassen. Außerdem steht die Meßtechnik vor der Aufgabe, verschiedene charakteristische Größen der Brennspannung zu erfassen, wozu wir erst einige Definitionen folgen lassen müssen:

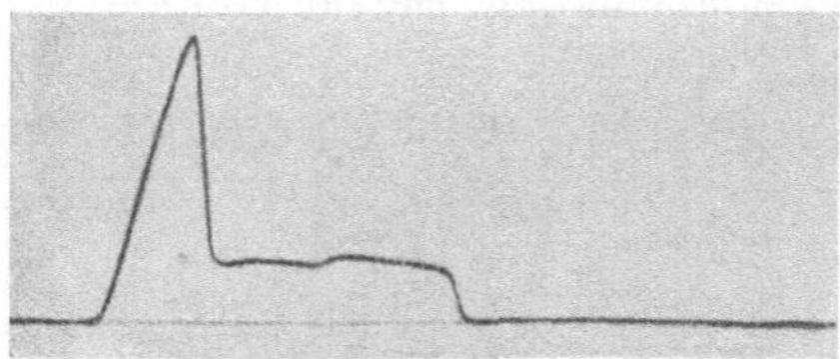

Abb. 109. Schleifenoszillogramm der Spannung Anode—Kathode eines gesteuerten Sechsphasengleichrichters der AEG bei Entgasungsbetrieb bei niedriger Trafospannung

Sei u_v die Ventilspannung während der Dauer des Ventilstromes i_v, so nennen wir

$U_{v\,\max}$ den Höchstwert der Spannung,

$U_{vm} = \frac{1}{\lambda}\int\limits_{(\lambda)} u_v\, dx$ den Mittelwert,

$U_{vw} = \frac{1}{\lambda J_{vm}}\int\limits_{(\lambda)} u_v\, i_v\, dx$ den wattmetrischen Mittelwert der Spannung u_v,

worin J_{vm} den gewöhnlichen Mittelwert von i_v bedeutet. Ist u_v für die Dauer λ konstant, stimmen alle drei Werte $U_{v\,\max}$, U_{vm}, U_{vw} exakt überein. Ist u_v innerhalb der Dauer λ wenig veränderlich, so liegen die Unterschiede der drei Werte noch innerhalb der Meßgenauigkeit der Verfahren, es gibt indessen eine Reihe von Kurvenverläufen von u_v, für die U_{vm} und U_{vw} mathematisch genau übereinstimmen. Es sind also schon ziemlich ausgefallene Fälle, bei denen $U_{vw} \neq U_{vm}$ ist.

Bezüglich der bisher entwickelten Meßmethoden für Stromrichtergefäße verweisen wir auf eine zusammenfassende Arbeit von W. Schmalenberg[1], die zahlreiche Literaturhinweise enthält. Die meist angewendete wattmetrische Methode, bei der die mittlere Brennspannung indirekt aus der Verlustleistung einer Ventilstrecke bestimmt wird, ist von U. Lamm[2] weiterentwickelt worden und in dieser Form von der Internationalen Elektrotechnischen Kommission (IEC) zur Anwendung empfohlen worden. Sie ist jedoch ziemlich aufwendig und in installierten Anlagen nicht ohne weiteres anwendbar. Es war daher das Bestreben,

[1] Schmalenberg, W.: Messungen an Quecksilberdampf-Stromrichtergefäßen I, Arch. techn. Messen V 8252—1 (Aug. 1955).

[2] Lamm, U.: Ein Verfahren zur Messung der Lichtbogenspannung von Mutatoren. Bull. schweiz. elektrotechn. Ver. Bd. 30 (1939) S. 229.

mit neueren Methoden die Brennspannungsmessung auf eine reine Spannungsmessung zurückzuführen.

Das nachfolgend beschriebene in mehrjähriger Entwicklung ständig verbesserte Brennspannungsmeßgerät dient

a) zur Messung des Höchstwertes,

b) zur Messung des Mittelwertes,

c) zur Messung der Brenndauer,

d) zum Oszillographieren von u_v bei abgetrennter negativer und wahlweise auch positiver Sperrspannung.

Das große Labor- und Prüffeldgerät, von dem ausführlicher die Rede sein soll, ist zur Messung von Gleichrichtern bis 1500 V Gleichspannung geeignet und so ausgelegt, daß eine Kurvenaufnahme mittels Kathodenstrahl- wie auch Schleifenoszillograph möglich ist.

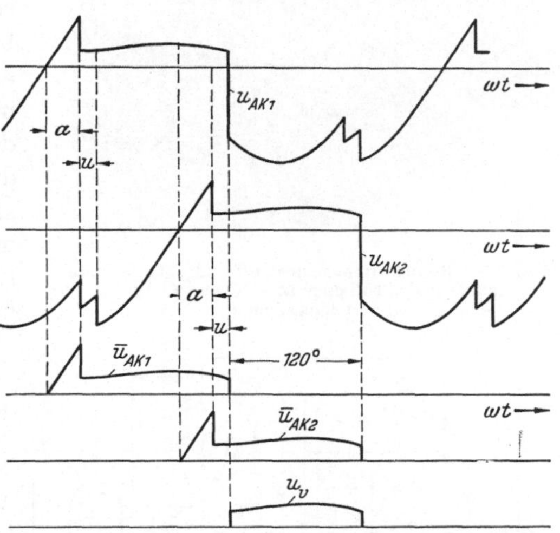

Abb. 110. Oszillogramme zweier aufeinander folgender Ventilspannungen eines gittergesteuerten Drei- bzw. Sechsphasengleichrichters mit 120° Brenndauer

Zum besseren Verständnis der weiteren Beschreibung ist in Abb. 110 beispielsweise der Verlauf der Ventilspannungen u_{AK1}, u_{AK2}, u_{AK3} (A bedeutet die Anode, K die Kathode der Ventilstrecke) eines gittergesteuerten Dreiphasengleichrichters bei willkürlicher Zeichnung des Brennspannungsverlaufes dargestellt. Mit α ist der Zündverzögerungswinkel (Aussteuerwinkel) bezeichnet, u ist der Kommutierungswinkel (Überlappungswinkel) der Ventilströme.

Die äußere Ansicht des Gerätes zeigt Abb. 111, ein Übersichtsschaltbild ist in Abb. 112 wiedergegeben.

Den Eingang des Meßgerätes bilden die bereits im vorigen Kapitel beschriebenen Abschneidedioden zur Abtrennung der negativen Sperrspannung, die bezüglichen Anschlußklemmen sind A_1, A_2 und K. Bei der sog. Mittelwertsmessung ist neben der Ventilstrecke (A_2K) noch die in der Zündfolge vorangehende Ventilstrecke (A_1K) anzuschließen, wofür die zweite vereinfachte Abschneidediode vorgesehen ist. Im Ausgang der Dioden erscheinen die in Abb. 110 herausgezeichneten nur-positiven Spannungen $\bar{u}_{AK1}$ und $\bar{u}_{AK2}$. Sie sind im Bereich α die positiven Transformatorspannungen, nach Zündeinsatz bei α die zu messenden Ventilspannungen.

Anstelle der zwei getrennten Dioden nach Abb. 105 ist hier eine einzige Röhre EZ 40 in einer gleichwertigen Schaltung verwendet worden.

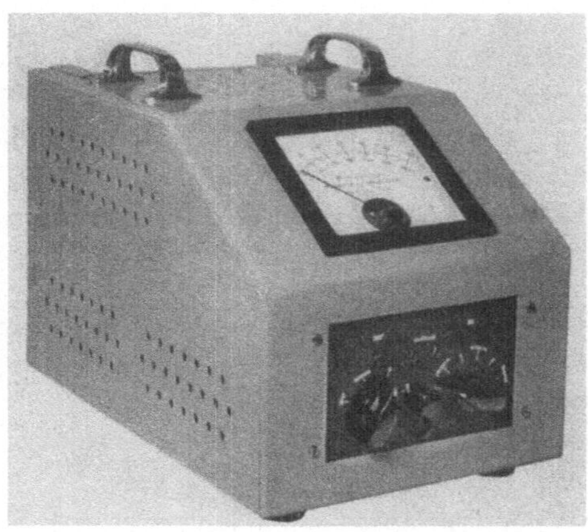

Abb. 111. Brennspannungsmeßgerät für Stromrichter. Labor- und Prüffeldgerät (MÜLLER-LÜBECK), Außenansicht

Mittels des „Verwendungszweck-Umschalters" lassen sich nun verschiedene Meßfunktionen wählen, deren Prinzipschaltbild der besseren Deutlichkeit wegen in Abb. 113 herausgezeichnet sind. Für das Beispiel der Höchstwertmessung ist die Schaltung, angeschlossen an einen Eisengleichrichter, mit Wiedergabe der Schaltungsmerkmale zur Erzielung der angestrebten Meß-

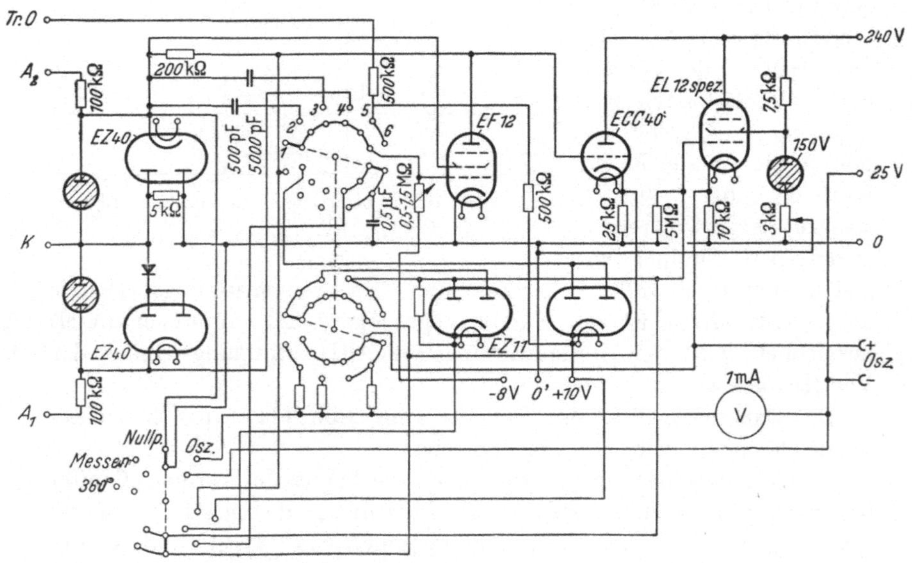

Abb. 112. Übersichtsschaltbild des Brennspannungsmeßgerätes

genauigkeit, in Abb. 114 ausführlicher wiedergegeben.

a) Oszillographieren. Bei „Oszillographieren" wird, wie Abb. 113 (1) zeigt, die Abschneidediode mit der Spannung u_D unter Zwischenschaltung einer Vor-Kathodenstufe mit einer ECC 40, deren Zweck noch erklärt wird, mit dem Eingang der mit einer Pentode EL 12 bestückten Kathodenstufe, die in unsymmetrischer Brückenschaltung geschaltet ist, verbunden. Angeschlossen wird das Meßobjekt an A_2, K.

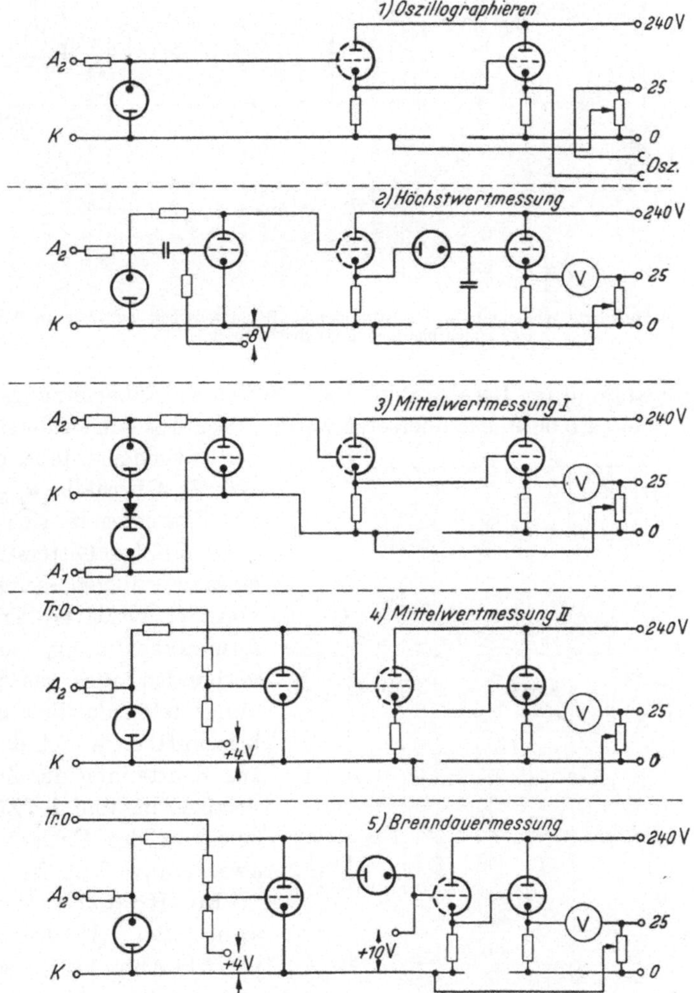

Abb. 113. Wirkschaltbilder für die verschiedenen Verwendungen des Gerätes

Der Verlauf der ersten Diodenspannung u'_D und der zweiten Diodenspannung u_D der Röhre EZ 40 ist in Abb. 115 in einfach-hyperbolischen Koordinaten aufgetragen.

Die Ausgangsspannung der Kathodenstufe als Funktion der positiven Eingangsspannung u_{AK2} zeigt Abb. 116. Man erkennt, daß die

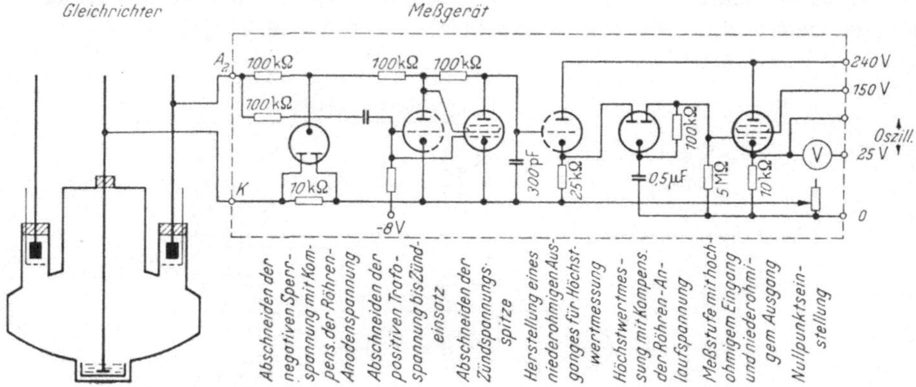

Abb. 114. Ausführlichere Wiedergabe der Schaltung bei „Höchstwertmessung" bei Anschluß an einen mehrphasigen Eisengleichrichter

Eingangsspannung im Bereich 0 bis 100 V mit einem Übersetzungsverhältnis von etwa 0,96 linear übersetzt werden. Der Ausgangswiderstand der Kathodenstufe ist etwa 200 Ω. Oberhalb $u_{AK2} =$ 100 V verriegelt sich die Stufe infolge Gitterstromeinsatz. Infolgedessen wird von der positiven Transformatorspannung, sofern vorhanden, alles was spannungsmäßig darüber liegt, beschnitten, was indessen zur Beurteilung der Zündverzögerung und des Zündeinsatzes der Entladungsstrecke unwichtig ist.

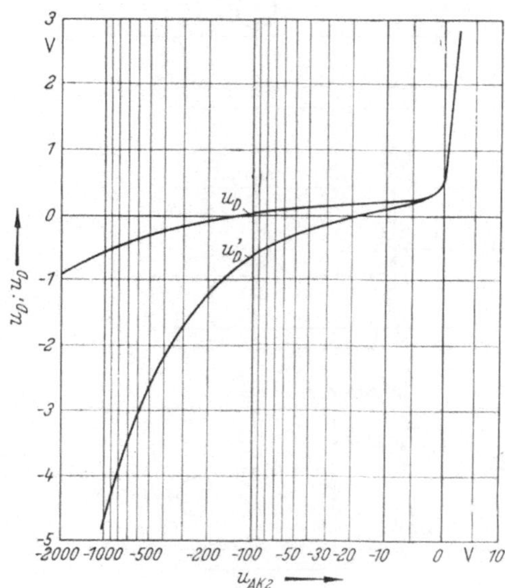

Abb. 115. Arbeitskennlinien der Abschneiddioden bei negativer Sperrspannung u_{AK2} und Übergang zu positiven Spannungen

b) Höchstwertmessung. Bei „Höchstwert" ist, wie Abb. 113 (2) zeigt, zwischen der Abschneidediode mit der Spannung u_D und dem Eingang der Kathodenstufe eine Steuerröhre zum Abschneiden der positiven Transformatorspannung im Bereich α und eine Einrichtung zur Spitzenwertsmessung der verbleibenden Ventilspannung eingeschaltet. Angeschlossen wird das Meßobjekt an A_2, K.

Die Wegsteuerung der positiven Transformatorspannung erfolgt mittels der Pentode EF 12 (Steuerpentode), deren Steuergitter über ein differenzierendes $R_g C_s$-Glied mit der Diodenspannung verbunden ist. Der Gitterableitwiderstand R_g liegt an einer negativen Vorspannung von -8 V, so daß bei annähernd konstanter oder fallender Eingangsspannung die Pentode gesperrt bleibt und die Diodenspannung ungeändert weitergegeben wird. Bei stark ansteigender Eingangsspannung, also z. B. während des Anstiegs der positiven Transformatorspannung entsteht hingegen eine positive Gitterspannung, womit die Röhre stromführend wird und ihre Anodenspannung auf wenige Zehntel Volt zusammenbricht. Zur Verbesserung dieser Steuerung ist der Pentode ein Zweig der Triode ECC 40 parallel geschaltet, wobei die Anodenwiderstände von 100 kΩ in Serie liegen.

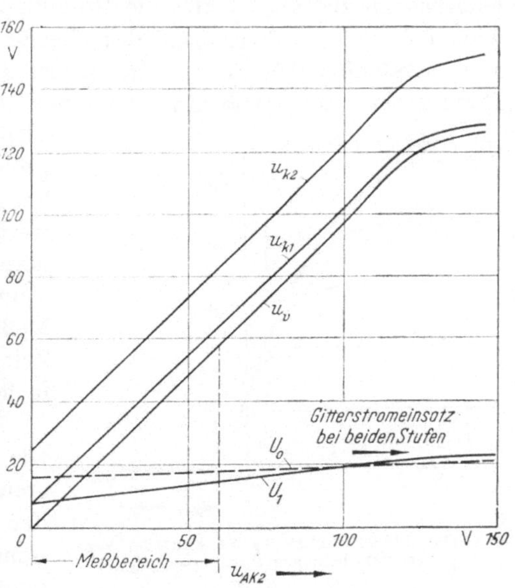

Abb. 116. Arbeitskennlinien der Kathodenstufen bei positiver Eingangsspannung u_{AK2}

Da die Steuerung je nach Höhe der Gleichspannung des Meßobjektes und je nach Größe des Zündverzögerungswinkels α eine passende Zeitkonstante $R_g C_s$ haben muß, ist C_s umschaltbar und R_g mittels Potentiometer veränderlich. Die richtige Einstellung läßt sich, falls erforderlich, im Oszillogramm kontrollieren. Mit dem Zündeinsatz bei α springt die Ventilspannung auf die Brennspannung herunter, womit die Gitterspannung der Steuerröhren ins Negative geht und diese stromlos werden.

Das als Anodenspannung der Steuerstufe erscheinende Signal ist also die „herausgetastete“ Brennspannung. Zu ihrer Vermessung auf Höchstwert ist indessen nötig, für den nachfolgenden Spitzenwertsgleichrichter eine Spannungsquelle mit kleinem Innenwiderstand zu schaffen. Dies geschieht durch die aus dem anderen Zweig der ECC 40 gebildeten Kathodenstufe. Sie macht eine Widerstandsumwandlung von 200 kΩ auf 500 Ω bei einem eineichbaren Übersetzungsverhältnis wenig unter 1 : 1. Die Höchstwertmessung selbst erfolgt über die Diode

EZ 11 und dem Ladekondensator 0,5 μF und einem Ableitwiderstand von 5 MΩ am Gitter der Leistungskathodenstufe, an deren Ausgang das anzeigende Voltmeter V angeschlossen ist. Wie Abb. 114 deutlicher macht, ist die Diode in der schon in Abb. 78b gezeigten Kompensationsschaltung zum Ausgleich der Diodenspannung geschaltet.

c) Mittelwertmessung. Bei „Mittelwert“ muß eine Auswertung des Integrals $\int\limits_{(\lambda)} u_{AK2}\,dx$ durch die Meßeinrichtung und eine Division durch die Brenndauer λ erfolgen. Hat man es mit einem „lückenden“ Gleichstrom zu tun, ist also die Brenndauer kürzer als der Zündfolgewinkel $2\pi/p$ (p = Phasenzahl des Gleichrichters), so wird dieser Weg auch tatsächlich beschritten. Hierzu ist mithin noch die Messung der Brenndauer λ nötig. Hat man aber einen „lückenlosen“ Gleichstrom, ist also die Brenndauer gleich oder größer als der Zündfolgewinkel $2\pi/p$, so kann man den Mittelwert unmittelbar messen, indem man die Einwirkungsdauer der Ventilspannung u_{AK2} auf die Meßeinrichtung auf einen festen Zeitwert ($2\pi/p$ oder ein Vielfaches davon) begrenzt.

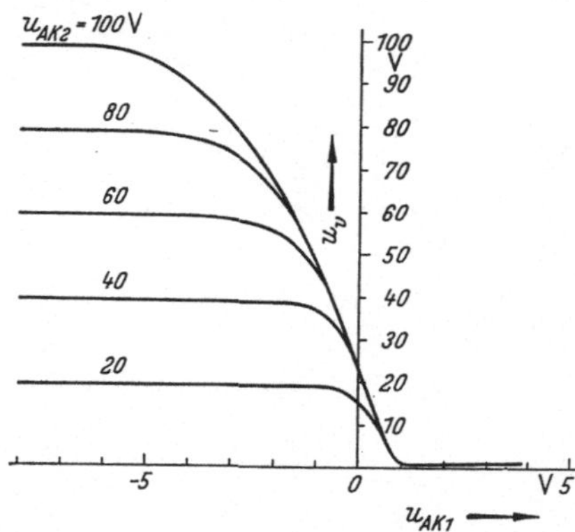

Abb. 117. Steuerkennlinie u_v als Funktion von u_{AK1} bei verschiedenen Spannungen u_{AK2}

1. Lückenloser Gleichstrom. Die eben geschilderte Zeitbegrenzung erfolgt durch Anschluß der Steuerpentode an die Spannung u_{AK1} der in der Zündfolge vorangehenden Ventilstrecke (deshalb hat sie auch den Index 1 erhalten). In diesem Fall werden also die Klemmen A_1, A_2 und K an den Gleichrichter angeschlossen. Zur Sichtbarmachung dieses Vorgangs ist in Abb. 117 die Anodenspannung an die Steuerpentode für verschiedene Werte u_{AK2} als Funktion von u_{AK1} aufgetragen. Die Meßmethode ist in Abb. 113 unter 3 wiedergegeben und mit „Mittelwertsmessung I“ benannt.

Das Gerät ist für eine Zeitbasis von $2\pi/3$ bzw. 120° geeicht. Dieser Zündfolge entsprechend sind also die Anode A_1 und A_2 des zu messenden Gleichrichters zum Anschluß an die Klemmen A_1 und A_2 des Gerätes auszuwählen. Das Meßziel ist die Auswertung

$$U_{vm} = \frac{3}{2\pi}\int\limits_0^{2\pi/3} u_v\,dx,$$

es wird, wie Abb. 110 in dem untersten Oszillogramm erläutert, dadurch erreicht, daß durch die Steuerung mittels der Ventilspannung an A_1 die positive Transformatorspannung im Bereich α und die Brennspannung während der Kommutierungsdauer u ausgetastet wird.

2. Lückender Gleichstrom. In diesem Falle wird durch das anzeigende Voltmeter das Integral

$$\frac{1}{2\pi}\int_0^{\lambda} u_v \, dx$$

gemessen. Die Division durch die Brenndauer λ bzw. durch die relative Brenndauer $\lambda/2\pi$ muß rechnerisch durchgeführt werden, wozu natürlich $\lambda/2\pi$ ermittelt werden muß. Das Verhältnis beider ist dann die mittlere Spannung U_{vm}. Die Messung des obigen Integrals erfolgt mittels Anschluß an A_2, K nach einer in Abb. 113 unter 4 wiedergegebenen und als „Mittelwertsmessung II" benannten Methode, die sich zur Steuerung der Gleichspannung U_g des Gleichrichters bedient. Zu diesem Zweck wird die Klemme *TrO* (Transformator-Nullpunkt) an den negativen Pol der Gleichspannung angeschlossen. Die Steuerpentode ist infolge einer nun positiven Gittervorspannung stromführend, schließt also kurz und öffnet den Meßkanal erst bei Erscheinen der Gleichspannung. Die Steuerkennlinie bei dieser Schaltung zeigt Abb. 118. Die Meßschaltung wird später bei Abb. 126 noch erläutert.

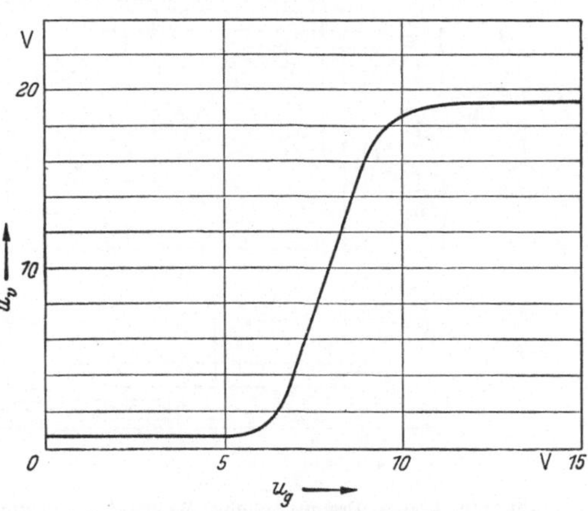

Abb. 118. Steuerkennlinie u_v als Funktion der Gleichspannung $-U_g$ zwischen K und *TrO* bei $u_{AK2} = 20$ V

d) Brenndauermessung. Bei „Brenndauer" wird ebenfalls bei derselben Anschlußweise gemessen, wie in Abb. 113 unter 5 gezeigt ist. Die Übertragung der Brennspannung wird jedoch mittels einer Abschneidestufe in Höhe von 10 V amplitudenbegrenzt, es wird also ein Rechtecksignal vermessen, dessen Länge λ und dessen Höhe 10 V beträgt. Hierbei wird angenommen, daß jede Brennspannung höher als 10 V ist. Das auswertende Voltmeter wird mittels ihres Vorwiderstandes so geeicht, daß ein Dauersignal 10 V den Endausschlag $= 360°$ ergibt. Die Anzeige bei dem wirklichen Signal entspricht dann genau der relativen Brenndauer $\lambda/2\pi$.

Die etwas verwickelt erscheinenden Schaltungsmaßnahmen bewirkt der Verwendungszweck-Umschalter allein. Es sind lediglich der Nullpunkt des Voltmeters und bei Brenndauermessung der 360-°Punkt mittels Potentiometer einzustellen. Die Bestimmung der Brennspannung ist sehr einfach. Sie ist, wie eine leichte Rechnung zeigt, der Voltmeterausschlag bei Stellung *4*, dividiert durch den Ausschlag bei Stellung *5* (in der gleichen Skalenteilung), $\times$ 10 V.

Die Möglichkeit der Höchstwert- und Mittelwertmessung wurde geschaffen, um allen Anforderungen an die Messung gerecht werden zu können. Im allgemeinen ist indessen der Gleichstrom geglättet bzw. die Gleichspannung gesiebt, so daß die Brennspannung entsprechend

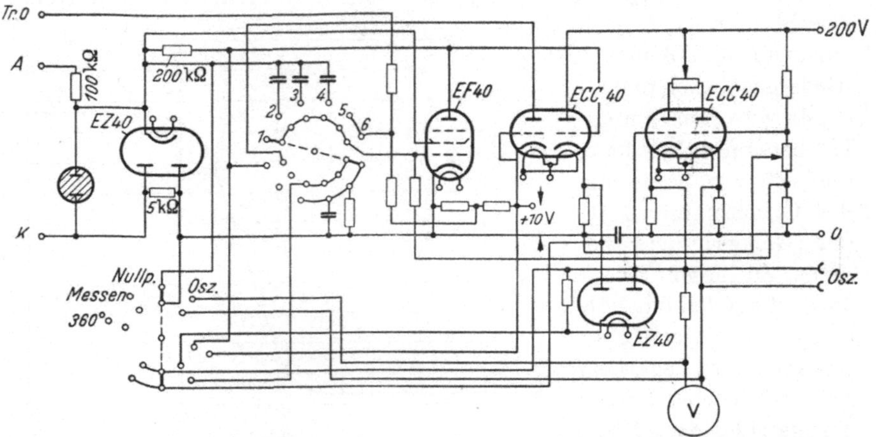

Abb. 119. Kleines Brennspannungs-Meßgerät als Prüffeld und Montagegerät, Teilschaltbild (Der Widerstand bei *A* ist wie in Abb. 114 aufgeteilt zu denken)

der Welligkeit des Gleichstromes nur wenig moduliert ist. In diesem Falle sind natürlich Höchstwert und Mittelwert der Brennspannung meßtechnisch nicht unterscheidbar; es genügt dann völlig, nur die Höchstwertmessung vorzunehmen.

Unter Verzicht auf die „Mittelwertsmessung I" und auf die meist nicht erforderliche große Ausgangsleistung des Gerätes ist noch ein kleineres Meßgerät entwickelt worden, dessen Prinzipschaltung beispielsweise in Abb. 119 wiedergegeben ist. Es läßt sich wenig größer als das in Abb. 98 gezeigte Gerät ausführen und ist daher als Montage- oder Prüffeldgerät besonders handlich.

Abschließend können wir die Anwendungsmöglichkeiten der Geräte wie folgt zusammenfassen:

1. Selengleichrichter, Oszillographieren der Spannung bei Vorwärtsstrom und Aufnahme der dynamischen Kennlinie, insbesondere bei Gleichrichtern mit Ladekondensator mit verkürzter Stromflußdauer,

2. Hochvakuumgleichrichterröhren, Oszillographieren und Messen der Anodenspannung,

3. Gasentladungs-Gleichrichterröhren ohne und mit Steuergitter, Oszillographieren und Messen der Brennspannung, Kontrolle der Emissionsfähigkeit der Kathode, Kontrolle des Zündeinsatzes bei Gittersteuerung,

4. Quecksilberdampf-Glasgleichrichter, Oszillographieren und Messen der Brennspannung, insbesondere zur Prüfung der Noch-Verwendbarkeit zur Lebensdauerkontrolle,

5. Quecksilberdampf-Eisengleichrichter,

Überwachung der Brennspannung bei Entgasungsbetrieb und Untersuchung ihrer Kurvenform sowie Messung ihres Höchst- und Mittelwertes im normalen Betrieb, Überprüfung der Gittersteuerung und Beobachtung des Zündwinkels, bei Einanodengefäßen bzw. Ignitrons mit lückendem Gleichstrom Messung der Brenndauer in Verbindung mit der Mittelwertsmessung der Brennspannung.

43. Messungen mit dem Brennspannungsmeßgerät. Die Ausführungen des vorangegangenen Kapitels sollen durch die Wiedergabe einiger mit dem beschriebenen Gerät ausgeführten Messungen belebt werden.

a) Untersuchung von Selengleichrichtern. Die durch die nachfolgenden Abb. 120 bis 127 belegten Messungen beziehen sich auf Selengleichrichtersäulen, die in verschiedenen charakteristischen Gleichrichterschaltungen untersucht worden sind. Dabei handelt es sich um Säulen je Gleichrichterzweig von 22 Platten, 33 × 33 mm Querschnitt mit 25 Veff. Sperrspannung je Platte.

In der ersten Versuchsschaltung war ein Zweiphasengleichrichter in Nullpunktschaltung mit einem Siebkreis, bestehend aus einer Drossel von 5 H und einem Kondensator von 64 μF mit den obigen Säulen (SAF Nürnberg) bestückt. Es wurde der Vorwärts-Spannungsabfall einer Säule bei verschiedenen Gleichstrombelastungen oszillographiert und in der Geräteschaltung „Höchstwertmessung“ gemessen[1]. Das Ergebnis zeigen die Oszillogramme Abb. 120 und die in Abb. 123 wiedergegebenen Kennlinien. Zum Verständnis der Oszillogramme sei gesagt, daß der Teil der Kurven oberhalb der etwa 11 V betragenden Schwellenspannung (0,5 V je Platte) ein ungefähres Abbild der Strom-Kurvenform ist. Die ersten zwei Oszillogramme kennzeichnen den Zustand des lückenden Gleichstroms vor dem Knick der Gleichspannungskennlinie in Abb. 123. Mit wachsender Belastung zeichnet sich die Überlappung der Ventilströme durch die schrägen Flanken und die mit der Belastung abnehmende Restwilligkeit des Gleichstromes ab (J_g = mittl. Gleichstrom).

[1] Diese und die nachfolgenden Versuche wurden im Standard-Laboratorium der C. Lorenz A.G., Berlin-Tempelhof, ausgeführt.

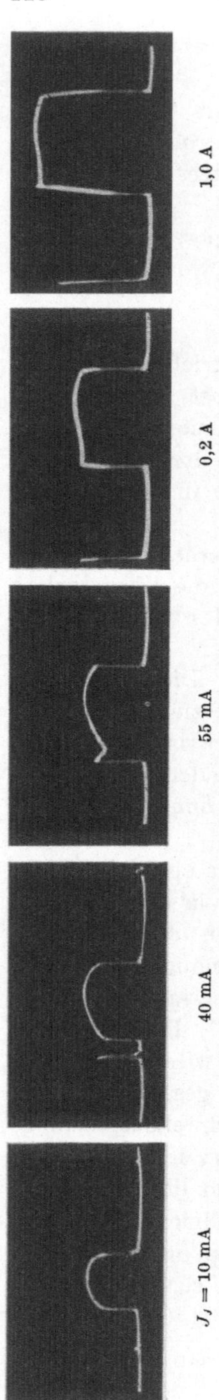

$J_j = 10$ mA 40 mA 55 mA 0,2 A 1,0 A

Abb. 120. Oszillogramme der Vorwärts-Säulenspannung eines Zweiphasen-Selengleichrichters mit Siebkreis, von Leerlauf bis Nennbelastung

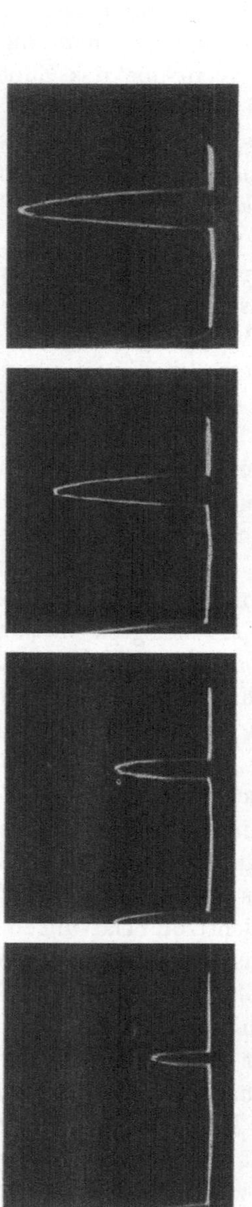

$J_g = 10$ mA 0,1 A 0,5 A 1,0 A

Abb. 121. Oszillogramme der Vorwärts-Säulenspannung eines Zweiphasen-Selengleichrichters mit Ladekondensator, von Leerlauf bis Nennbelastung

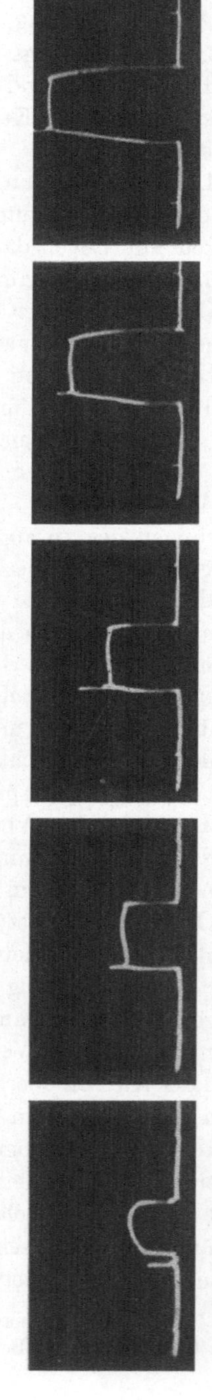

$J_g = 10$ mA 55 mA 0,2 A 1,0 A 1,5 A

Abb. 122. Oszillogramme der Vorwärts-Säulenspannung eines Dreiphasen-Selengleichrichters mit Siebkreis, von Leerlauf bis Nennbelastung (MÜLLER-LÜBECK)

Den Betrieb desselben Gleichrichters ohne Siebdrossel, d. h. mit Ladekondensator, illustrieren die Oszillogramme Abb. 121 und die gleichfalls in Abb. 123 eingetragenen Kennlinien. Man erkennt das bedeutende Anwachsen der Stromspitzen bei verkürzter Stromstoßdauer, die sich in den Oszillogrammen der Säulenspannung abzeichnen. Ihre Vermessung erfolgte in der Geräteschaltung „Höchstwertmessung“ und

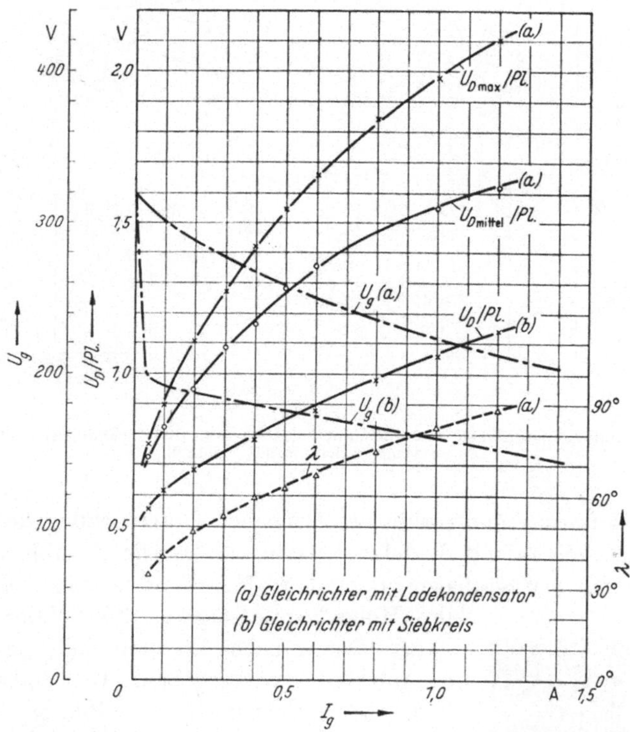

Abb. 123. Dynamische Kennlinien einer Selensäule (SAF), Vorwärts-Spannungsabfall U_D je Platte und Gleichspannungskennlinien eines Zweiphasengleichrichters mit Siebkreis bzw. mit Ladekondensator

„Mittelwertsmessung II“ mit Einschluß der „Brenndauer“-Messung, deren Ergebnisse in Abb. 123 mit eingetragen sind, worauf wir weiter unten noch zurückkommen.

Eine Versuchsschaltung eines Gleichrichters in der Dreiphasen-Nullpunktschaltung mit dem schon genannten Siebkreis 5 H, 64 μF ergab die in Abb. 122 wiedergegebenen Oszillogramme. Neben Säulen von SAF-Gleichrichtern wurden auch Siemens-Selengleichrichter untersucht. Die mit ihnen aufgenommenen Kennlinien im Dreiphasen-Gleichrichterbetrieb im kalten und im betriebswarmen Zustand entsprechend der Erwärmung bei Nenngleichstrom und 25° C Umgebungstemperatur zeigt

Abb. 124, die die den Selengleichrichtern eigentümliche Streuung der Spannungsabfallwerte bei verschiedenen Temperaturen zum Ausdruck bringt.

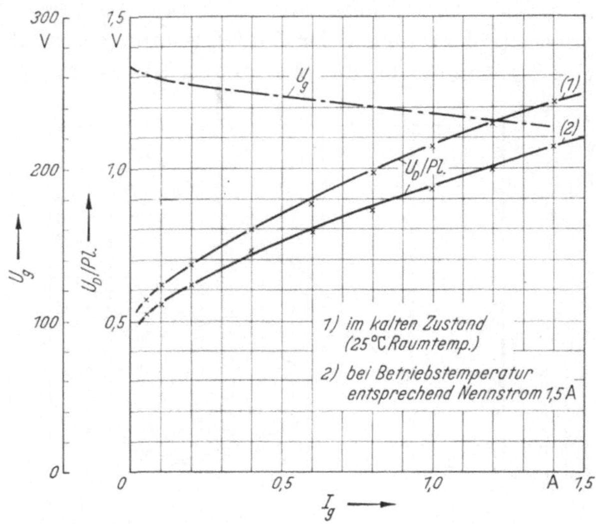

Abb. 124. Dynamische Kennlinien einer Selensäule (SSW) und Gleichspannungskennlinie eines Dreiphasengleichrichters mit Siebkreis

Zur Erläuterung der vorhin beschriebenen Untersuchung des Zweiphasengleichrichters mit Ladekondensator holen wir in Abb. 125 die Oszillogramme der Säulenspannung bei „Mittelwertsmessung II" und ihre Höhenbegrenzung auf 10 V bei der Brenndauermessung nach. Die Meßschaltung ist die in Abb. 126 wiedergegebene. Die Vollständigkeit zeigt das rechtsstehende Bild einer Modifikation dieser Schaltung bei reinem Kurzschlußbetrieb (z. B. Entgasungsbetrieb von Eisengleichrichtern).

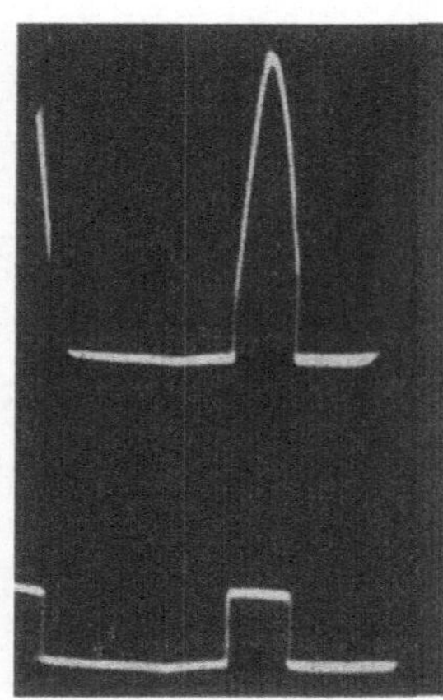

Abb. 125. Oszillogramme einer Selensäule zur Messung des Mittelwertes der Säulenspannung und der Stromflußdauer λ

In einer etwas ausgefallenen Anwendung der Schaltung „Mittelwertsmessung II" läßt sich der Rückstrom eines Selengleichrichters oszillographieren, was durch die Beispiele Abb. 127 belegt wird. Sie erfolgt bei sehr kleiner Gleichstrombelastung durch Messung des Rückstrom-Spannungsabfalles in vorgeschalteten Meßwiderständen, wobei die Steuerung durch die Säulenspannung bei Rückstrom erfolgt.

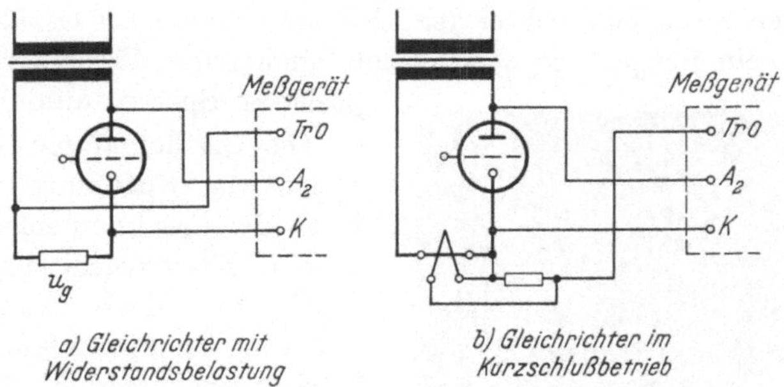

Abb. 126a u. b. Meßschaltungen bei „Mittelwertsmessung II". a Steuerung mittels der Gleichspannung; b Steuerung bei Kurzschluß mittels Stromwandler

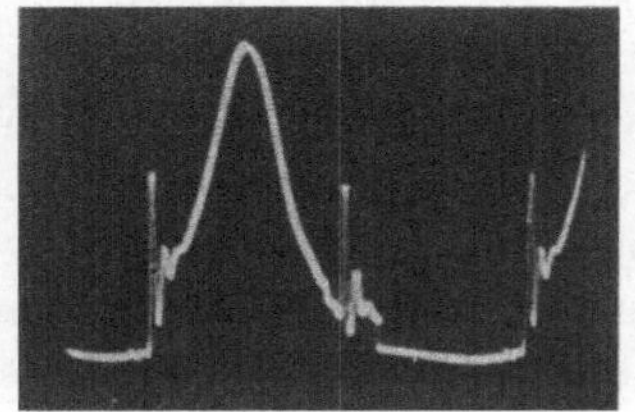

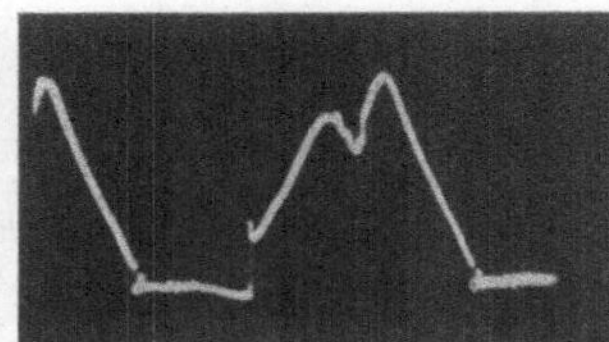

Abb. 127.
Oszillogramm des Rückstromes einer Selensäule bei Zweiphasen- und Dreiphasen-Gleichrichterbetrieb (Die überlagerten Schwingungen sind durch die Plattenkapazität und Streureaktanzen des Transformators verursacht)

b) Messungen an Eisengleichrichtern. Für die Messungen an Eisengleichrichtern wurde schon in Abb. 109, die ein an einem

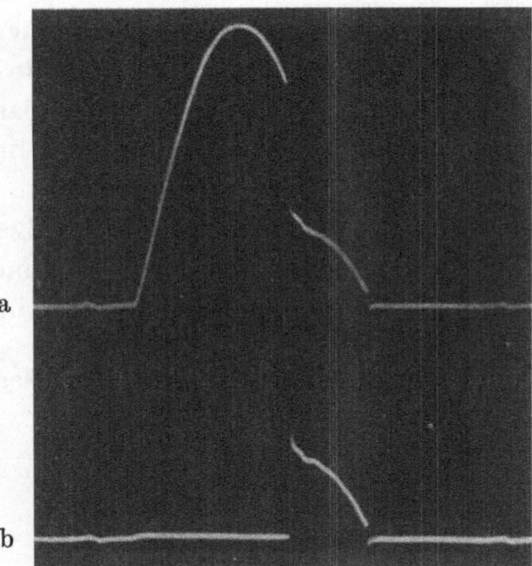

Abb. 128a u. b. Oszillogramme der Spannung Anode—Kathode eines pumpenlosen Einanoden-Eisengleichrichters (SSW) bei 300 A Gleichstrom-Mittelwert, gittergesteuert, bei Entgasungsbetrieb. a mit positiver Sperrspannung; b Brennspannung nach Wegsteuerung der Sperrspannung

pumpenlosen Eisengleichrichter der AEG aufgenommenes Oszillogramm wiedergab, ein Beispiel gegeben, wenn auch ohne Wegsteuerung der positiven Sperrspannung.

a

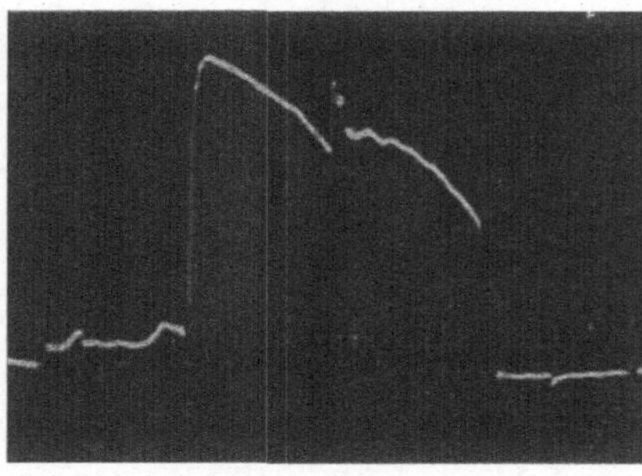

b

Abb. 129a u. b. Oszillogramme einer Spannung Anode—Kathode eines pumpenlosen Sechsanoden-Eisengleichrichters von 1000 A Nenngleichstrom (SSW), gittergesteuert.
a bei 900 V Gleichspannung, Zündwinkel $\alpha = 0$; b bei 540 V Gleichspannung, $\alpha \approx 50°$

Die Oszillogramme Abb. 128 zeigen die Spannung Anode—Kathode eines pumpenlosen Einanoden-Eisengleichrichters der SSW in einer Entgasungsschaltung bei reinem Kurzschlußbetrieb bei niedriger Transformatorspannung[1] bei etwa 300 A mittlerem Gleichstrom. Das erste zeigt die vollständige positive Spannung, während das zweite Oszillogramm nach Wegsteuerung der positiven Sperrspannung mittels der RC-Steuerung der „Höchstwertmessung" die Brennspannung selbst zeigt.

An einem pumpenlosen Sechsanoden-Eisengleichrichter der SSW von 1000 A Nenngleichstrom wurden die in Abb. 129 wiedergegebenen Oszillogramme aufgenommen. Das erste Bild zeigt die Brennspannung des voll ausgesteuerten Gleichrichters bei Zündwinkel $\alpha = 0$ bei 900 V Gleichspannung und 300 A Gleichstrom. Die entsprechende Brennspannung bei Gittersteuerung bei etwa $\alpha = 50°$ ist in dem zweiten Bild wiedergegeben.

Bezüglich der Eichung des Brennspannungs-Meßgerätes sei darauf hingewiesen, daß sie mit dem AEG-Vektormesser (mechanischer Präzisionsgleichrichter) mit großer Genauigkeit durchführbar ist.

---

[1] Die Aufnahmen wurden im Stromrichter-Prüffeld des Siemens-Schaltwerkes, Berlin-Siemensstadt, ausgeführt.

Namen- und Sachverzeichnis